国家重点图书出版规划项目

中国载人航天科普丛书

总主编 王永志 王文宝 袁家军

探秘太空

——浅析空间资源开发与利用

主　编　顾逸东
副主编　张玉涵

中国宇航出版社
·北京·

内 容 提 要

本书简要介绍了空间资源和空间环境的特点，载人航天应用的领域和范围，航天遥感原理、技术和常见的航天遥感器；详细介绍了载人航天在空间对地观测、大气和海洋监测、空间生命科学、空间材料制造、空间科学实验、空间天文观测等方面的应用及中国载人航天取得的研究成果，概要介绍了载人航天应用的发展前景。

本书内容丰富，图文并茂，知识性强，力求做到深入浅出，通俗易懂，具有较强的科普性，适合相关专业科技人员、管理人员和高中以上文化程度的航天爱好者阅读。

图书在版编目（CIP）数据

探秘太空：浅析空间资源开发与利用 / 顾逸东主编. -- 北京：中国宇航出版社，2011.1

（中国载人航天科普丛书 / 王永志，王文宝，袁家军主编）

ISBN 978-7-80218-446-6

Ⅰ. ①探… Ⅱ. ①顾… Ⅲ. ①空间资源—资源开发—中国—普及读物②空间资源—资源利用—中国—普及读物 Ⅳ. ①P17-49

中国版本图书馆 CIP 数据核字（2010）第 263276 号

责任编辑 田方卿　曹晓勇　**责任校对** 王　妍　**设计制作** 03工舍

出版发行 中国宇航出版社

社　址 北京市阜成路 8 号　**邮　编** 100830
(010)68768548

网　址 www.caphbook.com/www.caphbook.com.cn

经　销 新华书店

发行部 (010)68371900　(010)88530478(传真)
(010)68768541　(010)68767294(传真)

零售店 读者服务部　北京宇航文苑
(010)68371105　(010)62529336

承　印 北京画中画印刷有限公司

版　次 2011 年 6 月第 1 版　2013 年 6 月第 3 次印刷

规　格 787 × 960　**开　本** 1/16

印　张 19　**字　数** 304 千字

书　号 ISBN 978-7-80218-446-6

定　价 50.00 元

总 序

上世纪九十年代初，党中央审时度势、高瞻远瞩，果断作出了实施中国载人航天工程（代号921工程）的重大决策。这一战略工程的建设与发展，至今已走过了十八年的光辉历程，中华民族实现了千年的飞天梦想，在世界航天发展的史册上，铭刻下了中国人民勤劳智慧、自强不息、勇攀科技高峰的辉煌印记，在人类和平利用太空的伟大征程中树立了不朽丰碑。当今世界，伴随高新技术发展的突飞猛进，航天技术发展方兴未艾，我国航天事业正迈上新的历史征程。当此之际，中国载人航天工程办公室组织编著出版这套《丛书》，对历史、现实和未来都是一件颇有意义的事情。

这套《丛书》全面介绍了工程的发展历程、各系统工作原理及相关航天知识。我作为工程的亲历者、见证者和组织者，更深切地体会到：工程意义重大而充满挑战，成就举世瞩目而来之不易。工程实施以来，在党中央、国务院、中央军委的坚强领导和亲切关怀下，在全国各相关方面的大力支持下，广大航天工作者大力协同、锐意进取，成功突破了一大批拥有自主知识产权的载人航天核心关键技术，先后实现了从无人飞行到载人飞行、从一人一天到多人多天、从舱内实验到出舱活动等重大跨越，使我国成为世界上第三个能够独立开展载人航天活动的国家，在载人航天高技术领域占有了重要一席。胡锦涛总书记明确指出，载人航天工程取得的成就，是我国综合国力不断增强、科技水平不断提高的重要体现，对于增强全民族的自信心和自豪感，凝聚全民族的智慧和力量，鼓舞全党全军全国各族人民全面建设小康社会、实现中华民族伟大复兴具有重大而深远的影响。

通览《丛书》，可以更深刻地感到，作为我国航天发展史上规模最大、系统构成最复杂、可靠性安全性要求最高的国家级高科技工程，载人航天工程取得的伟大成就令人自豪，催人奋进。同时，从中可以得出许多重要启示：当今时代，世界综合国力的竞争，集中体现为科技特别是高科技的竞争，关键在于人才的竞争，科技、人才已成为民族振兴的基石和综合国力的核心；社会的进步、国家的发展、民族的强大必须充分发挥科学技术第一生产力的作用，坚持人才为本，瞄准世界高科技发展前沿，着力突破核心关键技术，抢占战略制高点，不断提高自主创新能力，唯有如此，才能把国家安全和发展的命脉牢牢掌握在自己手里；科技落后是最可怕的落后，我国目前仍面临发达国家在高科技领域占优势的巨大压力，必须增强机遇意识、忧患意识和使命意识，敏锐把握世界新科技革命的大势，以战略需求为导向，努力实现科技新跨越、新发展。

《丛书》作为航天高科技普及读物，与一般科普读物相比，有许多突出特点：一是鲜明的系统性和集成性。《丛书》以中国载人航天工程为主线，分别介绍工程总体以及航天员、空间应用、载人飞船、运载火箭、发射场、测控通信、着陆场等各系统，结构清晰、重点突出，各个分卷相互衔接、形成整体。二是广泛的知识性和普及性。《丛书》突出读者感兴趣的知识点，满足社会公众对载人航天科技知识的渴求，语言流畅、深入浅出，图文并茂、通俗易懂。三是高度的科学性和权威性。《丛书》编写人员既有工程总设计师、工程总体的专家，也有工程相关系统的总指挥、总设计师；既有长期工作在航天领域的老专家、老领导，也有奋战在科研一线的技术骨干和管理人员，他们大多亲历和参与了工程的研制建设，是各自领域的权威人士，编写内容概念正确、数据科学准确。

相信这套《丛书》的出版发行，对于宣传我国载人航天工程的伟大成就，大力弘扬载人航天精神，增强民族自信心和创新精神，必将起到重要的促进作用。同时，通过普及航天知识，必将吸引和鼓励更多的青少年热爱科学，积极投身航天事业，使我国高科技发展后继有人、持续跨越，为实现中华民族伟大复兴的宏伟目标，为开创中国特色社会主义事业新局面，作出新的更大贡献。

中央军委委员、总装备部部长
中国载人航天工程总指挥

常萬全

2010年4月16日

前　言

从神舟1号到神舟7号，中国独立自主地实现了将航天员送入太空并安全返回的目标。在神舟7号飞船上，当中国航天员打开舱门，走出迈向太空的第一步时，中国载人航天再次成为世人关注的焦点。航天员太空出舱，让中国人民和全世界的华人为之振奋！航天器外的浩瀚太空终于有了中国人的足迹。

在过去的半个世纪里，已经有500多人次遨游太空。中国载人航天工程历经18年的艰苦奋斗，从2003年10月15日中国第一位航天员杨利伟遨游太空，到现在已将6名中国航天员送入太空。

中国载人航天工程取得了辉煌成就。但是，到底开展了哪些应用研究，取得了什么成果，一直受到公众的热切关注。作为一本科学普及读物，本书将以容易理解的方式向大家进行介绍。

中国载人航天工程第一步任务有39个科研院所直接承担空间应用项目，开展了67项科学研究，完成了201台科学仪器（有效载荷）的研制， 213件产品参加了神舟号飞船的空间试验。建成了有效载荷集成测试系统、有效载荷应用中心和空间环境预报中心。在此过程中，攻克了70余项关键技术，创造了100多项具有自主知识产权的新技术、新方法。据不完全统计，获得国家专利的技术成果近百项，获得国家级、省部级等奖项64个，有32个单位、68人（次）获得国家特等奖、全国“五一”劳动奖章、“求是”科技基金奖、曾宪梓载人航天基金奖等各类奖励，在国内外刊物发表论文逾千篇。

中国载人航天工程第一步任务在飞船上开展的空间科学实验取得了圆满成功，对我国空间科学与应用技术发展发挥了促进作用。对地观测取得跨越式发展，若干应用成果已经发挥出社会经济效益，若干创新技术得到推广应用；空间科学实验与探测研究水平得到整体提升，其中一些研究课题填补了国内空白，有些研究水平达到或接近国际先进水平，有些研究成果得到转化，成为新的促进社会发展的生产力。在中国载人航天工程第一步任务已取得成果的基础上，中国科学家瞄准世界科学发展前沿，在第二步任务的实施计划中，将开展更大规模的空间科学与应用研究。

我们希望通过这本读物，让广大读者对中国载人航天工程及其空间应用有一个较全面的了解。我们相信，通过一代人、两代人乃至数代人的努力，中华民族将和世界各民族的人民共同携手，开拓一个和谐的人类第四生存环境，迎接美好的未来宇宙新天地。

参与本书编写工作的人员，都是我国载人航天工程空间科学与应用研究的一线科学家，他们以严谨求实的科学作风，力求深入浅出、生动准确地把我国载人航天空间应用的相关知识介绍给大家。本书第一章由张玉涵撰写，第二章由叶宗海、刘四清、师立勤、朱光武撰写，第三章由危峻、许可、张升伟、董晓龙撰写，第四章由王为民、潘德炉、唐军武撰写，第五章由王为民、朱博勤、郭华东、王长耀、王世新、蔺启忠、钟若飞撰写，第六章由范天锡、江吉喜、蒋兴安、黄意玢、邱红、胡秀清、郭霞、范学花、何文英、王普才撰写，第七章由林明森、王其茂、邹斌、潘德炉、张杰、王华、张有广、李四海、李保辉撰写，第八章由汤章城、丰美福、刘永定、张玉涵、蔡伟民、龙勉、郑慧琼、王高鸿、黄英、温小刚、毕汝昌、吴汉基、梅曼彤、张涛撰写，第九章由曹则贤、罗兴宏、张玉涵、陈诺夫、周燕飞、陈万春、秦志成、李宏、潘明祥、刘岩、于强、金蔚青、翟光杰、冯楚德撰写，第十章由孙祉伟、张玉涵、赵建福、徐升华、康琦、陈启生、王双峰、厚美英、顾凌云、叶芳撰写，第十一章由马宇蒨撰写，第十二章由张玉涵撰写。

中国空间技术研究院朱毅麟研究员、中国资源卫星应用中心郭建宁研究员、中国载人航天工程办公室张骁兵参谋对全部书稿进行了审阅，中国科学院理论物理研究所张元仲研究员对第十二章进行了最终审阅，并提出了宝贵的修改意见。对他们付出的辛勤劳动，在此表示衷心的感谢。

书中如有错误和不妥之处，敬请读者批评指正。

主　编

目 录

第五章 鸟瞰广袤大地
——陆地遥感应用

第六章 善辨风云雨雪
——大气遥感应用

第七章 探索海洋奥秘
——海洋遥感应用

第八章 认识生命现象
——空间生命科学及生物技术研究

第九章 铸炼材料品格
——空间材料科学研究

第十章 流动的物质世界
——微重力流体物理学研究

第十一章 邃密浩瀚的宇宙
——空间天文观测研究

第十二章 发展、创新、求索
——空间应用未来展望

第一章

载人航天应用

——空间资源开发与利用综述

迄今为止，人类还没有发现确凿的证据，证明宇宙空间有第二个完全类似于地球的星球存在。人类在地球上繁衍生息，世代相传，为什么还要甘冒巨大风险、投入巨大财力到太空去呢？

这个看似简单的问题，需要人类花费几十年、几百年甚至上千年的航天实践来回答，这是当代科学家任重而道远的历史使命：载人航天，重在探索与应用。

1. 载人航天应用的领域

载人航天应用是在近半个世纪前才出现的概念。因为有了载人航天，才有了通过载人航天去干什么和可以干什么的问题。

人类的好奇心，一直驱动着原始的飞天梦。瑰丽的空间总是给人类带来无限的遐想，深邃、静谧的苍穹，璀璨的繁星，周而复始的日落日出和月圆月缺……这些自然天象和空间现象，吸引着人类飞离地球，去探索地外空间。

人们对空间现象和规律有多少认知，它们对人类的生存有哪些影响？人类能不能到太空去生存？宇宙间是否存在第二个地球？对于已经拥挤不堪的地球来说，人类是否可以实现太空移民的梦想？所有这些，都是人类期望获得解答的问题。

探索太空奥秘，寻找能够利用的空间资源，研究服务于人类的方法，开拓继陆地、海洋、大气层之后的第四生存环境，是载人航天应用的永恒目标。载人航天成为探索空间、利用空间这一综合性高科技领域的前沿，成为世界各航天大国竞相发展的热点。

图1–1 中国第一代航天员

20 世纪是人类最辉煌的世纪。热气球把人送上了数千米的高空；飞机的发明，把人类活动扩展到10千米到20千米的高空；现代运载火箭技术的发展，使火箭成为人类走向太空的天梯。1957年10月4日，苏联发射了第一颗人造地球卫星；1961年4月12日，苏联航天员加加林成为遨游太空第一人；1969年7月20日，美国航天员阿姆斯特朗登上月球，开创了人类太空探索的新纪元。21 世纪伊始，杨利伟、费俊龙、聂海胜、翟志刚、刘伯明、景海鹏先后乘坐神舟号飞船进入太空，成为中国第一代航天员（图1–1）。

人类每迈出地球一步，都会获得丰厚的回报。飞机的发明使地球变小了，人们乘坐飞机，40 多个小时就能环绕地球飞行一周。卫星应用促进了全球通信和导航事业的发展，人们坐在电视机前，就可以收看到中国航天员翟志刚在太空出舱活动的情景；发生在伊拉克的战事，1 分钟之内就可以传遍全球；远在异国他乡的游子，可以通过电话和家人互祝“新年快乐”；茫茫大海上的船只，戈壁沙漠中的探险者，不用再担心迷失方向……

卫星等无人航天器带来的便利，仅仅是利用现代高技术设备，在航天器平台上采用自动控制或远程控制技术来实现的。载人航天的出现，从本质上改变了人类航天应用的模式。

人的智慧和能力具有任何仪器设备都无法比拟的优势。人乘坐航天器亲临太空，可以参与现场的实时判断，控制仪器设备以最优的模式工作，实现最好的应用，大大提高航天活动的效率；人可以直接对运行的仪器设备进行状态监视和控制，简化复杂的测量控制过程，从而最大限度地提高设备的可靠性和应用置信度；人还可以对运行在空间的仪器设备进行维修、更换、升级、调试，提高或延长设备的使用寿命，节约航天应用成本。有人参与的优势，使得一些在无人航天器上无法完成的应用任务，在载人航天器上变得十分简单易行，这极大地丰富了人类对空间资源的开发利用范畴……当代科学家希望通过载人航天实现人类广泛的应用需求。

回顾半个世纪的载人航天发展史，可以将载人航天应用归纳为以下三个方面。

第一，利用航天器和太空的特殊环境，如微重力、太空辐射等，在航天员的参与下，建造良好的空间实验平台。航天员可以像在地面实验室一样开展各种科学实验，开辟认识和掌握科学规律的新途径，并从事服务于人类现实生产活动的应用研究。科学家希望在载人航天器上发展出空间生物制药、新材料和特殊材料生产基地，直接造福人类。

第二，人亲临太空去熟悉太空特殊环境，掌握复杂的太空操作技能，建造空间对地观测平台、宇宙观测平台、太阳能电站，建造组合式大型深空探测器，维修和升级人造卫星，监测

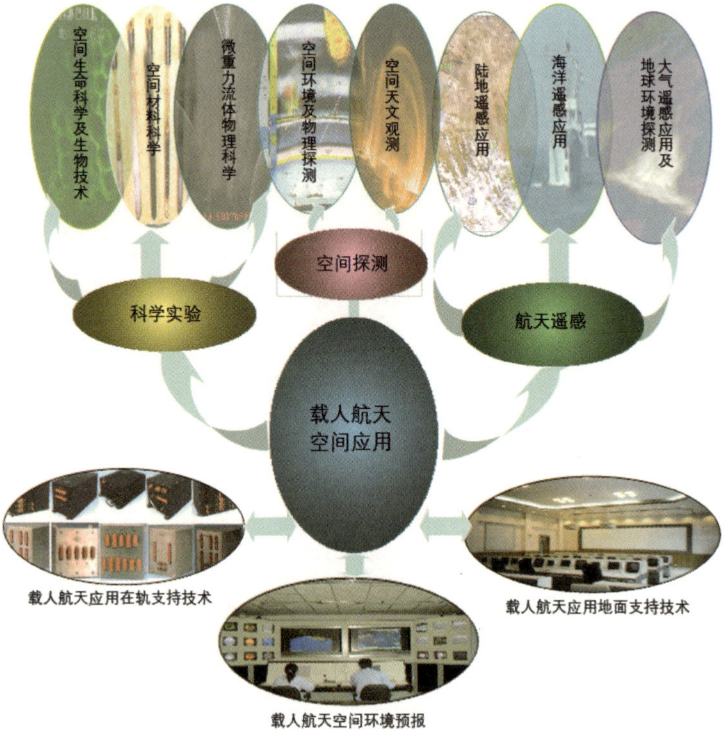

图 1－2 中国载人航天工程第一步任务应用系统组织图

地球系统大气、海洋、陆地的变化和生态环境，为载人航天器安全可靠地飞行、为人类在太空自由活动开辟广阔的前景。

第三，掌握人类在太空长久驻留的各项保障技术，解决人类在太空长久生存的生理学、心理学和医学难题；发展新的空间技术，为人类进入更遥远的太空、探索浩瀚的行星际和更遥远的宇宙空间，乃至在其他星球上生存开辟道路。

中国载人航天也不例外。神舟系列飞船有计划地开展了一系列应用研究，研究内容涵盖了地球环境、空间环境、空间天文、空间微重力科学、空间生命科学以及生物技术等领域，为进一步发展空间科学与应用打下了基础（图 1－2）。中国科学家制定了一个未来 20 年载人航天空间应用研究的宏伟目标，本着发展先进科学技术、促进经济建设的宗旨，瞄准世界科技前沿，开展更大规模的空间应用试验与空间科学研究，争取在若干基础性领域和重大科技前沿作出中国人应有的贡献。

2．资源、空间与应用

航天应用涉及的领域非常广泛，由此拓展出来的一些概念，需要大家首先作些了解。从科学上讲，在不同领域，有些概念会有不同的理解和解释，但在当今航天及航天应用领域，这些概念却有明确的共识。

（1）什么是资源

任何物质或非物质的、有形或无形的、认知或未认知的可以利用的因素，都可以统称为资源（图1－3）。地球上的土地、矿产、森林植被、江河湖海、高山深谷、飞禽走兽、百态生灵是资源；风云雨雪、四季更替是资源；声、光、电、热，能量转换是资源；人类的知识、技能，探索未知的欲望和能力，也可以算是资源。总之，能够被人类利用的一切物质和现象，都可以纳入资源范畴。

资源是广泛存在的，但资源并非都是无限的。从资源的属性上来讲，有些资源是无限的，有些资源是有限的；有些资源是可以再生的，有些资源是不可再生的；有些资源是多样的，有些资源是唯一的。地球资源为人类百万年的进化发展提供了条件，与此同时，那些有限的、不可再生的资源在减少，在走向枯竭。比如埋在地下的煤、石油和各类金属矿产等，开采一点就会少一点。随着科学技术的高速发展，现在人类一年消耗的能源是过去数百年的总和，因此能源危机是当代人类面临的最大生存危机。森林、植被、农作物，以及提供给人类食用的猪、牛、羊、鸡等生物物种是可再生资源，但是过度和没有节制地利用，也会造成整个环境生态链失衡，甚至无法维持再生，使得人类的生存环境遭到破坏。地球上的一切生物都离不开空气，空气也许可以看作是无限的资源，但这种资源的利用同样也是有

图1－3 空间万物都是资源

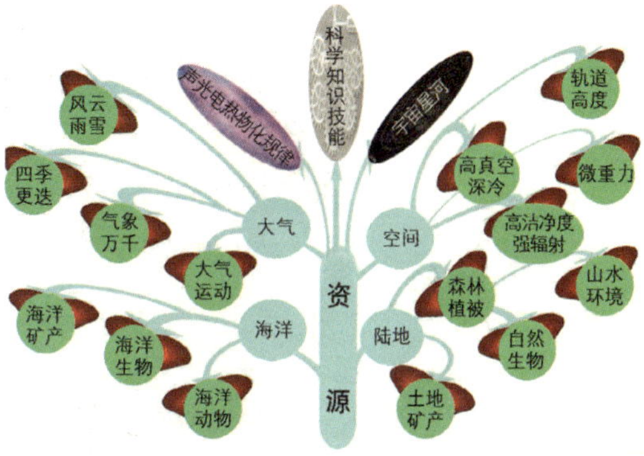

条件的。动物吸收空气中的氧气，呼出二氧化碳，植物通过光合作用吸收二氧化碳，产生氧气，自然界的动态平衡，使大气保持了一个适合万物生存的成分和比例。但是，现代工业的发展，人类活动产生的大量废气和尘埃，会破坏正常的大气成分和比例，严重的大气污染，将使人类失去最根本的生存条件。

（2）什么是应用

应用就是把存在的资源转化为效益。任何资源，当它不被认识，没有被转化为效益时，都无法显示它的价值。从另一个层面上讲，应用也不单纯是对资源的索取，合理分配资源、维护资源的再生能力、改善资源转化利用的条件，也是一种应用。

（3）什么是空间

空间的概念，对每个人来讲都是既熟悉又模糊，似乎很难有一个统一的认识。但是，既然要讲空间应用，就要对空间有一个统一的说法。

《中国现代科学全书》承传汉语字义解释说，“空间”是指“中无所有之处”，泛指“天空”。显然，这个定义在这里需要进行修正。

如果空间是“中无所有”，那么就谈不上利用。现代航天活动已经用事实说明“空间不空”，空间充满着如今人类认识和未认识的，有形的和无形的物质和现象（图1－4）。这些物质和现象直接影响着地球人类的生存，也是可以为地球人类利用的资源财富。

围绕地球的大气层是由氮、氧，少量水汽以及微量惰性气体氩、氖，微量二氧化碳、臭氧和硫、碳、氮的各种化合物质等组成的。大气层外的太空，即使是广阔的宇宙空间，虽然那里是高度真空，但仍然弥散着氢和氢原子，以及各种物质形态的星系、恒星、行星和特殊天体，宇宙空间中还弥漫着宇宙尘埃和看不见的各种宇宙射线，有地球上无法获得的自然现象和极端条件。现代天文学和宇宙学预测，组成宇

图1－4 变化万千的空间其实并不空

宙的物质大部分是暗物质和暗能量……这些都说明了空间不空。

随着现代科学技术的迅猛发展，人类空间活动的范围也在不断扩展，因此，对空间又延伸出了许多新的解释。现代一般的航空飞行高度不超过20 千米，人们把这个空间称做大气空间或低层空间；在20 千米至约100 千米之间的大气层也被称做临近空间。

我国航天事业奠基人之一钱学森先生在谈到“航天”时指出：现代航天是指人类在地球大气层外、太阳系内的活动，相对应的空间应称做“太空”；只有进入太阳系外的深空和外太空飞行，才应称为“宇航”，那里是名副其实的宇宙空间。由此，他还推演出了银空（银河系空间）、外空（银河外星系空间）、深空（宇宙深处空间）等概念。

按照钱学森的定义，载人航天，包括月球探测、火星探测，都还只是“航天”，而不是“宇航”，活动空间也仅仅是在太阳系空间范围内。仅就目前围绕地球运转的载人航天器而言，只是涉足了太空的一小部分，而不是整个太空。

另外，还有一种较普遍的认识，把深空定义为月球及月球以远的区域，深空探测是指探测月球及比月球更远的太阳系其他行星和更远的空间。

（4）什么是空间资源

对于地球而言，空间就是资源。随着空间高度的提高，可以更大范围地直接探索各层面的自然现象、物质和特征。空间高度上的环境和特殊条件，对于人类来讲是特殊的资源，这包括了载人航天器在内的各种航天器所处的轨道高度和那里的高真空、深冷、微重力、强辐射、高洁净度等。

环绕地球高速飞行的载人飞船、航天飞机、空间实验室、空间站等载人航天器，长期处于失重环境，实际上是残余重力非常小的微重力状态。这种在地面上难以获得的资源，为研究物质世界的基本规律和生命现象的本质提供了绝佳条件。载人航天摆脱了地球大气层的遮挡，可以使我们更清楚地认识宇宙空间，打开了通向宇宙的大门。在那里，我们可以了解和掌握改善地球环境、保护地球母亲的更多知识和策略。

图1-5 开发月球，进军火星（左：设想中的月球基地；右：火星探测）

当人类将航天活动范围推向月球、太阳系空间、银河系空间乃至银河外深空时，人类的资源宝库将会得到极大的扩展。例如，目前世界各航天大国竞相发展的月球计划、火星探测计划，以及深空探测等，其目的就是开发月球资源、火星资源等，寻找宇宙空间存在的更多资源和人类可能的生存环境（图1-5）。应当说，人类对宇宙空间的开发、利用还仅仅是开始，未来的发展前景异常广阔。

3. 空间层圈与空间应用

认识空间层圈，是空间活动和应用的基础。由低到高延伸的空间层圈，特别是从地球到大部分卫星和载人航天器运行高度这一区间，是当今人类航天活动的主要区域，这一区间称为近地空间。

对近地空间层圈结构的认识，是随着现代物理学的发展逐渐明晰的。

地球物理学的研究范围主要是固体地球，是直接关系人类生存环境的广义空间的一部分，航天应用技术为研究地球物理学提供了最先进的手段。

大气物理学的研究范围，顾名思义，是指从地球零高度到大气层圈边界。已知的大气层厚度大约在2 000～3 000千米，相当于地球半径的1/3到1/2。在这个广阔的空间跨度上，不同层圈的物理现象存在着明显的差别。大气物理学按构成大气层的物质密度、运动规律和环境特性，自下而上依次分为对流层、平流层、中间层、热层和散逸层（图1－6）。根据大气层的层圈结构，大气物理学形成了高层大气物理学、中层大气物理学和低层大气物理学的分支。现在通常所说的大气物理学，主要是研究60～100千米高度以下的中低层大气物理规律，该高度以上的圈层则列入空间物理学范畴。航天应用主要是通过对地观测，来了解大气运动和大气物理现象，以服务于全球环境研究和气象预报等活动。

日－地空间物理学是研究太阳和地球之间的空间物理现象及其耦合关系的学科。日－地空间是一个更大尺度的空间层圈，它不仅仅涉及到地球系统，还涉及到太阳对地球影响的日－地系统。根据航天技术发展的需要，为了认识和掌握航天器所处空间对航天器的影响，保障航天员和航天器的安全，一门基于日－地空间物理的综合性应用科学——空间环境科学应运而生，成为空间科学的一个重要领域。空间环境科学所覆盖的空间并没有严格的定义，但它关注的问题更多地是与人类航天活动安全保障相关的环境状态和环境效应，如空间高能、低能辐射和场（电场、磁场），高层大气，来自遥远空间的物质尘埃、颗粒、微流星，以及人类航天活动产生的残留碎片等。

图1–6 大气层的分层结构

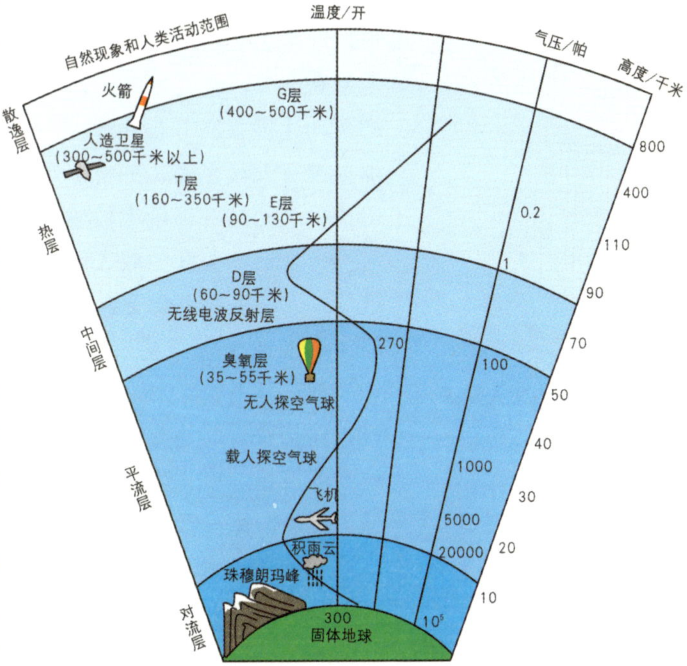

空间天文学和经典天文学接壤，但是其研究内容、广度和深度，却远远超出了经典天文学。地球被一个厚厚的大气层包裹着，在地面上能够观测到的星空，仅仅是其发射出的可见光波段、部分无线电波段和少量其他电磁辐射“窗口”，而在整个电磁波谱中占据大部分波段的亚毫米波、红外线、紫外线、X射线、γ射线以及

宇宙带电粒子，均被地球大气阻挡。人类进入空间，开创了“全波段”天文观测的新时代，揭开了笼罩在人类视界上的面纱。一系列空间天文卫星探测活动，使人类对宇宙的认识，对高能天体上发生的极端条件下物理规律的认识，产生了革命性的飞跃。

随着载人登月、火星探测、宇宙航行等活动的发展，人类的视野和涉足的空间将会进一步扩大，一些全新的研究领域也会应运而生。当今科学最前沿的问题，如生命的起源，宇宙的诞生、组成和发展等研究，都已经被列入航天应用的研究领域。

4. 载人航天的轨道空间环境

神舟号飞船的正常飞行高度在340～400千米，正好处于热层空间内，这是载人航天活动最繁忙的空间，世界各国都把该高度的空间环境研究作为一项重要的应用技术纳入到航天工程体系之中。

热层空间环境与地面环境迥异。首先，那里的空气密度只有地球表面的千亿分之一（10^{-12}），声波在那里不能传播，哪怕是近在咫尺的巨大爆炸，你也听不到。那里温度很高，在300千米高度上，温度可以达到1 000℃以上，那里的空气分子平均运动速度很高，但由于空气极为稀薄，其热效应并不显著。那里没有大气阻隔，来自宇宙空间能量在几千电子伏到几千兆电子伏之间的各种带电粒子非常强烈，犹如枪林弹雨。如果不对飞行在这一空间的载人航天器加以防护，电子设备很容易被破坏，人和生物也会受到射线的伤害。图1－7所示为神舟号飞船的高能粒子探测结果。

神舟号飞船以大约7.9千米／秒的第一宇宙速度绕地球飞行，飞行中每时每刻都面临着巨大的风险，来自宇宙空间高速运动的流星、宇宙尘埃，还有残留在空间的航天器碎片，一旦撞击飞船，比一颗子弹要厉害得多。神舟4号飞船在346千米高度测得的一组大气密度数据显示，该空间的大气密度仅为5.97×10^{-12}千克／米^3（图1－8）。尽管神舟号飞船轨道上的空气已十分稀薄，但对于高速运行的飞船来讲，稀薄大气仍会产

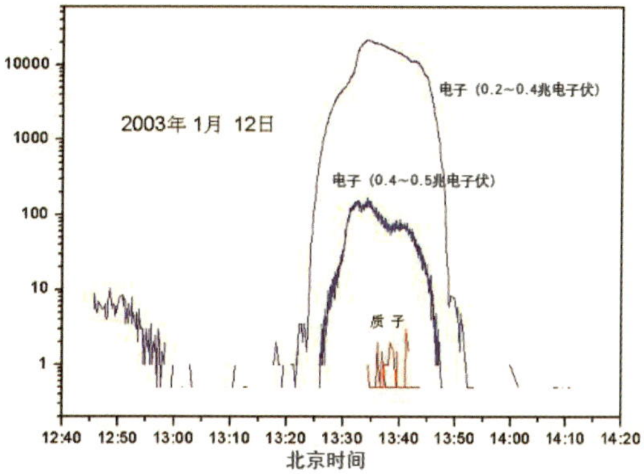

图1－7　神舟号飞船的高能粒子探测结果

生阻力，使得飞船的飞行轨道不断衰减。在那个高度上，原子氧含量占大气中各种成分总量的70％以上，有时可达80％以上，这对飞船的结构材料会产生腐蚀作用，缩短航天器的寿命。

空间环境和地球表面的大气环境一样，每时每刻都在发生变化。实时掌握空间环境的变化，分析研究它的变化规律，避让那些人类尚无法控制且对航天飞行活动可能产生危害的空间环境事件，成为保障载人航天安全的重要应用技术。在神舟1号飞船发射过程中，由于准确地预报了狮子座流星雨爆发的时间，从而成功地避免了一次可能发生的航天灾难。

空间环境科学研究不是一个孤立的单一学科问题。神舟号飞船运行的空间区域，是日－地系统的组成部分，受到太阳活动的强烈影响，也与地球重力场、磁场相关，甚至还受到银河宇宙线的影响，因此空间环境科学研究涉及的学科涵盖了空间物理学、大气环境、空间天文学等广泛领域。为了确保载人航天器的安

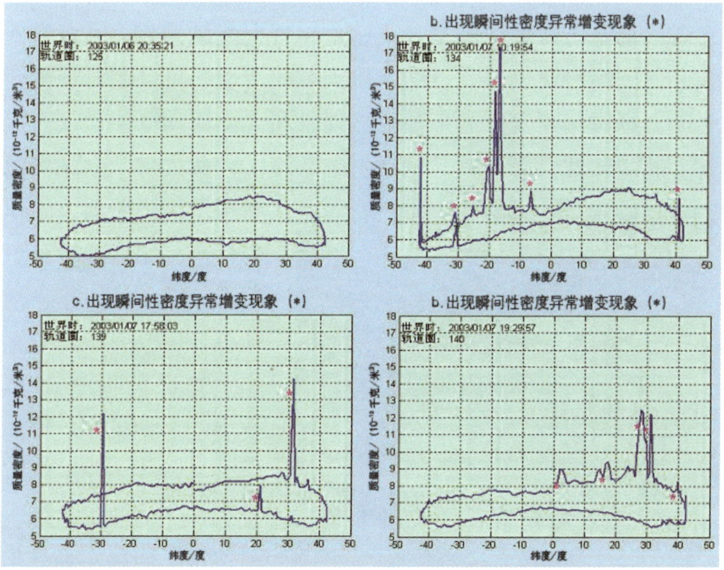

图1–8 神舟4号飞船探测到的大气质量密度变化情况

全，围绕空间环境科学研究，中国载人航天工程安排了高／低能质子、高／低能电子、高层大气等空间环境的直接探测研究，也开展了空间环境预报研究，建立了空间环境预报中心。

5．轨道高度资源及航天遥感技术

俗话说：站得高，看得远。凡是乘坐过飞机的人，都会有这样的体会：蓝天如洗，云涛似海，目接天涯。当遇到晴空万里的绝好天气，透过飞机舷窗鸟瞰大地，黄河、长江蜿蜒曲折，名山大川尽收眼底（图1－9）。民航客机的飞行高度一般在10千米左右，围绕地球飞行的神舟号飞船，轨道高度则在300～400千米之间，是民航客机飞行高度的30～40倍。航天员在飞船上观察地面，地球在他们的眼里就像是一个美丽的蓝色圆盘，真可谓是“一眼观全球”。如果航天员再借助一些功能强大的对地观察设备，那么地面上发生的一切都会尽收眼底。显然，航天器飞行的轨道高度，是地面上无法获取的宝贵资源。

利用可见光遥感器，能够看清街道上的斑马线；利用光谱探测遥感器和微波遥感设备，能够识别地面土壤湿度、岩石种类，监测森林植被和作物生长态势，探测地下矿产，测量海面波高、水温、盐度和风场、风速，预报大气风云雨雪等自然现象。先进的科学仪器，再结合航天员的智能，可以实时观测到地球上每时每刻发生的各种自然现象和人类活动事件，从而服务于海洋陆地资源调查，地球生态环境、自然灾害、全球气候和环境污染监测，农作物估产、工业建设和抢险救灾等社会生产活动。

图1－9 从飞机上鸟瞰群山

先进的航天遥感技术到底有多大能耐？世界上还有没有无法观测到的秘密？回答这一问题，最好用

一个例子来说明。

图1–10 蜿蜒于万山之中的万里长城

20世纪60年代，人类第一位女航天员，苏联的瓦莲金娜·捷列什科娃说，她乘坐东方号飞船飞过中国上空时，看到了中国的万里长城（图1–10）。此语一出，人们为之哗然。这是事实吗？

在冷战年代，争夺航天技术的各种“第一”是政治需要，在飞船上看见万里长城，这种说法的真实性并不重要。现在用科学的观点来分析，这既可能是一个事实，也不一定是事实。

即使是在最好的大气能见度条件下，如果不借助任何外部设备，人的视力所及也不过数十千米。在北京最好的天气条件下，站在中央电视塔上，也很难看到长城。坐在飞行高度10千米的飞机上鸟瞰燕山山脉，长城也是时隐时现，模糊不清。东方号飞船的轨道高度是180～231千米，加上大气云层的阻挡，瓦莲金娜要用肉眼看到长城，那是不太可能的。

但是，既然现代技术有能力研制出能够看清街道斑马线的可见光相机，那么要分辨出万里长城，就显得太容易了。如果利用现代遥感技术，不仅可以看到长城，还可以清楚地分辨出构筑长城使用的是什么材料，甚至那些在地面都已经难以寻觅的长城遗迹，都能准确、清楚地绘制出来（图1–11）。当时苏联的航天照相侦察技术处于世界领先地位，因此，瓦莲金娜“看见了长城”，也未必就不是事实！

图1–11 卫星遥感图像中的长城

6．航天遥感器的能力是如何来的

“千里眼”是中国的一个神话人物，人们常把高分辨率航天相机比喻成千里眼。其实，航天用的可见光遥感相机，从原理上讲，和我们日常生活中使用的照相机没有本质的区别。理论上讲，加长焦距，加大通光口径，就可以提高相机的成像分辨率和成像清晰度。但是，要在几百乃至上千千米的距离上获得高清晰度的地面照片，就不是件容易的事了。现代先进的航天遥感相机，焦距都在几米到十几米，通光口径很大，几米粗的主镜头就像大炮筒子。制造这类庞然大物，需要众多现代高科技的完美结合，包括光学、材料、器件、电子学和高精密的制造工艺等，因此是一个国家高科技水平的象征。

说航天可见光相机是千里眼，但它还有看不到的“盲区”。比如说，被观测目标处在阴暗处，被云、雾、伪装物遮挡，或者是在黑夜等，由于没有光照或光照不足，可见光相机都会看不到。其实，真正能够像神话人物“千里眼”一样，站在空中就能看到“姜子牙办公桌”的，是现代光谱遥感和微波遥感技术，那才是入木三分的千里眼。如今，形形色色的空间遥感器已经成为载人航天应用的重要技术装备，形成了一个庞大的空间遥感器家族。

（1）什么是光谱

太阳给地球带来光和热，地球上的万物在吸收太阳能量的同时，其物理、化学和生物运动过程时时刻刻都在反射和辐射出光和热。人们通过眼睛接收到物体反射的光线，就能感知到物体的表面形态，但是人眼无法感知物体反射或辐射的全部光线，只能够感知光的一部分，这部分光就被称为“可见光”。普通照相机的基本原理，就是利用这些能够看见的光线，将物体成像于照相底片上。显然，那些人眼无法看见的，同样含有大量信息的光线却无法获取。

现代物理学研究证明，光实际上是一种电磁辐射，光、无

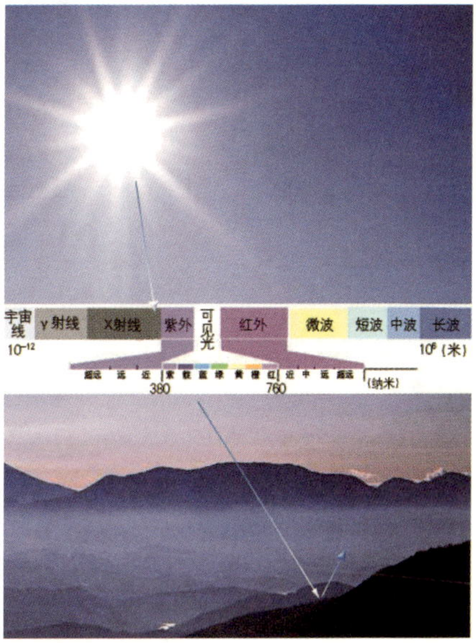

图 1–12 能量光谱图

线电波和射线，它们之间的区别仅仅是波长不同，或者是光子的能量不同。物理学上把波长大于 0.1 毫米的电磁波划为无线电波波段，把 0.1 毫米到 0.76 微米的电磁波称为红外波波段，0.76～0.38 微米称为可见光波段，0.38 微米到 50 埃（1 埃 $=10^{-10}$ 米）称为紫外波段，再往下就是 X 射线（50～0.04 埃）和 γ 射线（0.04～0.001 1 埃）（图 1–12）。由此看出，可见光仅仅是全频谱电磁波当中的一部分，一张普通的可见光照片，无法全面反映被观测物体的全部信息。事实上，随着被观测对象形态变化、物质成分、组织结构、生长发育的不同，反射或辐射的光谱（即各种波长能量）是不同的，有时甚至是变化的。针对这一现象，早在 20 世纪 50 年代，就有科学家提出利用光谱探测来收集被观测物体的全部信息。20 世纪 70～80 年代，随着光电子技术的突破和应用，各类光谱探测设备相继问世，光谱才真正成为能够被人类利用的资源。

（2）什么是光谱探测技术

光谱探测就是采用现代分光技术，把物体反射或辐射的光分成多个谱段接收，并转换成电子信号予以记录，对所获取的遥感信息，利用积累的知识，来判断该物体物理、化学乃至生物特征。例如，对于一个物体，哪怕是在没有阳光的黑夜，只要能够探测到它的红外辐射及变化，就可以显示出它的形态和温度变化情况。如果该物体中含有某种物质成分，那么它在某些特征频谱上就会有较强的辐射。获得了该物体的特征谱线，就能够精细识别被观测物体的组成和性质。

成像型光谱探测设备与一般可见光相机的区别，就在于它是一种图谱合一的探测器，其突出优点是能够获得一般可见光相机无法观测到或无法分离的信息。实际应用中，一台光谱探测器能够对几个、几十个甚至数百个感兴趣的单独谱段或连续谱段进行成像探测，以获取更丰富的物体信息。在处理这些信息时，可

图1－13 神舟号飞船光谱仪获得的巴丹吉林大沙漠遥感图像

以针对某项特殊用途，单独提取一个谱段的信息，也可以把多个波段的信息叠合起来综合分析或成像。根据需要，光谱遥感既可以用于较小范围的精细探测，也可以用于宏观的大范围全景探测。

利用载人飞船轨道高、视场范围大的优势和光谱探测设备的强大功能进行对地观测，可以精细地感知地球上的各种细节，例如陆地的土壤成分和含水量、土地沙漠化程度、矿产资源分布、森林植被、农作物生长态势及产量估计、江河湖海的泥沙淤积、水质污染变化、地球低层大气运动、云层变化、空气质量及环境污染等。图1－13为神舟号飞船光谱仪获得的巴丹吉林大沙漠遥感图像。同样，光谱探测技术也可以用于部分空间环境、空间物理和空间天文研究领域。

（3）微波遥感的特点

微波遥感是20世纪后期发展起来的新一代先进航天遥感技术。

1888年，物理学家赫兹发现了电磁波，为无线电通信开辟了道路。19世纪末无线电的发送、接收技术和20世纪初电子管的发明，带来了20世纪科学技术的突飞猛进。20世纪80年代微波遥感技术的出现，使人类在利用电磁波无线电频段遥感上实现了重大跨越。

图1－14 黄河口泥沙淤积遥感图像

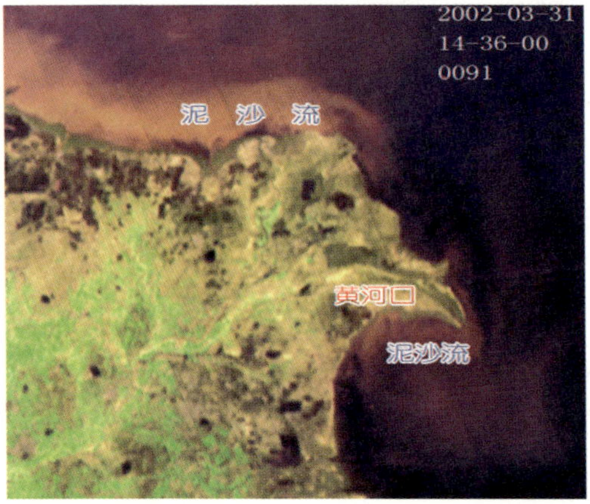

地球上各种物体对外来的微波信号会产生反射，而且物体本身也具有微波辐射能力。微波遥感就是通过探测物体对微波的反射或自身的微波辐射，来感知物体形态和结构组织的。图1－14为黄河口泥沙淤积遥感图像。

由于微波具有很好的穿透能力，故具有全天候、全天时的特点，不受云层、浓雾等天气的影响，也不受日夜光照条件变化的限制。这些特点正好弥补了光学遥感器的缺点，因此成为航天遥感器的新宠和各国竞相开发研究的热点。

根据工作原理的不同，微波遥感设备可以分为两大类，一类是主动遥感器，即探测设备主动发射微波信号，然后再接收被探测目标反射或散射的信号来感知被探测目标，其工作原理类似大家熟知的雷达。另一类是被动遥感器，其工作原理类似于光谱探测设备，即采用高灵敏度的微波接收技术，接收目标本身微弱的微波辐射信号。目前世界上的主动微波遥感器有微波散射计、微波高度计、合成孔径雷达（SAR）和真实孔径雷达等，被动遥感器主要是微波辐射计。图1－15所示为神舟号飞船上安装的多模态微波遥感系统。

图1－15 神舟号飞船上安装的多模态微波遥感系统

7. 国内外载人航天遥感应用研究

迄今为止，人类利用航天器的轨道高度资源开展地球遥感应用研究，是航天应用最多、最广泛的领域。地球遥感及应用包括对地球陆地、海洋、大气等各类观测对象的信息获取，以及应用信息提取处理技术的研究。

航天可见光相机具有较强的军事应用能力，世界各国一般都不会轻易公诸于世。现在了解到的是美国20世纪90年代投入使用的KH－11可见光侦察相机，该相机地面分辨率达到了10厘米。目前，世界上有多个国家具有高分辨率航天相机的研发能力，包括亚洲的日本、印度、以色列等。我国台湾地区购进法国相机，研发出了照相卫星，其中的华卫2号卫星可以看到地面上2米大小的目标。

光谱遥感器用途广泛，各种各样不同应用目标、不同探测领域、不同功能和性能的光谱仪器多达数百种。光谱遥感器可以按其探测精度、分辨率、探测范围、探测谱段，以及是否成像、分光和成像方式的不同等进行分类。可以说，光谱探测设备是一个相当庞大的遥感器家族。

早期的微波遥感器主要用于海洋和陆地环境资源考察、动态环境变化监测以及水灾等自然灾害监测。随着技术的不断进步，微波成像得到突破，地面分辨率大大提高，其应用领域也迅速拓宽。微波遥感具有全天候、全天时和一定穿透力等特点，在某些波段可以观察到地下掩体，因此成为一些军事强国的重要侦察装备。美国20世纪90年代后期发射的以合成孔径雷达为主要有效载荷的长曲棍球卫星Lacrosse，地面分辨率达到1米，可以分辨坦克、导弹发射架等地面目标，其改进型聚束工作模式地面分辨率达到了0.3米。

中国疆域辽阔，海洋、陆地地理测绘和国土资源考察、环境监测、灾害监测、农作物估产等各个方面的应用需求十分旺盛，所以中国载人航天工程在航天应用领域也有计划地开展了各类航天遥感器的开发和研制。

在神舟2号～神舟6号飞船上，我国进行了大地测绘、陆地资源和环境监测、地球大气环境变化、海洋动力学研究等对地观测试验研究，取得了显著的社会和经济效益。神舟3号飞船的中分辨率成像光谱仪有34个波段，地面分辨率为500米，首次测得了我国西部土地沙化的分布现状，以及东部主要江河湖海的环境污染程度。神舟4号飞船采用微波散射计、微波高度计和微波辐射计组成综合微波遥感观测系统，考察了我国领海的风场运动规律，初次遥感到新疆塔里木盆地地面亮温分布情况。图1－16和图1－17分别为神舟号飞船中分辨率成像光谱仪获取的大气气溶

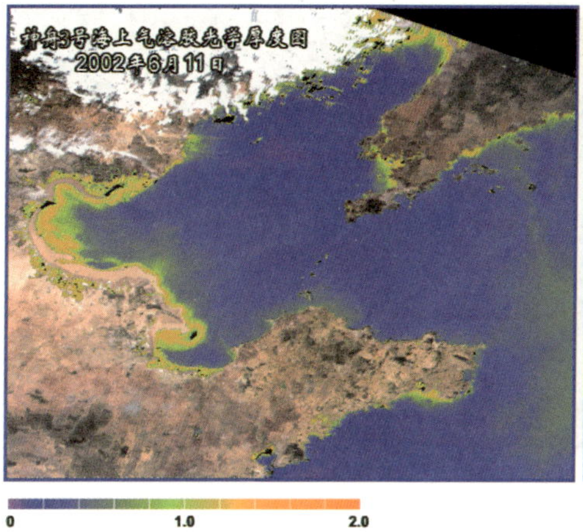

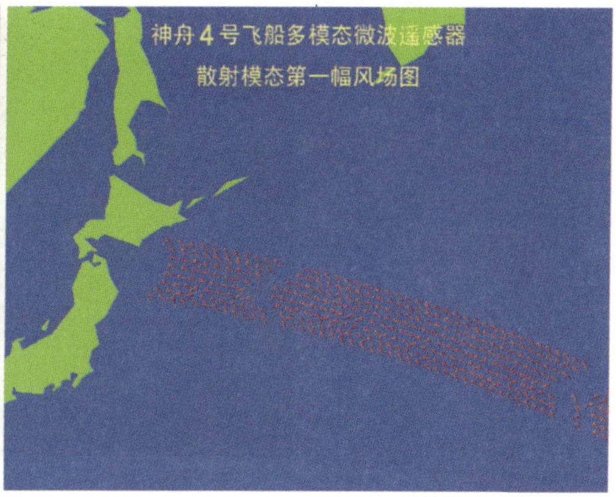

图1-16 神舟号飞船中分辨率成像光谱仪获取的大气气溶胶遥感图像（左）

图1-17 神舟号飞船微波遥感器获取的海面风场图像（右）

胶遥感图像和微波遥感器获取的海面风场图像。此外，地球辐射收支仪、太阳常数、太阳紫外、卷云探测等一批遥感器的试验成功，都是我国在载人航天应用领域的重要突破，为国家制定中长期发展规划提供了可靠的科学依据。在中国载人航天二期工程及后续计划中，我国还要开发更多更先进的航天遥感仪器，开展高分辨率超光谱成像、推扫式宽视场成像、卷云与偏振探测成像、多波段紫外临边成像、大气红外干涉探测等。未来，中国的载人航天应用将为国家经济和社会可持续发展，解决资源、环境灾害等重大问题发挥重要作用，我国科学家也将研制出能清楚地看到万里长城上的每一块砖的航天器，监视和预报造成人类巨大损失的每一次自然灾害，保障人类有一个安全、平衡的生态环境。

8. 微重力资源和应用

利用航天器在轨道上运行时特有的微重力环境开展科学研究，促进人类科学与技术文明的发展，是当代载人航天应用的另一个重要主题。但是，要说清微重力资源到底是什么，怎样被我们利用，还需要从地球重力场说起。

（1）地球重力场及万有引力定律

一个从树上掉下来的苹果，启迪了科学巨人牛顿的智慧。由他创立的万有引力定律及力学三定律，成为物理学、天文学

图1-18 太阳引力使得行星围绕太阳运动

和一切工程技术的理论基础。水往低处流，树向天空长，油浮在水面上，人能够在地面踏实地行走，宏伟的高楼大厦能够平地冲天，这和牛顿看到的那个苹果一样，都是地球引力产生的重力作用使然。人类在地面的一切活动，都是在地球引力作用下进行的。重力作用无法排除，没有人想过，如果地球引力消失了，一切物体都失重了，世界将会是一个什么景象。

人类在享用地球重力场这一永恒资源的同时，却又不甘心永久地受它约束，而是幻想着飞离地球，到地球之外去。在永无止境的科学认知中，人类也力图摆脱地球重力的干扰，去揭示事物更深层次的奥秘。

按照牛顿万有引力定律，不仅地球有引力场，任何物体之间都存在相互作用的引力，宇宙空间各个星体之间也存在引力。太阳引力构成了太阳系，使得行星围绕太阳运动（图1－18），地球引力使得月球围绕地球旋转，月球有“月引”，使之能够维持探月卫星的运转轨道……总之，引力现象无处不在。包括最新的宇宙形成理论都认为，所有的恒星、行星、星云，都是由宇宙大爆炸产生的，弥漫在宇宙中的氢和氦，在引力作用下不断地收缩、凝聚、旋转、分裂，最后演变成星体和星云。所以，真正的零重力是无法找到的。

那么，地球引力场有没有边界？理论上讲是没有边界的，但是在距离地球大约150万千米的拉格朗日平衡点，地球引力和太阳引力相互平衡。有科学家大胆设想：宇宙间，各个星体之间都有这种引力平衡点，从而形成了浩瀚宇宙中的一个特殊通道，飞船在这个通道中飞行是最节省能量的，那是通往宇宙深处的高速通道。

图1–19 水流星杂技表演

（2）航天器的微重力环境是如何形成的

既然真正的零重力无法找到，那么航天器上的微重力环境又是如何形成的呢？我们从杂技演员的水流星表演中，可以看到一个令人吃惊的现象，那就是装在水流星里的水，一点也没有抛洒出来（图1–19）。这一现象，牛顿给了我们科学的解释：高速旋转的水流星中，水和杯子都加速向外飞出，但是又受到那根绳的牵制无法飞出去，杯子和杯子里的水之间是相对静止的，它们之间没有速度差，所以水能够平静地和杯子一齐旋转。

和水流星原理相似，载人飞船在火箭推动下以7.9千米/秒的第一宇宙速度想飞出地球，地球引力却又始终把它往回拉，当两种力处于平衡状态时，飞船就只能围绕地球旋转了。处在飞船内的人和物体都与飞船受到同等的力作用而同步运动，飞船里的人和物与飞船之间处于相对静止状态，相互之间没有速度差，似乎失去了地球重力的影响，形成一个没有重力的环境。

飞船在绕地球飞行过程中，飞行轨道和速度的细微变化，都会改变那个相对静止的状态。因此，在飞船内的人和物体，能够真正维持绝对静止状态是做不到的，也就是无法达到绝对的零重力状态。用我国自主研制的微重力测量仪检测到，神舟号飞船的平均微重力水平是10^{-3}～10^{-4} μg。图1–20所示为神舟号飞船上配置微重力测量示意图。

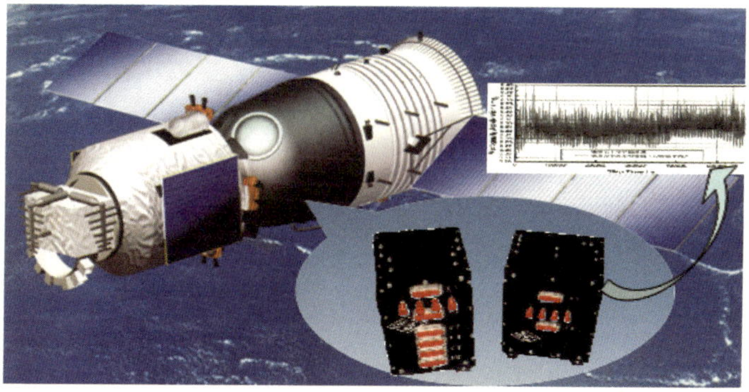

图1–20 神舟号飞船上配置微重力测量示意图

伽利略的比萨斜塔实验证明，任何物体在地球引力作用下，都以9.8米/秒^{2}的相同加速度落向地面。物理学上就把产生9.8米/秒^{2}加速度的地球引力定义为1 g 重力，将其作为重力的标准度

图1-21 在飞船里，一滴自由漂浮的水停留在航天员的鼻梁上

量单位。飞船上残留的重力，已经远远小于1 g，所以，我们称这个环境为微重力环境。

（3）微重力环境下人和物的特殊反应

人们还记得苏联航天员加加林从太空传回地球的第一句话：“多么美啊！”可是当他想写下这一感受时，铅笔却不翼而飞了。在失重环境中，一切物体，包括航天员，在没有约束的条件下都失去了重量，一片纸、一滴水、一把锤子、一个人，都会在空中自由漂浮起来，没有上下之分（图1－21）。在失重环境里，人会感到头部、手脚与躯干是分离的，“灵魂出窍”了。由于失去重力，人体器官的各种功能会发生变化，前庭器官功能发生紊乱，平衡功能丧失；大脑对外界信息的感受发生变化，感觉到的信息发生冲突；血液和其他液体向胸部和头部上涌，使人感到胸部发闷，面部充血浮肿，下肢缺血……总之，在失重环境下，无论人的自身机体还是行为活动，包括吃、喝、拉、撒、睡等日常生活，和地面重力环境相比，都发生了重大改变。

（4）利用微重力环境可以做什么

任何事物和现象都有二重性。失重现象给人的空间活动带来许多麻烦，需要想办法避免和消除。但从另一个角度来讲，在自然科学的发展进程中，也许需要微重力作用这一现象来揭示重力作用掩盖之下的科学谜团。换一个角度讲，我们既要避免和消除微重力环境对人的空间适应障碍，又要对失重或微重力现象进行研究分析，掌握其本质机理，从而找到“克敌制胜”的策略。人类长期生活在地球重力场中，大部分科学认知是在地球重力环境中获取的，如果剔除重力场的影响，那么我们认知的那些东西还是否准确呢？还有没有因为地球重力场的掩盖而不被我们认识的真理呢？载人航天器为解决这些问题提供了理想的实验研究场所，所以，20 世纪中后期和21 世纪，一门新兴的学科分支——

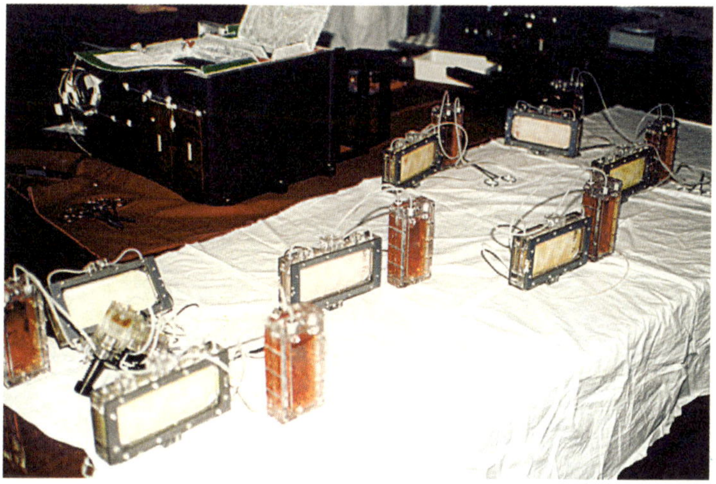

图1－22　神舟号飞船细胞培养实验样品

微重力（重力）科学，成为科学家们感兴趣的研究领域。

我们把微重力科学研究的方向，归纳为以下两点。

第一，重力和失重是一种现象的两个方面。当代科学家们竭尽全力想跨越二者之间的门槛，研究重力在物质运动规律、生命起源等万物之理中到底起着什么样的作用，揭示重力掩盖下那些不被人们认知的现象和规律。

第二，当人真实地进入到失重环境后，如何使习惯于地球重力的人类和生物种群适应没有重力的环境，利用微重力环境下生命现象和物质运动的认知规律，探索出新的技术途径，为利用自然、开拓第四生存环境服务。

在过去半个世纪的载人航天历史上，科学家们在微重力科学研究中，利用卫星、飞船、空间实验室、空间站、航天飞机等，做了几万次空间科学实验，其中大部分都是围绕上述两个方面进行的。可以说，载人航天所提供的微重力资源，是促进现代科学发展的重要动力，载人航天揭开了人类科学发展的新篇章。图1－22所示为神舟号飞船在微重力环境下培养的细胞实验样品。

9．国际载人航天的空间科学研究

在早期的载人航天飞行中，包括人类第一位航天员加加林和第一位女性航天员捷列什科娃的航天飞行，都带有空间特殊环境下的医学、生物学和其他科学考察任务。20 世纪 50 年代末和 60 年代初，美国将水星计划后期的任务转移到为载人登月服务，考察了人在太空环境中的生存和工作能力。20 世纪 70 年代，无论是美国的阿波罗登月计划，还是苏联在东方号、上升号和联盟号飞船上开展的科学研究，基本上都是在应用需求的带动下实施的，重点解决认知和适应包括微重力、辐射等空间环境条件，保障航天员安全的技术性问题。20世纪70年代，在苏联礼炮号空间站和美国天空实验室计划中，其空间应用目标开始发生变化，一方面进行了大量的对地观测应用试验，同时，探索认知的基础研究内容迅速扩展。典型的例子是礼炮6号空间站1977年9月发射，到1982年7月停止使用，先后有16艘联盟号载人飞船与之对接，载人飞行676天，有33人次在空间完成了1 600多项各类科学实验。其中在舱外安装的“合金”和“晶体”号两套金属冶炼设备，有1 000～1 100℃和600～700℃两个冶炼区，可以采用气相升华、化学气相传输、高温熔解和结晶等方法进行材料加工。

1981年4月12日美国航天飞机第一次轨道试飞成功后，截至2009年年底，已进行了120多次飞行实验，包括天文观测、地球观测、空间环境探测、空间生命科学、微重力科学、基础物理以及太空医药和工业品生产等大量实验。航天飞机还对全世界范围的青少年学生、科技爱好者开放，进行了若干科普性的空间试验与实验任务。

1986年2月，人类航天史上最辉煌的杰作之一——和平号空间站升空。在其后15年的实际寿命中，和平号空间站与联盟号飞船、进步号飞船和美国航天飞机等天地运输飞行器完成了106次对接，先后有134人次进入和平号空间站工作，完成各类科学实验17 000余次。在和平号空间站的空间温室中，曾经培植出100多种植物。和平号空间站把现代空间科学研究推向了一个新高度，继而催生了美国、俄罗斯、加拿大、日本、欧空局等国家和组织联合研制的国际空间站（图1－23）。

国际空间站是唯一一个明确宣布只用于科学实验目的的载人航天器，该计划的启动宣示了人类和平利用空间、共同开发空间资源和造福全人类的理想。国际空间站核心舱段从1998年升空以来，一直在开展包括微重力科学、空间生命科学、基础物理学、空间天文观测、空间环境监测以及空间工程技术等广泛领域的科学实验与技术实验研究。

图 1－23 专门从事空间科学实验的国际空间站

从上述发展历程可以看出，载人航天已经从探索阶段发展到了系统开展空间科学研究和应用阶段。

10．中国载人航天的空间科学实验研究

20 世纪 80 年代后期，在国家 863 计划的支持下，我国一批具有前瞻性的科学家走进了空间科学研究这个新领域，利用我国返回式卫星，开展了空间科学探索性研究，并系统研究了载人航天及其应用的发展战略和规划。

1992 年中国载人航天工程立项，中国科学家们历经数年论证，从自身发展基础和国家科学发展的重大需求出发，第一次有计划、成规模地安排了第一步任务中的空间科学实验计划。这个计划涵盖了当时国际上学科前沿的若干重大项目，以期在未来 10～20 年间建立一套面向世界科学前沿、有一定规模的空间实验技术。

1）在空间生命科学基础生物学方面，以探索微重力环境下的生命现象为目标，安排了从植物、动物到微生物、水生生物，从生物个体到细胞组织层次上的一大批空间生物学效应实

图 1－24 神舟号飞船上的微重力流体实验装置

验研究。

2）在空间生物技术研究领域，以造福人类、抵御疾病、保障健康、提高生活质量等为目标，研究利用微重力资源来提高和优化生物工程技术，开展了蛋白质晶体生长、细胞培养、生物制品分离纯化，以及植物、动物的细胞融合等多个实验项目。

3）在微重力流体物理学方面，以跟踪国际学科发展前沿，为载人航天工程流体管理和微重力环境下生物学、材料学实验研究提供理论依据为目标，开展了扩散与对流、传质传热、表面张力与湿润、凝聚与结晶、分岔与转捩等基础问题研究。神舟 4 号上的液滴迁移实验，不仅成功地获取大量科学实验数据、实时流场和完整清晰的干涉图像，为微重力流体物理科学研究提供了具有重要研究价值的第一手资料，更重要的是，它成功地解决了国外科学家多次失败而没有突破的液滴注入过程中液滴大小控制和液滴分离技术。图 1－24 所示为神舟号飞船上的微重力流体实验装置。

4）空间材料科学实验研究。以探索材料制备工艺、材料微观结构、晶体生长物理过程和新型特殊应用材料开发为目标，进行了三元／二元半导体光电子材料、氧化物晶体材料和金属合金／复合材料等数十项研究；研制了具有自主知识产权、技术先进的实验装置，为后续实验研究奠定了坚实的基础。

在中国载人航天工程第二阶段以及后续计划中，空间科学实验研究计划规模会进一步扩大，领域将会更加宽广，例如将开展辐射生物学、前沿性的生殖生物学、航天医学、基础物理学等研究，在规模、水平和平台利用效率方面都会有较大提高。在中国载人航天工程带动下，中国的空间科学将会取得飞跃发展。

11．空间
——理想的科学实验室

从国内外开展的数万次科学实验中，科学家们已经取得了若干成就，人们越来越多地认识到，环境特殊的太空的确是地面上无法完全模拟的理想实验室。例如现代医学中，器官移植技术已经相当成熟，全世界每年因此而获新生的人不在少数。然而，供需矛盾却成为器官移植手术中一个无法缓解的关键问题，每年有许多本来可以获得生存机会的患者，因为缺乏器官供应，不得不遗憾地告别人生。生物技术科学家大胆地提出采用先进的生物工程技术，在实验室中培养、制造器官，包括人的肌肉组织、骨骼、心、肺、肝、脾等。这一设想在理论上普遍认为是可行的，但是地面上的实验进展却不理想。由于实验无法避免地球重力场的影响，生物细胞往往无法完成在三维空间上的生长。也许空间失重环境正是科学家们期待的实验条件。诸如此类的生物科学问题、材料科学问题、流体科学问题、基础物理学问题比比皆是，科学家们期待这些问题能在空间环境中得到解决。

在此前的航天历史上，美俄等航天大国借助已经掌握的载人航天优势，开展了成千上万次有关微重力环境下的科学实验，目的都在于从本质上认识重力在物理、化学乃至生物过程中的作用机理，揭示科学的奥秘，为未来深空宇航探索途径。7 艘神舟号飞船相继上天并成功返回，一大批由中国人自己设计的涵盖生命科学与生物技术、微重力流体与材料等多领域的科学实验取得圆满成功，一批高质量的饱含着中国人智慧的成果展示在世人面前（图 1－25 为蛋白质结晶装置）。中国载人航天获得的成功，标志着中国在当代前沿科学领域有了一席之地，中国人将依靠自己的能力，建起一个和世界航天大国同一

图 1－25 空间科学实验——蛋白质结晶装置

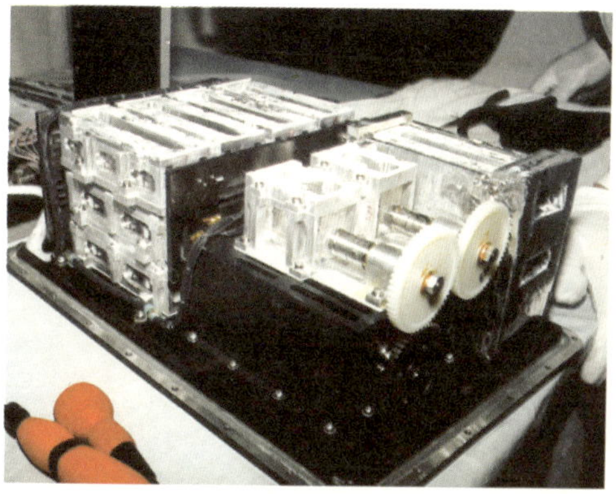

水平的探索科学奥秘的空间实验室。中国科学家会在这个实验室里创造出更多的奇迹，为人类社会发展作出重要贡献。

12. 载人航天应用引领高科技发展

载人航天工程不仅仅需要巨大的经济投入和稳定和谐的社会基础，更重要的是，它还必须有广泛领域内的高科技支持。在人类文明发展史上，载人航天已经成为一个国家综合国力的象征，一个民族振兴的标志。从另一个角度来说，正是人类文明发展的需要，给载人航天注入了原动力。所以，中国载人航天工程立项之初，就明确提出了“以应用为牵引，以创新求发展”的原则。这里所说的发展，绝不是单指发展载人航天，而应当有更广泛的理解，包括一个国家经济、国防、科技、教育等各行各业的创新与发展。

“科学技术是第一生产力”已经被实践所验证。任何一项航天活动，都离不开高科技的支撑。高科技催生了载人航天事业，载人航天事业又引领着高科技发展，全面提升中国的科学与技术水平。

有科学家说：当今世界，谁占据了空间，谁就掌握了地球。为改善13亿中国人的生活质量，为有效利用国土资源，建设一个繁荣富强的国家，进军太空，中国不能缺席。

面向世界科学前沿，加强原始科学创新，加强关键技术创新与集成，攀登世界科技高峰，为我国经济建设、国家安全和社会可持续发展不断作出基础性、战略性、前瞻性的重大创新贡献，是中国科学家推动载人航天事业可持续发展的永恒目标。

知识就像是一个浩瀚的海洋，让我们扬帆启航，去探索未知，去创造明天，去实现我们的梦想……

第二章

巡天保驾护航

——空间环境预报与探测研究

20世纪60年代，钱学森对当时中国科学院应用地球物理研究所的科技人员说："你们是中国未来航天事业的支柱，你们的工作很重要……你们是中国航天的红色预报员。"40多年后的今天，中国新一代红色预报员终于走上了电视屏幕。在神舟号飞船遨游太空时，中国空间科学家面对摄像镜头侃侃而谈，预报着当天和未来一段时间内的空间环境状态，告诉人们神舟号飞船正处在一个安全的环境之中。

1. 飞向太空，知而后行

空间环境与预报科学研究，对于载人航天来讲，就像今天人们对气象预报的依赖一样重要。人们要按照当天的冷、热、阴、晴来安排出行；航行在大海上的船只要知道会不会遇到暴风骤雨，前方有没有暗礁、险阻；在天空飞行的飞机要知道航线上有没有雷雨云层，会不会和其他飞机“狭路相逢”……

飞船要在太空安全飞行，那里是一个过去并不为人熟知的环境，同样需要预先知道那里有什么，可能会发生什么。研究空间环境并预报空间环境事件，这就是航天红色预报员——当代空间环境与预报科学家们肩负的重大使命。

人类进入太空之前，对于茫茫宇宙了解甚少，也不理解空间发生的许多事情。航天为人类提供了探测空间环境的新手段，从而能够更准确地了解地球辐射带和磁层，探测太阳风等事件的特性……

20 世纪 50 年代，人造地球卫星进入空间，带动了一门新兴基础学科——空间物理学的发展。空间物理学是在大量空间探测的基础上诞生的。现在人类航天活动的能力，已经可以将人送上月球，将探测器送上火星，乃至更广阔的宇宙空间，让人们不断揭开宇宙奥秘，使神话和推测最终被科学结论代替，这大大拓宽了人类科学认知的范围。

当人类不断扩大自己的活动领域，从陆地走向海洋，飞向大气层，进入太空的时候，为了在新的环境中安全地工作和生活，首要任务就是了解新的环境。人类为了走向海洋，飞向大气层，开始测量海水的深度，绘制海图，记录各个季节的风向和规律，监测和预报海洋、大气的风暴等。先辈们付出了辛勤劳动，才使我们今天能够在复杂的海洋和大气环境中自由驰骋。与走向海洋和飞向大气层一样，人类进入太空时，了解空间环境这个任务将更加迫切和重要，这不仅因为人们对空间环境的了解比对海洋环境和大气环境更少，还因为空间环境和人们所熟悉的生活环境差异非常大。茫茫太空，肉眼看起来似乎

知识链接

太阳风

太阳风是高温、高导电的太阳日冕气体向外膨胀而连续不断地生成的超声速等离子体流。太阳风等离子体由电子和离子组成，95% 的正离子是质子，3%～4%为双电荷的负离子。太阳风参量是高度可变的，密度在3～30个/厘米^{3}之间变化，速度在270～900千米/秒之间变化，偶尔可达1 000千米/秒。太阳风构成了行星际介质的主体，是地球空间的重要外部环境，对航天活动和人类生存来说，太阳风的影响至关重要。

图 2–1 太阳风影响地球磁场示意图

空无一物，也没有人类赖以生存的空气。实际上，宇宙空间存在着各种形态的物质，例如能量很高的宇宙线，以每秒数十千米速度飞行的大大小小的流星体，以及只有在空间存在的带有各种能量的等离子体和高能粒子。太空中还存在人类空间活动留下的废弃物——空间碎片。

人类离开地球，进入太空，就失去了大气层的保护，直接暴露在太阳发出的强大的紫外线和 X 射线之下。一直作为地球上生命源泉的太阳，也在威胁着我们的生命。不断从太阳表面发射出来的太阳风和太阳爆发时发出的高能带电粒子——太阳宇宙线，可以说是凶残的杀手（图 2–1）。诸如此类的问题，成为人类航天需要闯过的难关。“雄关漫道真如铁，而今迈步从头越。”从头越，需要科学家的聪明智慧和敢于认知、进取的开拓精神。

既然空间充满着各种险滩、暗礁，因此，无论是非载人还是载人航天活动，都没有可供自由驰骋的安全空间。世界各航天大国在发展航天技术的同时，首先需要解决的，就是寻找安全进入空间和顺利飞行并平安返回的万全之策，这不仅要求航天器本身工程设计要做到完全可靠，更重要的问题是对空间环境有尽可能多的了解，这就是所谓的“知而后行”。于是，伴随着航天事业的发展，诞生了一个新名词：空间环境保障。

空间环境保障是一门综合性、多学科的基础研究工作，同

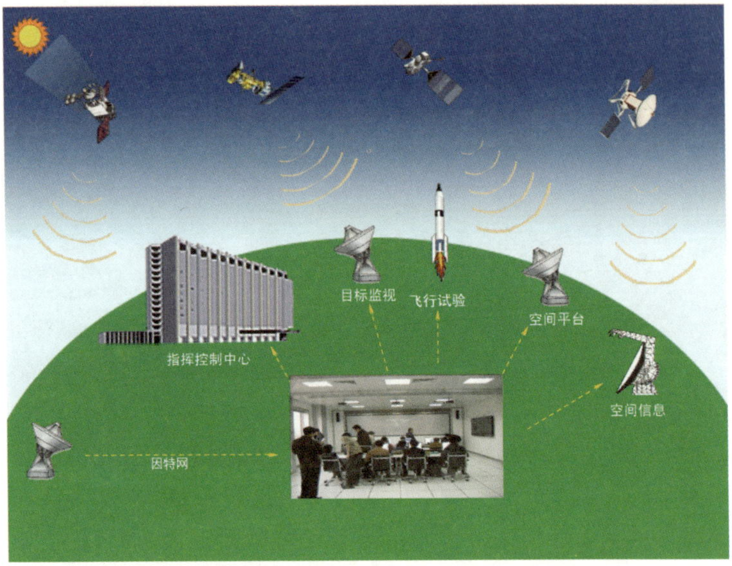

图 2－2 空间环境保障系统示意图

时也是直接服务和贯穿于整个航天工程的应用科学（图 2－2）。

1）设计阶段。根据学科研究的认知和长期观测的资料积累，包括各种地面观测站网和空间探测的历史积累，进行飞船轨道空间的各类环境分析，如高能粒子、空间等离子体、中性大气、微流星与空间碎片等，为飞船设计和船载各种设备、仪器设计提供理论依据。

2）研制阶段。依据空间飞行试验时可能存在的空间环境条件，对航天员和飞船、空间应用实验有效载荷等上天产品以及轨道和通信等进行效应影响分析、研究，提出相关防护建议和验证试验要求。

3）发射阶段。为了保障飞船发射任务在一个较为有利的空间环境状态下进行，避免重大空间环境事件对发射任务的影响，必须密切关注、分析、研究空间环境的变化动态，就像地面气象预报一样，每天发布空间环境安全期预报和射前空间监测预警。

4）运行与回收阶段。为了保障飞船的正常运行和航天员的安全健康，要时刻监视空间环境的变化情况，研究未来环境变化的趋势，如果预测到可能出现流星雨、高能辐射暴、碎片撞击等非常事件，要发出警报，提出躲避危险的科学建议。如果空间运行的飞船或飞船上的设备出现了故障，要提供空间环境背景因素，协助诊断故障异常。

现在的空间环境科学研究，已经成为航天安全保障的重要支持系统，是一个基础科学研究与工程任务紧密结合、相互促进的航天应用科学发展范例。

2. 空间环境科学的研究内容

空间物理学中所说的空间，通常是指距离地面几十千米高度以上直至太阳的日地空间。空间物理学主要研究领域包括太阳日冕物理、行星际物理、磁层物理、电离层物理和中高层大气物理等。空间环境科学是顺应现代人类航天活动需求，在空间物理学范畴内形成的一个新的学科分支，主要研究方向是对航天器所在空间的环境及其效应进行探测、研究，保障航天器能够在一个相对安全的空间里稳定、可靠地运行。正是由于这种基础科学研究与应用支持技术的交叉和紧密结合，使得世界各航天大国都对空间环境科学给予充分的重视，中国载人航天工程也把它纳入空间应用的研究范畴。

对于浩瀚无垠的宇宙空间来说，如果我们泛泛地说空间环境，对于人类航天活动尚未到达的空间，就失去了应用支持的意义，我们更注重人类航天活动频繁的地球附近的近地空间环境。

近地空间环境，就基础科学研究而言，更多地是关注与人类航天活动紧密相关的环境条件，保障载人航天的安全，这些条件学术界统称为“空间天气”。“空间天气”这个词是美国科学家首先使用的，借用了大家日常比较熟悉的近地大气气象的一个词汇。空间天气指的并不是近地大气环境中的风、云、雨、雪，而是指存在于航天器轨道空间的残留高层大气、地磁场、地球重力场、高能带电粒子、空间等离子体（低能粒子）、太阳电磁辐射、微流星、空间碎片等空间环境因素。图 2－3 为日地空间环境示意图。

作为应用支持技术而言，空间环

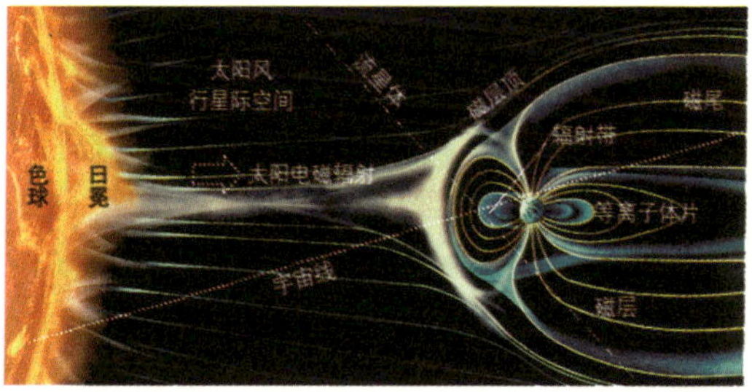

图 2–3 日地空间环境示意图

图 2-4 SOHO 卫星拍摄的太阳耀斑

境科学主要研究环境因素对航天器和航天员产生的各种影响，其中包括对航天器轨道、姿态的影响，对航天员身体及航天器材料和器件的损伤、破坏影响等，并研究其抗御对策。

此外，近地空间环境在太阳活动的直接影响下，经常发生太阳耀斑(图 2-4)等各种扰动，这些扰动影响人类的地面工程设施、技术系统，对地面的无线电通信、供电、输油等设施构成威胁，直接影响人类正常、健康的生存环境。因此，空间环境科学研究不仅是服务于航天工程的科学，还是与地球环境科学相交叉的新兴科学领域。中国载人航天应用将其研究内容主要定位在以下两个方面。

1）通过各种手段的探测技术，获取各种空间环境现象的信息资料，研究、认知空间天气变化，特别是灾害性空间天气变化的规律及其对人类活动的影响。

2）通过对探测结果的理论分析、研究，寻找正在空间运行的航天器躲避、预防灾害性事件发生的措施，以及营建适合人类空间生存的环境策略。

当然，随着航天技术的发展，人类达到的空间范围会扩展，

知识链接

太阳耀斑

太阳耀斑是太阳大气中一种局部区域的爆发现象，又称色球爆发。它能在短暂的时间（约 10^2～10^3 秒）内释放大量能量（10^{23}～10^{26} 焦），引起局部区域瞬时加热和各种电磁辐射、粒子辐射的突然增强，是一种最剧烈的爆发型太阳活动。太阳耀斑产生的高能辐射和粒子流到达地球附近时，会产生丰富的地球物理效应。

空间环境的研究领域也会延伸，这是该学科未来发展的方向。

3. 空间环境对航天活动的影响

自1957年10月4日第一颗人造地球卫星进入太空开始，空间环境对航天器的影响问题就备受科学界的关注。随着人类空间活动的日益增多，人类频繁地进入太空，先进的航天设备广泛地使用高度集成化的器件和芯片，空间环境对航天员、航天器影响的重要性也随之日益突出。半个世纪的航天历史表明，地球和太阳周围严苛的空间环境，是诱发航天飞行各种异常和故障的重要原因。美国国家地球物理中心一份不完全的统计资料表明，在5 000多条航天器故障异常记录中，空间环境因素造成的故障异常约占一半。图2－5示出了影响航天器的各种空间环境因素。

对于人进入太空，科学家们都进行了精心的防护设计和大量的空间实验研究。至今，全世界已经有500多名航天员遨游

图2－5 影响航天器的各种空间环境因素

太空，苏联航天员波利亚科夫创造了太空飞行437天的纪录。但是，大量的科学实验证明，人在太空的生存条件是恶劣的，稍有不慎，就可能造成致命的损伤。

为了确保航天器在空间环境中的安全，航天器需要采取一定的防护设计措施，以减轻空间环境的危害。航天器运行时，需要进行空间环境预报，规避灾害性的空间天气事件。载人航天飞行中，人更容易受到空间环境的伤害。为了确保航天员安全，载人航天器设计更复杂、技术更先进，更需要采取措施避免或防止空间环境事件的伤害。那么，影响航天的空间环境事件到底有哪些，它们会造成什么样的重大危害呢？这是一个非常复杂的问题。各种不同的空间环境因素，会产生不同的影响和后果，同一空间环境因素在不同的空间高度上，也有不同的值和量的区别，对飞行在该领域内的航天器产生的影响也不相同。科学家们根据近半个世纪航天活动的实践积累，给出了一个规律性的统计表，可以大致说明各类空间环境因素及其影响后果。表2－1和表2－2中列出了一些主要环境因素的危害和影响机理。

表2–1　各种空间环境因素对航天器可能造成的影响

环境因素／影响方面	地球引力场	地球高层大气	原子氧	地磁场	银河宇宙线	太阳宇宙线	地球辐射带	地球电离层	高温等离子体	流星体	空间碎片	宇宙电磁辐射	地球反射	地球大气辐射	造成的后果
轨道	■	■						■				■			影响寿命
姿态	■	■		■	■	■	■					■			单粒子翻转效应，姿态失控
温度		■										■	■	■	热应变，部分或系统失效
软件错误					■	■	■		■						单粒子翻转效应，静电放电，异常，故障
通信测控								■							闪烁，距离误差
辐射损伤					■	■	■					■			部分或系统失效
化学损伤			■									■			表面剥蚀，异常，故障
机械损伤										■	■				碰击危害，异常，故障
充电					■	■	■		■						静电放电，异常，故障
目标识别				■	■	■	■	■	■	■	■	■	■	■	错误

表 2-2　不同高度空间可能遭遇到的主要空间环境影响

	低地球轨道（100～1 000千米）	中地球轨道（1 000～10 000千米）	地球同步轨道（36 000千米）	行星际飞行轨道
中性大气	阻力，影响轨道严重；原子氧对表面剥蚀严重	几乎无影响	无影响	无影响
等离子体	影响通信、测控；冲压和尾流；高电压系统电流泄漏及离子曳力；有高充电可能	影响微弱，有高充电可能	充电问题严重	影响微弱
高能带电粒子	高纬区及南大西洋异常区发生单粒子事件	辐射带和宇宙线的剂量效应和单粒子事件效应严重	宇宙线的剂量效应和单粒子事件效应严重	宇宙线的剂量效应和单粒子事件效应严重
磁场	磁力矩影响姿态严重，磁场可作姿态测量的参考系	磁力矩影响姿态	影响微弱	无影响
太阳电磁辐射	影响表面材料性质	影响表面材料性质	影响表面材料性质	影响表面材料性质
地球大气辐射	影响航天器的辐射收支	影响微弱	无影响	无影响
流星体	低碰撞概率，机械损伤	低碰撞概率，机械损伤	低碰撞概率，但是相对最大，机械损伤	低碰撞概率，机械损伤
空间碎片	碰撞概率最大区，机械损伤较严重	低碰撞概率，机械损伤	碰撞概率较大，机械损伤较严重	无影响

4. 高层大气对航天器轨道高度的影响

地球周围存在的大气层，一直延伸到距地面两三千千米的高度上。假如把海平面上的大气密度作为1，那么在240千米的高空，大气密度为一千万分之一；到了1 600千米的高空，大气密度为一千万亿分之一。神舟号飞船飞行在三四百千米的高度，这里仍然存在极其稀薄的大气，科学上称其为高层大气。即使这样稀薄的大气，同样会对飞行中的航天器产生阻力作用，其阻力与航天器的运动方向相反，会使航天器动能降低，飞行高度下降，发生轨道衰变（图2－6）。随着轨道高度不断降低，航天器最终会坠入大气层被烧毁，没有烧尽的碎片会坠落地面，有可能对人类的生命财产造成安全威胁。就神舟号飞船来说，在正常的空间

图 2–6　航天器轨道衰减示意图

环境条件下，一般每天轨道要降低100米左右。为了维持正常的飞行轨道，必须两个月左右时间对其进行一次轨道调整，使它回到正常运行的轨道上去。神舟号飞船在设计时，就要根据飞船完成航天任务的时间来确定它的飞行寿命，参考空间环境学家对飞船轨道空间的大气阻尼预报，确定飞船需要携带多少燃料，以便在空间飞行期间进行轨道调整，抵消轨道的衰变。

在飞船运行期间，空间环境学家还要密切关注神舟号飞船轨道空间的环境变化，给出其对神舟号飞船的影响作用和轨道变化规律。大部分神舟号飞船上都安装了相关的高层大气探测设备，用以验证科学家的认知和积累资料，以保证能够预测到高层大气对飞船的阻力影响，向飞船提出轨道调整建议。但是，要真正做到精确的轨道预报，特别是低轨道航天器，仍然是一个难题。因为高层大气的密度、温度受太阳活动和地磁活动等因素的影响而变化，这些因素及其综合影响需要经验积累和大量的科学探测才能认知。和人们熟悉的地面天气预报一样，高层大气预报的准确程度标志着这个研究领域的科学水平。

5. 高能带电粒子对航天活动的影响

1989年10月19日，美国航天飞机上的航天员在舱外执行发射伽俐略探测器任务时，突然感觉到眼底闪烁，于是立即停止工作，紧急回舱躲避。其实，这是当时太阳质子事件的高能粒子打在航天员视网膜上引起的，如果航天员不采取躲避措施，有可能造成一起重大的航天事故。

空间环境中有大量的高能带电粒子，主要来源于银河宇宙线、太阳宇宙线和辐射带。这些粒子微小得只有原子核尺度，人们无法看见。高能带电粒子能量很高，对航天器和航天员都会构成极大的威胁，所以被人们称为“无形杀手”，是人类航天活动需要重点防护的空间环境因素。

高能带电粒子与物质材料相互作用时，会在物质内部转移和沉积自身的能量，从而影响和破坏材料的结构和特性。因此，当航天器遭遇空间高能粒子的轰击时，航天器的材料和器件将不可避免地受到影响和危害，严重时可引起航天器故障，甚至使航天器失效。

当高能带电粒子击中航天员身体时，长期过量的辐射积累，会造成机体器官、组织的损伤，甚至危及人的生命。同样，用于空间生命科学实验的生命体，以及未来深空远航时与人伴行的一切生命体，都会遭遇到高能带电粒子的威胁。

高能带电粒子的辐射危害主要表现在以下两个方面。

一是辐射损伤效应。这是指空间高能带电粒子对航天器和航天员带来的辐射损伤。高能带电粒子通过电离作用和原子位移作用，可以导致被辐射对象的物质内部分子结构出现缺陷。如果被辐射对象是航天器，那么可造成航天器上的各种材料加速退化，电子器件的性能衰退，例如太阳电池输出功率降低，各种半导体器件性能指标下降甚至损坏，玻璃材料变黑、变暗，照相胶卷变得模糊不清等；如果被辐射对象是生命体，比如航天员，那么可能造成人体器官、组织的结构和机能损伤，使航天员感觉不适，发生辐射导致的各种疾患甚至死亡等。辐射损伤效应是一种累

知识链接

太阳质子事件

太阳宇宙线是太阳发生耀斑时发射出的高能带电粒子流，由于绝大部分是由质子组成，故又常叫做太阳质子事件。当这种高能质子到达地球附近时，航天器上的某些仪器设备在高能粒子的长期轰击下，工作性能会严重衰退。执行任务的航天员接受剂量超过300～500拉德时，就有致命的危险，因此太阳质子事件对航天活动有很大的危害。

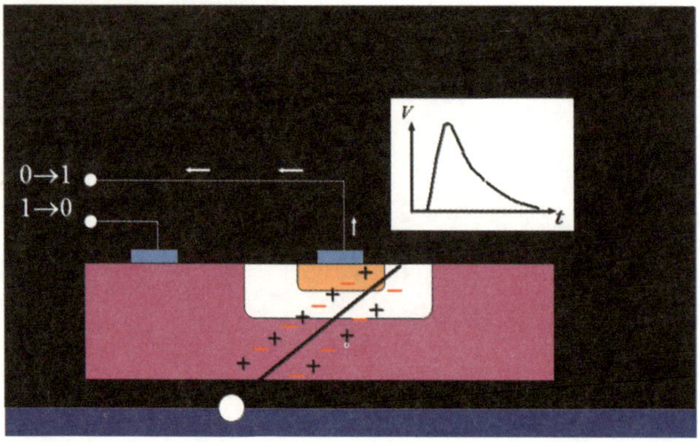

图2-7 单粒子事件造成软件错误的机理描述图

积效应，其损伤程度与辐射剂量的多少有关，也就是与辐射强度和积累时间有关。由于空间有高能粒子存在，所以航天器需要有抗辐射的壳体设计，航天员到外太空也要穿戴舱外航天服，其目的都是为了阻挡或者减少航天器设备和航天员遭受高能带电粒子辐射的损伤。

二是单粒子事件效应。这是指单个的高能质子或重离子进入微电子器件时，导致器件逻辑功能翻转或器件损坏，造成航天器发生异常或故障的事件。

当空间单个高能带电粒子通过微电子器件时，在所通过的路径上会产生电离，电离电荷沉积在微电子器件中，部分被电极收集，当收集的电荷超过电路状态的临界电荷时，电路就会出现不期望的翻转，引发逻辑功能混乱（图2－7）。严重的单粒子事件可能导致航天器系统失去控制乃至瘫痪。如果载人飞船受到这样的伤害，将会变成失去驾驭的自由飞行体，航天员的命运就不堪设想。现代航天技术大量使用高密度集成的体积小、功耗低、存储量大、运行速度快的电子器件，其抗单粒子事件的能力相对较弱。因此，如何加固微电子器件，提高器件的抗单粒子事件能力，成为航天器设计和制造的一个突出问题。

6. 航天器带电及其危害

飞船在轨道上运行时会带电吗？科学家的回答是肯定的，这就像中学实验课中提到的那个静电球，它不仅带电，而且可以达到数万电子伏特的静电电位。飞船带电是飞船设计专家们所不希望的。飞船带电同样也是一种积累效应，轻微的带电不一定会引发异常或故障，只有带电积累到一定水平时，才会显现负面的效果。其实，任何航天器带电严重时，都会造成灾难性后果，因为航天器带电积累到一定程度时，会产生静电充放电过程，放电会产生脉冲干扰或放电火花，引发仪器故障甚至是航天火灾等危险事故。1994年1月20日，耗资30亿美元的加拿大通信卫星阿尼克E1（ANIK E1）和阿尼克E2（ANIK E2）因深层充放电，导致动量轮控制系统出现问题而失效，直接损失达几千万美元。统计表明，充放电引起的航天器故障、异常，在空间环境引起的航天器故障、异常中约占1/3。所以，航天器的充放电防护设计，是设计师们必须考虑的重大问题之一。

是什么原因导致飞船带电呢？这是因为飞船在轨飞行时，会遭遇空间等离子体环境和高能带电粒子辐射环境，这些环境中的带电粒子与飞船相互作用，在其局部产生沉积电荷，电荷的积累就会使飞船带电。飞船带电有两种类型，即表面充电和深层充电。

1）表面充电是指飞船表面的电荷积累现象。在低于几十万电子伏的带电粒子或称做空间等离子体的空间环境中，由于电子质量远小于离子，当电子和离子有着相同或相近的温度时，电子的热运动速度远高于离子。也就是说，相同时间里，落到飞船表面的电子比离子多得多，飞船表面将积累负电荷。积累的负电荷会产生电场，并排斥电子，吸引离子。同时，由于入射到飞船表面的等离子体碰撞和光辐射又向外反射电子，从而影响飞船表面的电荷积累。当飞船表面这种电荷累积过程达到动态平衡时，就形成一个稳定的电位。飞船表面的充电水平，取决于空间等离子体环境，飞船的形状、结构、表面材料，光照条件以及空间电场和磁场等条件。图2-8所示为飞船带电电位示意图。

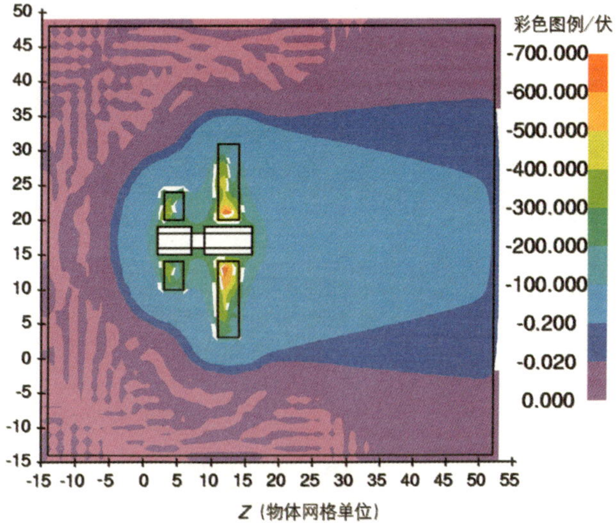

图2-8 飞船带电电位示意图

2）深层充电是指空间环境中那些具有足够能量的高能带电粒子可以穿过飞船表面，在飞船壳体介质材料的内部传输和沉积。能量不同的电子，沉积的深度也不同，最终会在介质内形成层间电荷结构，建立内部电场。飞船深层充电水平取决于高能电子环境、介质材料特性等因素。

为什么航天器带电达到一定水平时，就会引发事故呢？因为当航天器的表面充电或深层充电的电荷积累到一定水平时，会引发静电放电。静电放电所形成的电磁脉冲，会对航天器内的电子系统造成干扰，影响航天器的正常运行，严重时会导致整个航天器失效，这就是加拿大通信卫星阿尼克 E1 和阿尼克 E2 失效的原因。

7. 微流星对航天器的威胁

航天器在轨道上运行时，会遇到来自天外的不速之客，这就是微流星（图2-9）。流星体是在星际空间高速运动的固体中性不带电颗粒，来自于宇宙各个星系，大多是由小行星和彗星演变而来的。流星体具有各种不规则的外形，在太阳引力场的作用下，沿着各种椭圆轨道运动，相对于地球的速度为11～72 千米／秒，平均速度约20 千米／秒，平均密度为0.5 克／厘米^3。

流星体具有很高的速度，如果它们与航天器相撞，撞击压力超过航天器表面材料的强度时，撞击点附近的物质会像流体一样流动。随后的压力释放过程，又使撞击体和被撞击体升

图2-9 在空间常见的微流星景观

温，温度达到足以使被撞击物质熔化和蒸发，其结果是在航天器表面留下撞击坑或形成穿孔。

流星体颗粒较小时，对航天器的主要危害是对表面的砂蚀作用，使其表面粗糙。稍大一些的流星体，就有可能使得航天器壳体出现裂痕，甚至表面被击损剥落，严重时可以透过壳体，对航天器内部设备和控制系统造成损伤。一般情况下，质量超过1 克的流星体，在近地空间内与航天器相遇的机会极少，只要航天器具有一定的屏蔽防护设计，其危害是可以避免的。但是，当发生“流星暴”时，流星体对航天器的危害就不容忽视了。

什么是流星暴？当宇宙空间某个星系或星体发生剧烈运动时，会有大量的流星物质飞向地球，其密集程度就像雨点般袭来，这就是流星暴，又被称做“流星雨”（图2−10，图2−11）。如果正常运行的航天器遇到流星暴，就要经历一场“暴风骤雨”的考验。1993 年，欧空局的奥林巴斯卫星，就遇到了英仙座流星群爆发，卫星一度失去控制，飞行任务也不得不提前终止。

中国在执行载人航天任务时，也遇到过一次与流星雨擦肩而过的经历。1999 年 11 月 18 日，神舟号飞船即将进行首次发射，长征火箭傲立戈壁，直指苍穹。这时，应用系统空间环境预报中心的科学家，却发出了强狮子座流星暴的紧急警报。当

图2−10 一次狮子座流星雨的现场景观

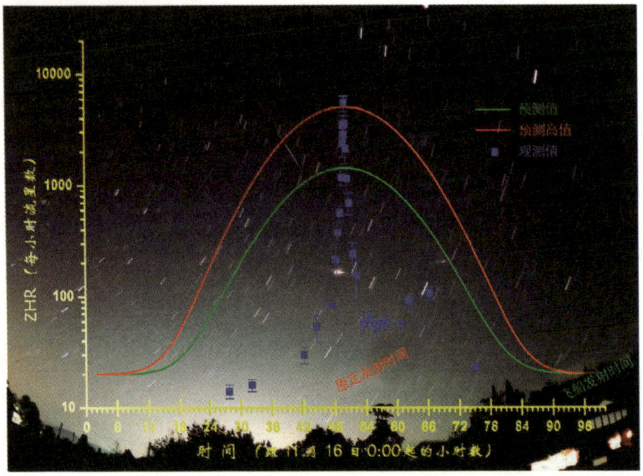

图2-11 狮子座流星雨预报与实测比较图

时的工程领导以科学的态度果断决策，将发射时间推迟两天，使神舟号飞船躲过了那场危险的“暴风骤雨”。这一事件不仅表明了我国空间环境科学的水平，也体现出中国航天人尊重科学的求实风格，成为航天界广泛传颂的佳话。当神舟号飞船顺利升空并成功返回后，1999年11月20日也成为一个具有特别意义但并不为外人知道的重要日子。

8. 威胁航天器安全的空间碎片

空间碎片是指宇宙空间中除正在工作的航天器以外所有的人造物体，又称轨道碎片或碎片。空间碎片是人类空间活动的产物。近年来，随着人类发射的空间飞行器不断增多，废弃的助推火箭和航天器及其爆炸后产生的碎片不断累积，导致空间碎片的数量越来越多。如今，某些空间区域已经变得十分拥挤，对人类航天活动的危害日渐凸显，空间碎片已成为危害航天器安全的潜在杀手。图2-12是近地空间上的空间碎片分布模型图。

关于空间碎片的研究，国际上已经形成了一个专门的分支学科，并建立了相关的机构和观测网站，监测、搜索和研究空间碎片的分布、轨道和运动规律，对空间碎片进行编目，建立相关的数据库，研究防止空间碎片危害的对策等。位于美国科罗拉多州夏延山的空间监视中心（SSC），就是专门研究空间碎片的。目前，该中心掌握的空间碎片编目已达9 000多个。世界各航天大国的航天机构成立了专门的国际组织——机构间空间碎片协调委员会（IADC），中国国家航天局也是这个组织的成员。

科学家们通过观测研究认为，在低地球轨道上，空间碎片

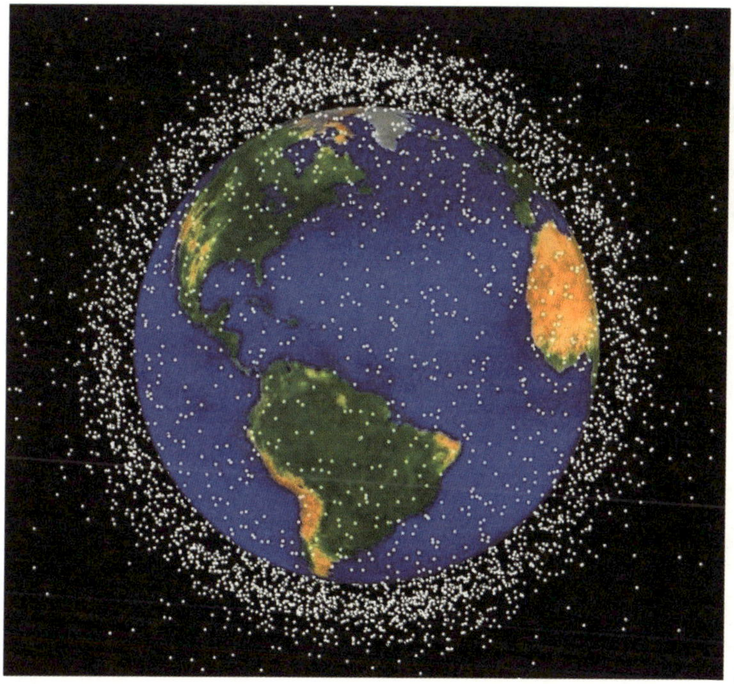

图 2–12 近地空间上的空间碎片分布模型图

数量远远超过流星体。碎片的大小从微米级到米级都有，分布在常用的载人航天器轨道区域，按各自的自由衰减轨道运行。这些碎片的相对速度平均在 10 千米 / 秒以上，如果与航天器相撞，后果十分严重。特别是飞船、空间实验室、空间站这样长期在轨运行的大型航天器，遭遇碎片撞击的几率更大。有足够动能的碎片如果打穿太阳能电池阵防护层，造成电池阵短路或损坏电池阵，航天器就会失去能源支持，造成整个航天器报废。航天史上已经有碎片撞击航天器产生严重后果的事例。

法国 1995 年发射的西雷斯（CERISE）电子侦察卫星，1996 年 7 月 24 日与 1986 年发射的阿里安（ARIANE）火箭残骸相撞，撞击时的相对速度达到 14 千米 / 秒。卫星的重力梯度稳定杆被撞断，卫星姿态失去控制。

在美国航天飞机 120 多次飞行过程中，共发生了 50 次轨道物体碰撞，25 块舷窗因撞击需要更换。挑战者号航天飞机在一次飞行中，双层舷窗中的一层被小碎片撞击后打穿了一个小洞。据分析，航天飞机舷窗平均每 5 天就可能受到一次碎片撞击。美

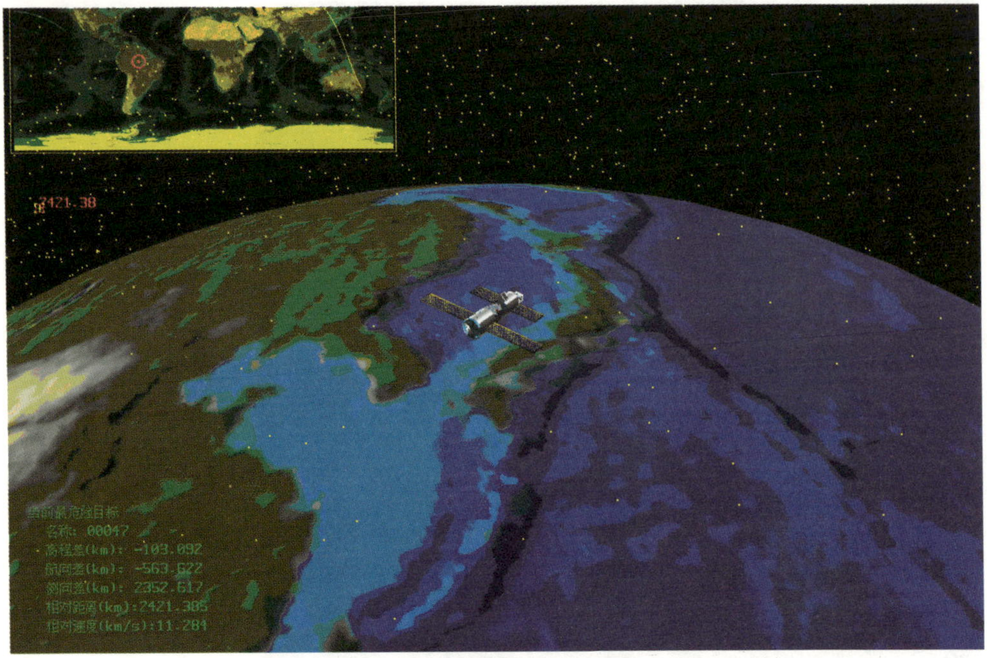

图 2–13 空间环境预报中心发布的空间碎片预报图

国长期暴露装置(LDEF)的返回材料表面有许多被砂蚀的小坑和穿孔，经分析证明是碎片所为。

苏联宇宙1275号(COSMOS–1275)导航卫星1981年7月发生爆炸事件，据推测也是由碎片撞击引起的。

空间碎片的另一种危害，是那些尺寸和质量都足够大的碎片，当其运行轨道衰减到一定程度后，会像流星一样穿过大气层陨落到地面上，如果击中重要的地面设施或人员，会造成重大事故和人员伤亡的悲剧。

为了保障载人航天的安全，中国科学家在20世纪90年代就开展了空间碎片研究。近年来，结合中国载人航天工程任务需求，为了能够科学地躲避和降低空间碎片对航天器和地面人类社会活动的危害，国内各相关研究机构加强联合和进行国际合作，组建综合观测、监测网，建立数据库，开发分析、研究、应用软件，并取得了重大成果。例如，在神舟5号和神舟6号飞行任务前后，空间环境预报中心利用自己开发的大碎片碰撞预警软件，计算了主要大碎片的分布情况和飞船与大碎片接近的情况，对飞船与大碎片的碰撞进行了风险评估，对可能出现的危险目标进行了实时监测预警，为保障飞船与航天员的安全发挥了重要作用（图2－13）。

9．空间原子氧对航天器的侵蚀

暴露在空气中的物体会受到腐蚀，氧化是我们最常见的腐蚀现象。高度200～800千米的空间区域中也存在腐蚀，但是这种腐蚀现象没有地面那么复杂，因为高层大气成分比地面单纯得多，没有酸、碱、盐雾、水汽等成分，腐蚀物质主要是原子氧。

什么是原子氧？我们通常所说的氧气是由两个氧原子组成的稳定态分子氧，原子氧则是游离态的单个氧原子。高层大气中的氧，绝大部分以单个游离状态的原子氧存在。

虽然与地面大气相比，高层大气极其稀薄，氧气也很稀薄，但它基本上是以原子氧存在。原子氧是一种强氧化剂，当它与在轨运行的飞船以8千米／秒的速度相遇时，单个原子氧的能量可以高达4～5电子伏。原子氧的通量可以达到10^{19}个／（米^2·秒），这时的飞船相当于处在一个高温氧化炉中，它的表面材料会发生显著的物理和化学反应。这一过程可能导致材料剥蚀，表面腐蚀、挖空，材料变性和污染等。

高层大气成分中原子氧的比例占到70%～90%，所以其氧化能力更加活跃。在那样的环境下，航天器如果长期留在空间，日积月累，会被小小的原子氧啃吃掉。所以，探测、研究和预报空间原子氧的背景及其对航天器可能产生的影响，制定相应措施，尽可能避免原子氧对飞船造成的损伤和危害，保障飞船的安全性和可靠性，是空间环境科学家和飞船设计师们联合奋斗的重要目标。图2－14所示为神舟号飞船探测到的空间原子氧变化情况。

图2－14 神舟号飞船探测到的空间异常情况——原子氧变化图

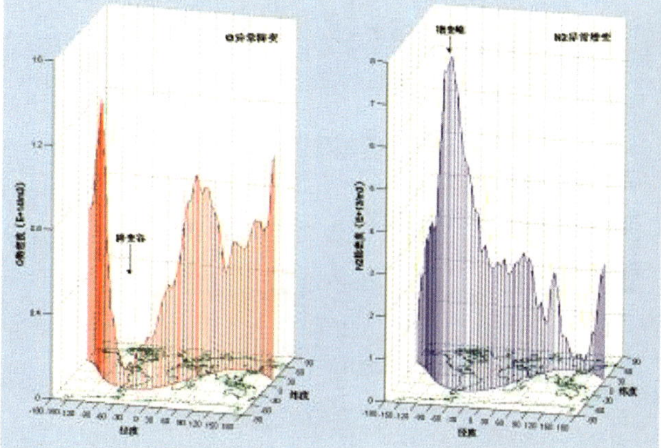

10．空间环境预报

随着对空间环境现象认知的深化，科学家发现，空间环境不仅直接影响到人类的航天活动，同时也直接或间接地影响地球大气气象和地面人类的生产、生活和科研等活动，与人类生命健康、衣食住行等方面也息息相关。如今，空间环境预报已经走出了科学殿堂，进入到人们的日常生活中。在我们每天收听的气象预报中，已经悄然出现对某些重大空间环境事件的预报，气象预报的内容正在向空间环境预报延伸。

空间环境预报和地面天气预报一样，也有现报、警报、短期预报和中长期预报。但是，从关注的环境因素、空间区域和服务对象而言，空间环境预报与通常的地面天气预报还是有本质上的区别，是无法相互替代的。我们可以从各类预报内容上看到这种区别。

1）空间环境现报。现报是指报告当前或最近未来时刻的空间环境要素和空间天气事件。通常主要针对太阳辐射参数、太阳风行星际参数、磁层粒子和场、电离层、中性大气参数等常规空间环境要素，有时也可能包括正在发展中的空间天气事件的状态和发展趋势。

图2－15　空间环境预报中心主页

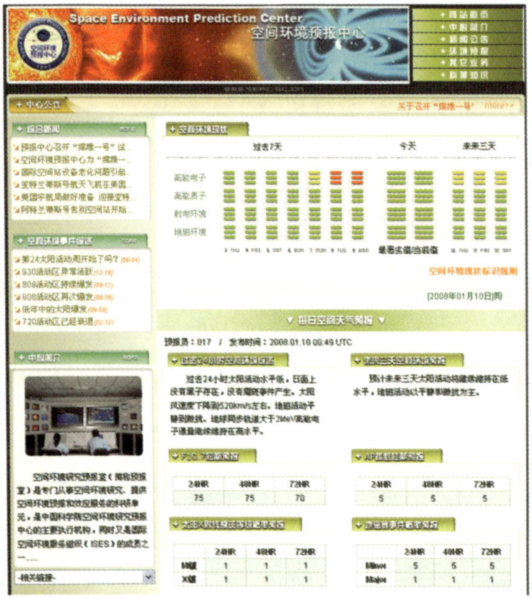

2）空间环境警报。警报是以紧急通告的形式发布数小时内可能对飞船或其他航天设备、地面人类或技术装备有损害作用的空间天气事件的预测和影响情况。主要包括指出灾害性空间天气事件发生的时间、可能的事件强度及事件的持续时间等；警告和提醒用户采取必要的防护措施，以躲避或减小事件可能造成的损害。

3）空间环境短期预报。短期预报是提出预测到的几小时到几天的空间环境要素和空间天气事件。短期预报一般包括太阳活动、地磁活动等空间天气指数和太阳质子事件、太阳耀斑事件、地磁暴等空间天气事件的概率。短期预报是以统计和经验为主的方法，通过数据收集、质量检验、分析处理、模式计算、图形显示，最后综合分析的结果。

4）空间环境中长期预报。中长期预报是对未来几个月或几年的空间天气发展趋势性变化的预测，主要目的是为工程和任务设计提供远期环境评估。中长期预报主要根据太阳活动和地球运动的周期性变化规律和发展趋势作出预测。例如，太阳活动水平有11年的周期性变化规律，太阳自转而造成的太阳活动、行星际扰动、地磁活动有27天的周期性变化规律等，这都是科学家们作出分析预报的重要科学依据。

中国载人航天工程空间应用系统建立的空间环境预报中心，在为中国载人航天服务的同时，也对国内外用户开放。空间环境预报中心利用现代网络技术发布各类预报，为更多的科研、产业部门提供空间天气信息，特别是灾害性空间天气信息，从而成为我国空间环境科学与应用技术研究和学术交流的重要平台。图2－15为空间环境预报中心主页。

11. 为神舟保驾护航

空间环境预报从研究到开展业务运行，是近几十年才发展起来的，中国的空间环境预报中心是中国载人航天工程启动后才成立的专门机构，因此它的情况鲜为人知。让我们共同走进空间环境预报中心，去窥视那里的秘密。

有一位跟踪采访神舟号飞船发射过程的记者，是这样描述空间环境预报中心的：当你走进中国载人航天空间环境预报中心时，宽大炫目的荧屏，滴答跳动的击键声，还有那一张张炯目凝神的面孔，会使你不自觉地放轻脚步，为能够踏进这一神圣科学殿堂怦然心动。当你走进空间环境科学家们的心灵，你会肃然起敬，为华夏民族的振兴、崛起感到自豪和骄傲。因为这里是为神舟号飞船保驾护航的大本营，那些神情专注、紧张忙碌的人们，正是神舟号飞船的护航使者……

图2–16 空间环境预报中心预报室

在中国载人航天工程中，空间环境预报中心的具体任务是分析空间环境对航天工程的影响，为载人航天工程各参与单位和部门提供空间环境信息；开展空间环境监测和数据收集工作，进行空间环境预报、效应分析和空间碎片预警及其防护或规避对策研究；研制建设空间环境保障技术系统。

经过15年的发展，空间环境预报中心在空间环境监测与数据管理、空间环境预报、空间环境效应分析、空间碎片预警和保障服务等方面形成了机构完善、配套齐全、设备先进的科学研究与技术保障系统，成为世界上先进的航天保障专业机构。空间环境预报中心不仅是中国航天的重要支柱，同时也促进了相关基础科学研究领域的跨越式发展，提升了我国的国际学术地位。图2－16是空间环境预报中心预报室的实景照片。

那么，空间环境预报中心又是如何为神舟号飞船保驾护航的呢？这是人们最想窥视的秘密。一位资深空间环境科学家这样说：“空间环境保障的业务运行，包括了原始空间环境信息获取、传输、管理、加工和生成最终的发布结论等过程。无论是飞船执行任务，还是没有航天飞行任务，这里永远闲不住。对于复杂的空间环境，要想准确预报，就得加强基础研究。知识源于积累，有了丰富的积累，才会有丰厚的回报……”让我们按着科学家的指引，体验那严谨的空间环境预报过程。

空间环境预报的整体过程如图2-17所示，可分为5个阶段。

1）原始空间环境信息获取。信息获取是指通过各种地面监测网站和各类航天飞行机会，对各种空间环境要素进行监测，广泛收集空间环境信息。通常把地面进行的监测称为地基监测，把利用航天器实施的监测称为天基监测。

空间环境信息中心获取信息的渠道包括：通过国内各天文观测站、空间物理观测站广泛收集地面观测数据；利用各种卫星平台，进行空间实时探测，包括神舟号飞船的实时监测，积累多时域的空间环境数据；与世界各国建立交流合作关系，实现全球观测和空间环境数据共享。

2）环境信息分类与建库。分类与建库是把不同渠道，包括国内外天基和地基监测的原始信息收集起来，进行加工处理，给予分类编目，建成数据库，成为预报和效应分析的应用资源。

3）环境信息加工。信息加工是空间环境预报业务的核心，是最终形成预报信息的关键。信息加工需要利用各种预报分析工具、预报模式和效应分析工具，由专家对原始空间环境进行分析预测、效应评估等。

4）生成环境研究结论。生成的研究结论包括背景环境分

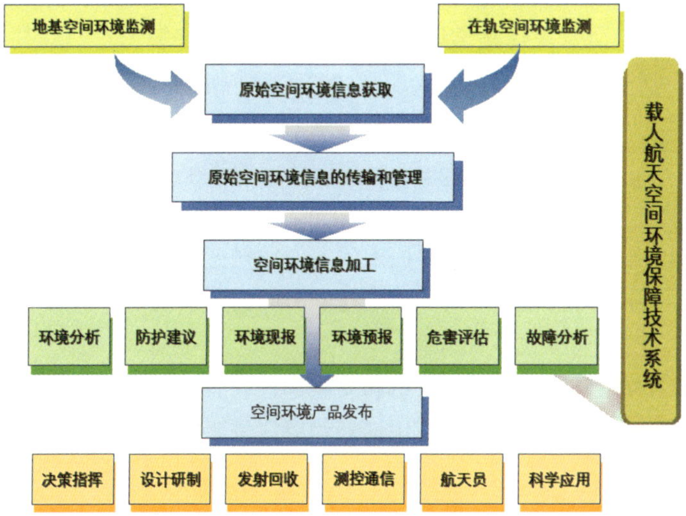

图2-17 空间环境预报的整体过程

析、实时环境通报、未来环境预报、灾害性事件危害评估、故障异常诊断和空间环境危害防护、灾害减缓规避措施建议等。

5）发布。空间环境预报中心最终形成的研究结果，根据各种不同的需求送达各相关部门。

从上面的预报过程可以看出，现报、警报、预报是否准确，不仅取决于掌握的信息资源多少，还取决于参与信息加工、分析的科学家们的知识水平、实践经验和工作作风。因此，空间环境科学家们的工作往往使外行人士感到高深莫测，他们也被人们尊称为载人航天的“护航天使”。

12．空间环境预报
——载人航天安全的重要保障

空间环境预报在中国载人航天工程中到底发挥了哪些重大支持作用呢？大家可以从下面几个具体实例中得到一些初步认识。

（1）绿灯为神舟放行

神舟号飞船何时起飞？她的“黄道吉日”是如何定出来的？可以说，空间环境预报中心充当了一名现代航天技术的“算命先生”，不过科学家们依据的不是“阴阳五行”和“生辰八字”，而是现代科学认知的客观规律。更准确地说，就是科学家对神舟号飞船所要去的那个空间环境情况的深入了解。

飞船在某月、某日、某时、某刻可不可以发射，不单纯是由飞船、火箭系统来决定的，空间环境预报中心提供的空间环境条件，也是一个重要的考虑因素。即使依据飞船预定轨道、测控需求以及地面气象等因素确定的发射窗口条件满足了，但是发射时刻和飞船计划在轨运行的时间段内，空间环境因素不好，飞船同样也不能发射。

为保障飞船的顺利发射和安全运行，必须选择空间环境条件较好的时期，也就是太阳活动相对比较平静的日子。因为太阳活动活跃的时候，例如出现太阳耀斑、日冕物质抛射、太阳质子事件等，就会在轨道空间造成强烈的粒子辐射和电磁扰动、地磁扰动，这些现象都会给航天器的发射和在轨运行造成极大的危险。

每次飞船发射之前，空间环境预报中心都要为飞船出行找到一段相对平静的有利于太空飞行的空间天气。为此，空间环境科学家要对可能影响飞船发射和运行安全的各种空间环境因素，包括因太阳质子事件引起的辐射环境、电磁环境，以及可能出现的微流星、流星雨等各方面因素作全面的分析和预测，对选定的发射时间和在轨运行期间的空间环境状况进行预报和评估，如果认为选择的日子不错，就打开绿灯为神舟放行，给出发射安全预报，为决策者提供依据。从图2-18中，可以清楚地看到神舟1号～神舟6号飞船的每次运行阶段，都在空间环境科学家们精心选择的最佳时间段，避开了影响发射和运行安全的空间环境因素，如太阳质子事件。

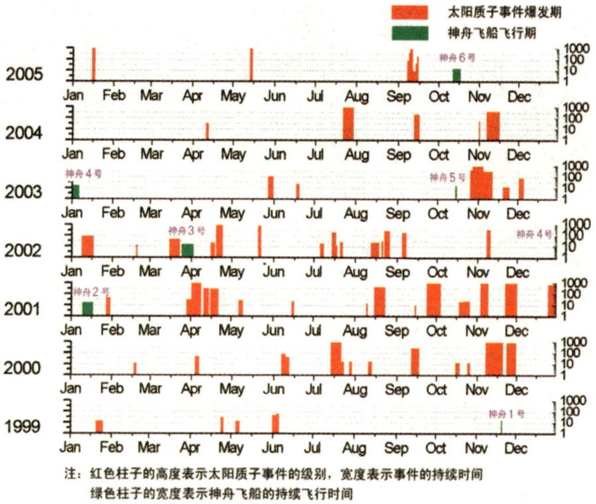

图2-18 神舟号飞船发射飞行期间的太阳质子事件观测图

（2）指引飞船规避“陷阱”

神舟号飞船安全进入太空后，空间环境预报中心的科学家们时刻监视着她在空间的位置，对那些可能危及安全的环境因素和事件进行分析、预测。当遇到危险情况时，就会开启黄灯甚至是红灯。受地磁场的捕获和束缚，在近地空间环境中，存在一个高能质子和高能电子聚集区——辐射带。由于地球磁场在南大西洋上空的畸变，该区域辐射带下边缘往下延伸到几百千米的高度，航天器经过这个区域，都将遭遇恶劣的高能辐射环境，飞船上的电子设备可能因此故障频发，有时甚至造成无法恢复的永久性失效，所以，该区域是飞船需要规避的“陷阱”（图2-19）。

空间环境预报中心按神舟号飞船实际轨道，计算经过那里的时间，准确分析、预测那里的辐射环境现状，评估辐射可能

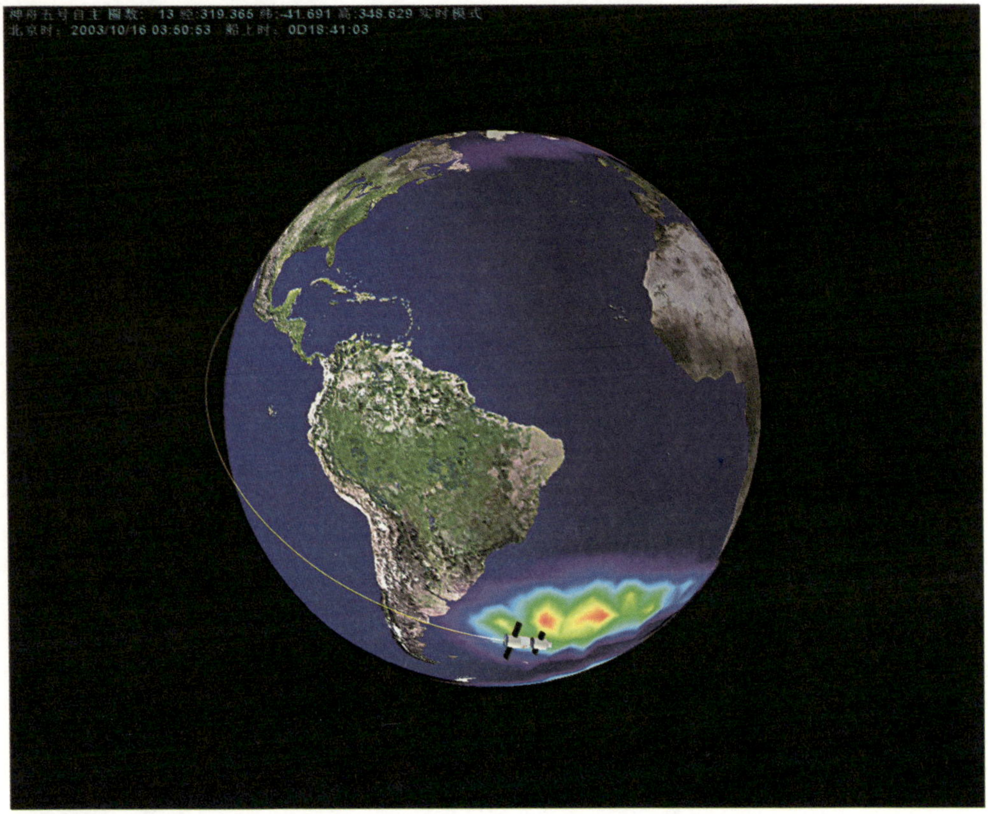

图 2-19 地球辐射异常带

对飞船和船上仪器设备造成的危害程度，然后根据飞船各种设备的运行工作状态，分别开启黄灯或红灯，建议某些设备应当关机停止工作，某些设备应当改变工作模式以防止损伤。空间环境预报科学家们的日夜呵护，换来的是飞船一路平安，以及所有空间应用任务的圆满成功。

（3）航天员的环境卫士

空间辐射环境是对航天员安全与健康威胁最大的因素之一，为了准确掌握其危害程度，利用神舟 5 号、神舟 6 号载人飞行的机会，空间环境预报中心根据实际观测到的飞船轨道，利用自行研制的分析计算软件，对航天员遭遇的辐射剂量当量进行了全程实时跟踪计算和研究，得到了飞船载人舱内的瞬时辐射剂量当量率和积分辐射剂量，以及舱内人体四种器官的瞬时辐射剂量当量率和积分辐射剂量当量。

研究发现，在飞船将近一天的载人飞行中，航天员晶状体、皮肤、骨髓（造血器官）、睾丸等器官遭受的辐射剂量当量率分别约为0.05，0.06，0.05，0.05毫希沃特，飞船载人舱内的积分辐射剂量约为8毫拉德（图2-20）。如果实时剂量率过高或累积剂量超过警戒值时，科学家们就会提出建议，要求航天员采取一定的规避措施。

这一研究成果对于我国未来长时间载人航天飞行和航天员出舱活动等的环境预报工作储备了技术基础。神舟7号航天员能够充满自信地跨出舱门，进入太空并安全返回，就是因为在他们身后，有一群忠于值守的环境卫士为他们提供安全保障。

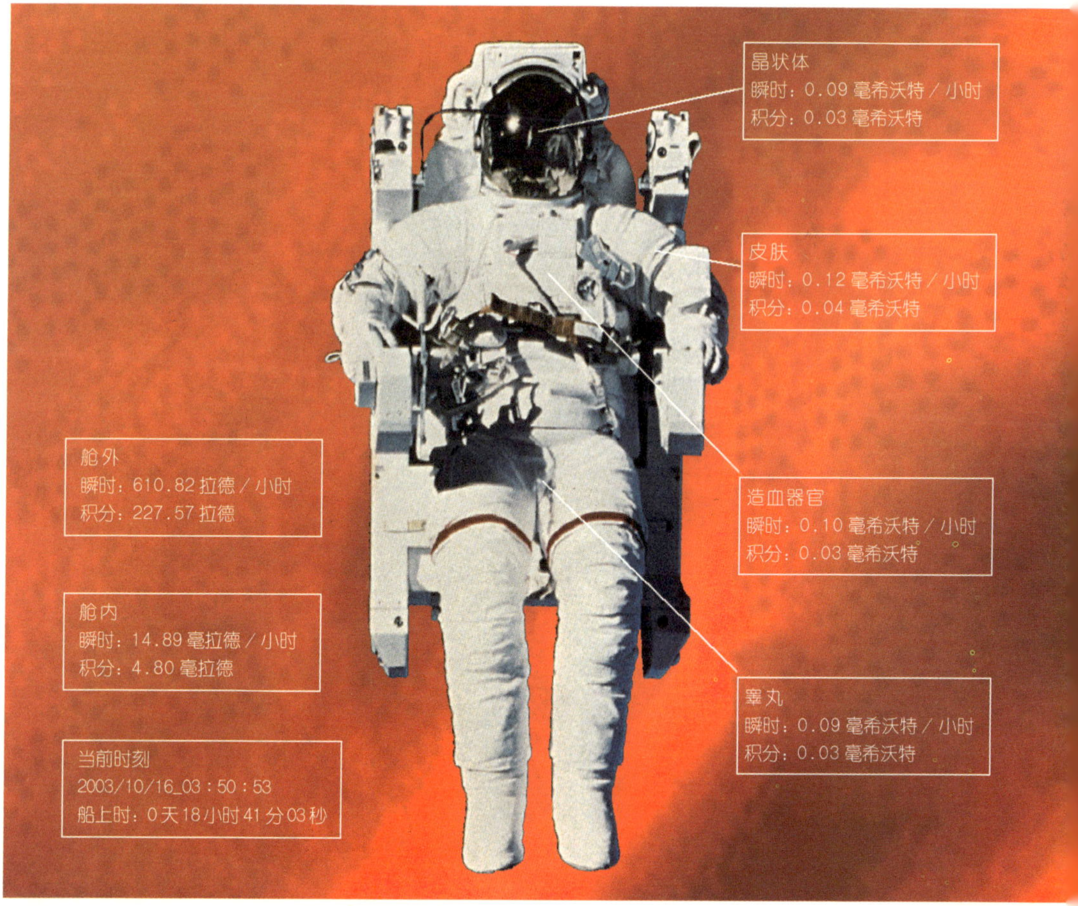

图2-20 人体模拟辐射计量研究

13．神舟号飞船
——空间环境实时监测的重要平台

科学家为神舟号飞船提供环境预报保障，同时，神舟号飞船也是科学家对空间环境进行实时监测的最好平台之一。每次神舟号飞船出征前，科学家们都在她的身上安装各类空间环境探测器，让她能够实时感知外界空间的环境特征。这些探测器收集到的科学数据，对于科学家来讲是一笔宝贵的财富，因为它不仅使科学家能够及时掌握神舟号飞船所经历环境的真实状态，验证科学家事先所做的预报是否准确，同时，这些数据还可以作为历史观测资料，纳入空间环境数据库，为以后的航天活动提供宝贵的经验和资料积累。

在神舟号飞船历次太空之旅中，空间环境监测设备成为必不可少的乘客，参与神舟飞行试验的设备已有数十件（图 2－

图 2–21 神舟号飞船上的空间环境探测设备家族

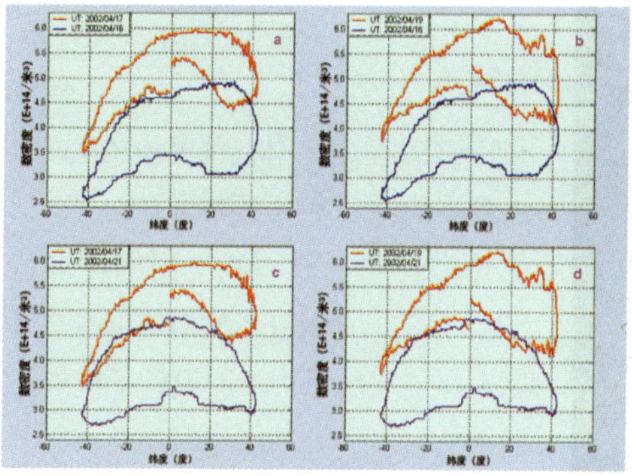

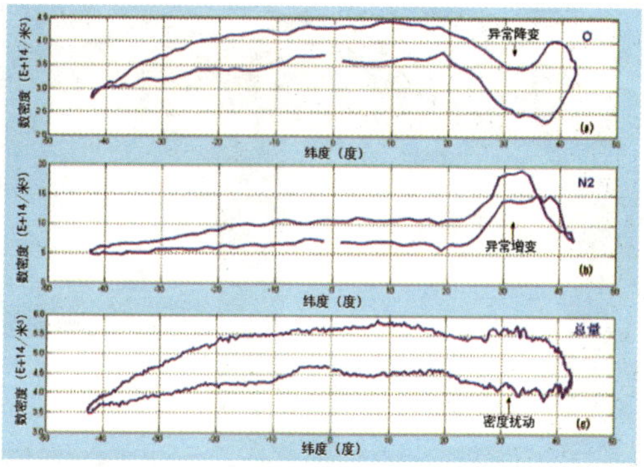

图 2–22 地磁扰动期间大气密度昼夜变化（左）

图 2–23 地磁扰动期间大气成分异常变化（右）

21）。在我国其他大部分航天器上，空间环境探测器家族的成员更多，它们是我国空间环境天基探测的主力军，为我国的空间环境研究作出了突出的贡献。这些探测器取得的成果，成为我国对外学术交流和信息、资料交换的主要内容。

神舟号飞船实际探测的若干结果，已经成为载人航天器和空间应用有效载荷设计、飞船操作、控制设计采纳的依据。

从历次高层大气监测结果统计，我国神舟号飞船所在的轨道空间，大气密度约为 $4 \times 10^{-12} \sim 1 \times 10^{-11}$ 千克／米^3，白天与黑夜的大气密度有明显变化，白天通常是夜晚的 1.5 倍。显然这是由于白天光照引起大气温度增加，地球大气层升高，使得神舟号飞船轨道空间的大气密度有所增加。同时，神舟号飞船还测得，当太阳活动剧烈时，大气密度也会升高；地球地磁扰动时，飞船夜间的大气密度也会增加。在中等地磁扰动强度下，白天大气密度增加 30% 左右，夜晚则增加 60% 左右。图 2–22 和图 2–23 分别为地磁扰动期间大气密度和成分的变化情况。

神舟号飞船需要在轨运行多长时间，需要携带多少推进剂；飞船轨道每天平均衰减多少，需要多长时间进行一次轨道调整；如何更精确地预报神舟号飞船的轨道等，都依赖于这些真实可信的环境参数。

神舟号飞船的实时监测，还获取了高层大气成分及其变化情况。探测结果表明，那里的大气成分以原子氧为主，原子氧约占大气总成分的 70%～80%，而分子氮、原子氮等其他成分要少得多。在地磁扰动期间，轨道空间的氧原子和氮分子都有明显增加：

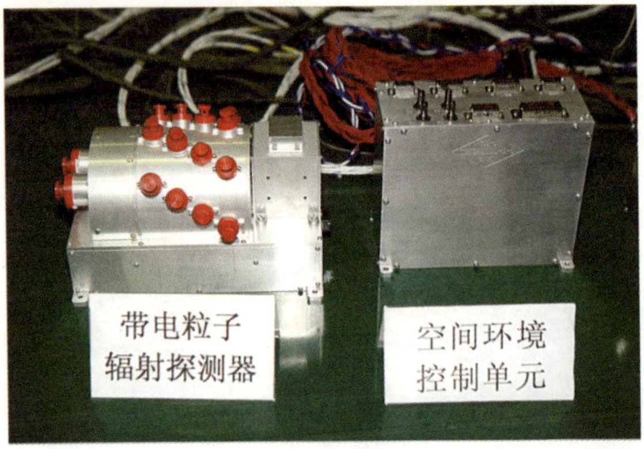

图 2-24 正在研发的空间环境多功能综合探测仪器

在太阳照射时，氧原子约增加20%；在没有太阳照射的区间，要增加42%~62%；在地球高纬度地区，同时出现了氧原子密度下降和氮分子增加的异常现象，氧原子下降幅度可达50%以上，而氮分子的增加可达数倍以上。这些结果为飞船设计师选择飞船结构材料、外涂层材料以及加工制造要求等提供了可信的科学依据。

敏感的空间环境探测仪器，还使我国科学家第一次准确地验证了神舟号飞船自身的“呼吸”现象。在飞船入轨运行初期，飞船表面会释放出水分子，后期还会呼出一氧化碳等高分子材料分解出来的成分。这对飞船设计师们来讲，是一份宝贵的资料，这些资料提醒他们，设计中要考虑飞船这种“自身呼吸”现象可能给飞船的结构强度和寿命带来的影响，他们该如何优化设计以应对这种现象。

神舟号飞船上还装载有高/低能质子和重离子探测器、高/低能电子探测器、飞船电位探测器，以及研究单粒子效应、重粒子辐射效应等各类探测仪器。这些仪器对神舟号飞船轨道空间的空间环境进行了系统、全面的探测，使科学家对该轨道空间内的辐射带粒子分布、高能带电粒子环境以及环境可能造成的效应，有了较充分的认识，为我国载人航天及航天应用提供了更多的设计依据。这些探测任务同时也带动了我国空间探测仪器设计制造技术和探测水平的提高，在后续载人航天器平台上使用的新一代多功能、高集成、组合化、模块化的空间环境及空间物理探测设备(图2-24)，将会逐次亮相，这标志着我国空间环境探测与预报研究水平将进入了世界先进行列。

14. 我国空间环境的地基探测

利用各类航天器进行空间环境探测，相对地基探测来讲，尽管有“身临其境”的直接观测效果，但是毕竟机会有限，能够提供探测应用的体积、质量、功耗等资源有限，以及航天应用设备的造价昂贵，这都限制了天基探测活动的开展。相比天基探测，地基探测虽不能“身临其境”，却有不受体积、质量、功耗的约束，可组网布站和长期探测，易于维护，相对经济等优点。目前，在太阳、地磁场、电离层、高层大气等空间环境探测中，地基探测发挥着不可替代的作用，是空间环境预报的重要数据来源。

人们对空间环境的观测，最初起步于地基探测。早在2 000多年前，我国就有过极光空间环境事件的文字记录；四大发明之一的指南针，更是发现并利用地磁场的产物。20世纪人类航天事业的兴起，催生了空间环境学科。在空间环境学科的发展中，地基探测功不可没。像地球一年有春、夏、秋、冬四季变

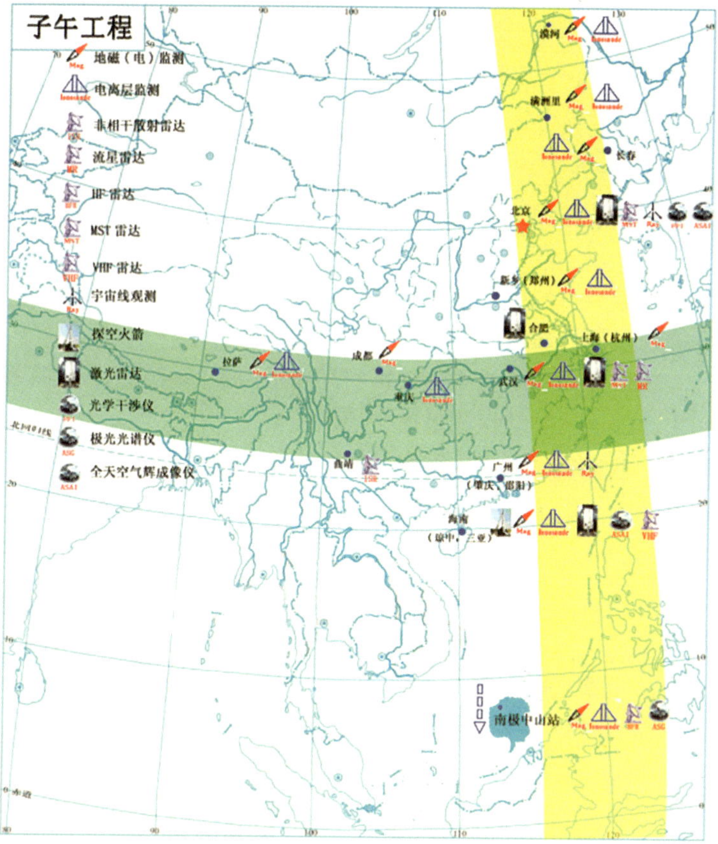

图 2–25 中国空间环境预报地面监测网站分布

化一样，太阳也有平静和躁动的周期变化，正是对太阳地基探测长期资料的统计分析，才发现了太阳有周期为11年的“四季”变化规律。另外，为我们指引方向的地磁场，在受到太阳“风暴”袭击时，会发生剧烈扰动，也正是多个地磁台站的联合观测，监视到了地磁场的这种“不轨行为”。目前世界各国在空间环境研究中，许多资料是由先进的地基探测得来的，特别是过去几十年相关的历史事件资料，主要来源于长期的地面观测积累。

由于地基探测有定点性和区域性的限制，为了获取较全面的资料，往往需要组网布站观测。目前国际在地磁和太阳的观测上，已实现了全球布网，我国北京天文台、云南天文台的太阳观测站以及十三陵地磁台等一些台站，也纳入了联合组网中，各观测台站间通过数据共享，能够获取其他台站的数据。另外，我国目前正在实施的国家“十一五”重点科学工程——子午工程，就是一个大型空间环境地基综合监测系统，子午工程沿东经120°子午线布局，北起漠河，经北京、武汉，南至海南，并延伸到南极中山站，同时利用东起上海，经武汉、成都，西至拉萨的沿北纬30°线附近现有的15个监测台站，建成一个以链为主、链网结合的空间环境地基探测网(图2－25)。该探测网运用地磁(电)、无线电、光学等多种手段，可以连续监测地球表面到几百千米高度的中高层大气、电离层和磁层，为我国空间环境预报和研究提供系统的地基探测数据。

根据探测方式的不同，空间环境地基探测可分为被动探测和主动探测。被动探测是通过被动接收被探测环境发射的电磁辐射、粒子辐射等进行探测。例如，太阳活动的地基探测，主要通过对太阳辐射的可见光、射电、红外、紫外等电磁辐射进行探测和成像，从而得到日面活动区、日面磁场和太阳射电流量等太阳活动的情况。主动探测类似于雷达探测，通过向被探测环境发射电磁波，检测电磁波的变化，从而感知空间环境的状况。电离层的地基探测，就是典型的主动探测。

随着科学技术的发展，空间环境的地基探测手段日趋先进和丰富，同时由于空间环境事件的多层面响应，地基和天基联合探测成为空间环境探测的发展方向。

15. 空间环境科学引领宇宙远航

随着近地空间环境认知逐渐成熟，了解“异星他乡”的求知欲，驱使人类开始进行火星探测、行星探测、深空探测，甚至是宇宙远航。1977年9月5日和8月20日，美国分别发射了旅行者1号（Voyager 1）和旅行者2号（Voyager 2）深空探测器。这两个探测器在约30年的旅行中，先后拜访了木星、土星、天王星、海王星及其卫星，对星表环境、行星磁层、电磁波等进行了探测（图2-26）。目前，这两个探测器已飞临太阳系的边缘，正向未知的广阔宇宙挺进，不断更新人类探测器最远的飞行纪录。2003年，欧空局发射了火星快车（Mars Express）探测器，2004年美国发射了勇气号和机遇号火星探测器，2007年又发射了凤凰号火星探测器，对火星情况进行了考察，等等。这些探测活动不仅拓展了人类的视野，延伸了空间环境科学研究的领域，同时也对探测器的保驾护航提出了新的要求。

空间环境的变化不仅会影响航天器的运行，也会对地面的通信系统、电力系统、输油管道等技术系统造成影响甚至是损坏（图2-27）。因此，未来的空间环境预报将不仅服务于航天任务，还要服务于地球人类的其他社会生产活动。

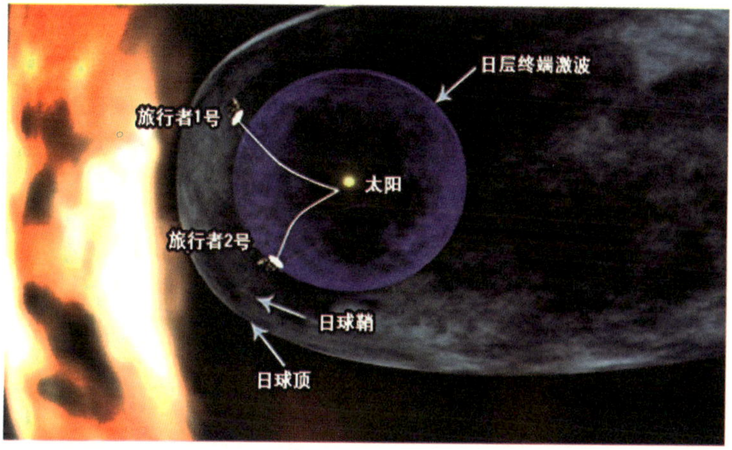

图2-26 美国旅行者深空探测计划

我国成功实现载人航天后，为了进一步开发和利用太空，载人航天后续任务将发展空间实验室，建设空间站。同时，随着我国经济实力的不断增强，月球探测、火星探测、行星探测等深空探测也进入了我国航天人的视野。中国高速发展的经济建设，特别是大型地面工业设备、油气管道、输电线网，都需要有空间环境科学知识作为指导，来预防突发空间环境灾害事件。可以说，军用的、民用的、航天的、地面的形形色色的应用需求，期待着中国的空间环境科学研究有新的重大突破。我国空间环境科学的发展正在赢得新的发展机遇，中国空间环境科学家将面临更加严峻的挑战。

图 2–27 空间环境事件对地面设施的影响

地磁扰动造成输油管道破裂

太阳活动峰年引发剧烈地磁扰动，造成大面积停电

第三章

万能智慧之眼
—— 航天遥感器

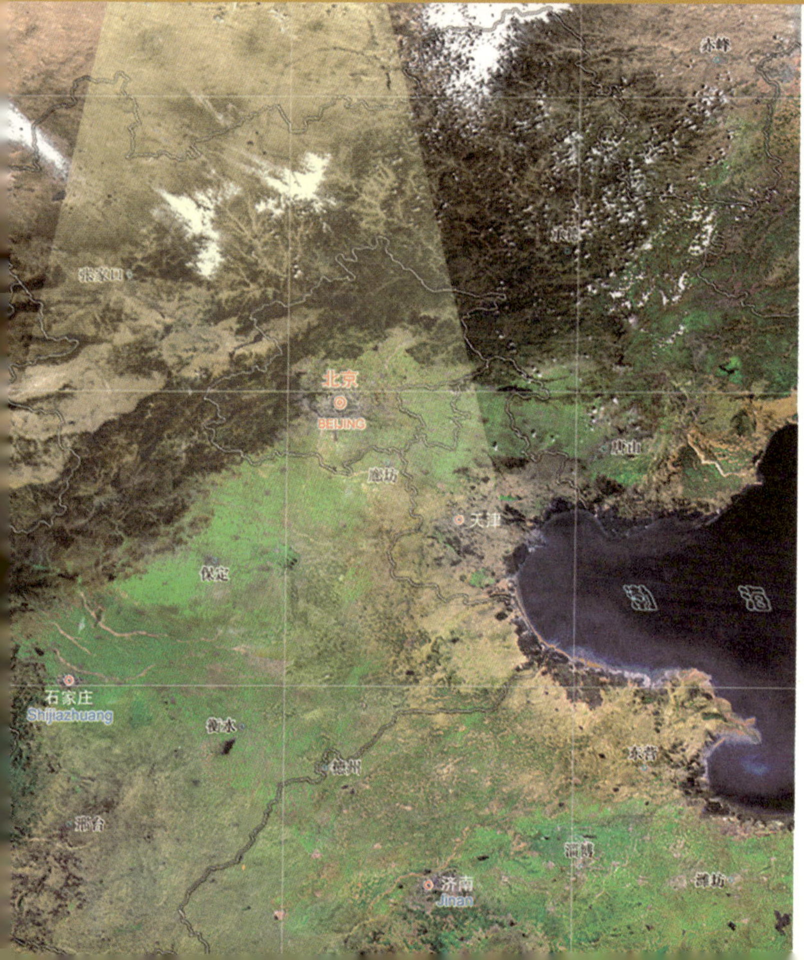

利用装载在航天器上的遥感器，能在较短的时间内对地球进行大范围、大视域的观测。

未来遥感技术将步入一个快速、及时提供多种对地观测数据的新阶段，遥感图像的空间分辨率、光谱分辨率和时间分辨率都会有极大的提高。

随着航天技术和遥感技术的不断发展，航天遥感技术在国民经济和国家安全上的应用将更加广泛。

1. 什么是遥感

遥感是20世纪60年代发展起来的一门综合性对地观测技术。20世纪80年代以来，遥感技术得到了长足的发展，遥感技术应用也日趋广泛。

遥感(Remote Sensing)，顾名思义就是从远处感知事物。科学意义上的遥感，是指不直接接触物体本身，从远处通过仪器（如传感器）探测和接收来自目标物体的信息，经过信息传输及处理分析，从而识别物体的属性及其分布等特征。

事实上，人本身就是一个很好的综合遥感器，比如人眼用可见光波段感知多彩的世界。封神榜中的“千里眼”、“顺风耳”，则是中国古人幻想的具有超凡本领的遥感“精灵”。

人类通过长期大量的探索与研究，发现世间万物都在不停地吸收、辐射和反射不同类型的能量信息。人们还发现，不同物体之间的能量信息特性是不同的。正因为这样，尽管我们用肉眼看不到太遥远的物体，但可以通过判定物体发出的能量信息特性来识别该物体。根据这一原理，利用遥感技术获得这些物体的能量信息，就可以探知和识别遥远的物体。

这里所说的能量到底指的是什么呢？简单地说就是电磁波。电磁波在人们的生活中几乎无处不在，曾经风靡一时的调频收音机、现在使用越来越普遍的移动电话，其信息传输载体都是电磁波；家庭使用的微波炉，也是一个小型的人工电磁辐射源。

太阳作为天然的电磁辐射源，它所发出的光也是电磁波。20世纪科学的发展，使人们能够比较充分地认识到组成太阳光的全部成分。太阳光谱按波长的长短不同，可以分为无线电波、红外线、

图3－1 大气层对能量辐射的作用

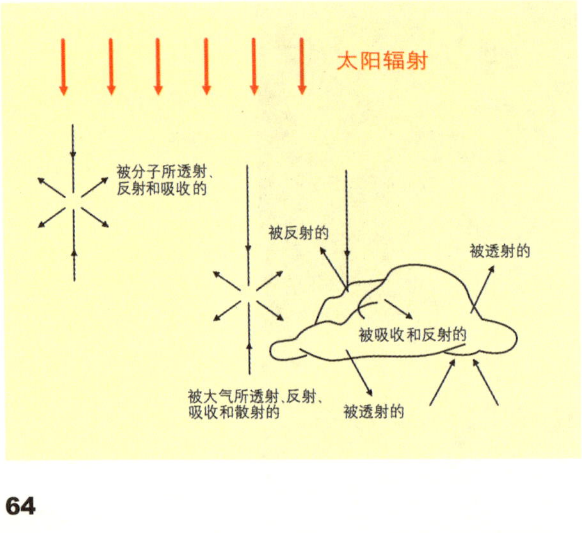

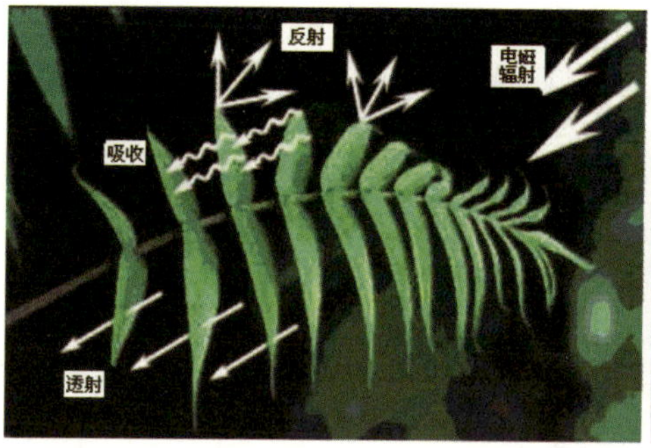

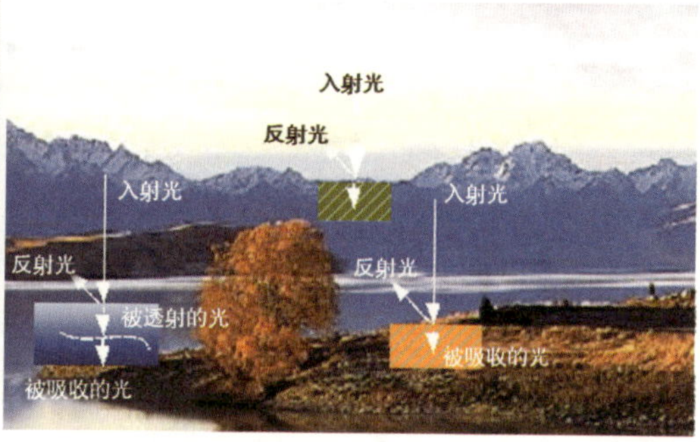

图3－2　地物对能量辐射的作用（左）

图3－3　地表对能量辐射的作用（右）

可见光、紫外线和射线（X 射线和 γ 射线）等几个波谱区。其中可见光又可细分为红、橙、黄、绿、青、蓝、紫七色光。

太阳光从宇宙空间到达地球表面，需要穿过地球大气层。由于大气层中存在各种各样的分子、水汽、颗粒、尘埃等物质，当太阳光穿过大气层时，会与大气中的分子和粒子发生散射、反射、吸收、透射等相互作用。大气层对太阳光的吸收和散射作用，使透过大气层的太阳光能量发生衰减，只有一小部分到达地球表面（图3－1）。其中一部分太阳光线经大气衰减后到达地面，即直接辐射；还有一部分经过大气散射后辐射到地面，称天空辐射。不管是直接辐射还是天空辐射，到达地面的辐射，都会与地表或地物发生相互作用（图3–2，图3–3）。

图3－4　由于反射的光谱不同，才有花红叶绿之美

地面上的任何物体，如大气、土地、水体、植被和人工构筑物等，在温度高于绝对零度（即0开，相当于－273.16℃）的条件下，都具有反射、吸收、透射及辐射电磁波的特性。当太阳光经日－地空间穿过大气层照射到地球表面时，地面上的物体就会对太阳光构成的电磁波产生反射和吸收。由于每一种物体的物理和化学特性以及入射光的波长不同，因此它们对入射光的反射率也不同。各种物体对入射光反射的规律叫做物体的反射光谱。花儿是红的，叶子是绿的，这是因为红花主要反射可见光中的红色光，而绿叶主要反射绿色光。这些不同颜色的反射光，构成了地球上色彩斑斓的世界（图3－4）。

不同物体对电磁波有不同的反射特征，遥感正是利用这个原理，通过探测器对远处物体进行识别和分类。使用不同的探测器，不仅可以对可见光波段的物体反射特征进行识别，而且可以对红外、紫外波段和无线电波段、射线波段的物体反射特征进行识别，这极大地拓展了遥感探测的范围。

大气层对太阳光的吸收和散射随太阳光的波长变化而变化，能够到达地面的光谱波段主要有可见光、无线电波和部分红外、紫外波段，其中以红外波段的能量最多，约占50%～70%，可见光约占46%～30%，紫外线最少，只占4%～0.1%。通常把太阳光穿过大气层时透过率较高的光谱波段称为大气窗口，大气窗口的光谱波段主要有紫外、可见光和近红外波段。一些遥感仪器正是基于大气窗口而设计的，即遥感仪器中的探测部件，都对其中的某个大气窗口进行响应，从而获取目标物信息。表3－1是目前主要的大气窗口和对应的遥感通道。

科学家要获得被观测目标的遥感信息，就要有一个安装遥感器进行遥感探测的地方，这个地方称为遥感平台。地面上的伸臂吊车，空中飞翔的飞艇、平流层气球，以及飞机、火箭、

表3–1　主要的大气窗口和对应的遥感通道

大气窗口	遥感光谱通道		应用条件和成像方式
0.3～1.3微米	紫外波段：0.300～0.315微米；0.315～0.400微米 可见光波段：0.4～0.7微米 近红外波段：0.7～0.9微米；0.9～1.1微米		必须在白天光下，采用摄影方式和扫描方式成像
1.5～1.8微米 2.0～3.5微米	短波红外：1.55～1.75微米； 2.205～2.35微米		白天光照下扫描成像
3.5～5.5微米	中波红外：3.5～5.5微米		白天和夜间都能扫描成像
8～14微米	长波红外：10～11微米；10.4～12.6微米； 8～14微米		白天和夜间都能扫描成像
0.05～300厘米	W：0.30～0.53厘米	V：0.53～0.63厘米	白天和黑夜都能扫描成像
	Q：0.63～0.83厘米	Ka：0.83～1.13厘米	
	K：1.13～1.67厘米	Ku：1.67～2.75厘米	
	X：2.75～5.21厘米	C：5.21～7.69厘米	
	S：7.69～19.4厘米	L：19.4～76.9厘米	
	P：76.9～133厘米		

图 3－5 各种各样的遥感平台

卫星、载人飞船、空间站等，都可以作为遥感平台（图 3－5）。依据各种平台高度的不同，可以将遥感分为地面遥感、航空遥感和航天遥感三大类。很显然，遥感器位置越高，观测的视野就越宽，观测的范围也就越大，航天遥感就是利用视野广阔的优势获得大视域的观测信息。

载人航天事业的发展，给遥感应用提供了一个新的理想的观测平台。首先，航天器的轨道高度对发挥遥感器的性能极为有利；其次，一般载人航天器都远比卫星平台提供的体积和重量大，能够装载更多各具特色的遥感器，有利于多种遥感器取长补短，发挥综合优势；第三，飞船、空间实验室、空间站等航天器可以补充调姿、调轨、变轨的推进剂，能够长时间驻留空间，有利于遥感器长期不间断地探测；第四，载人航天器有人参与，可以有目的性地选择遥感探测目标。

图 3–6 遥感器的分类

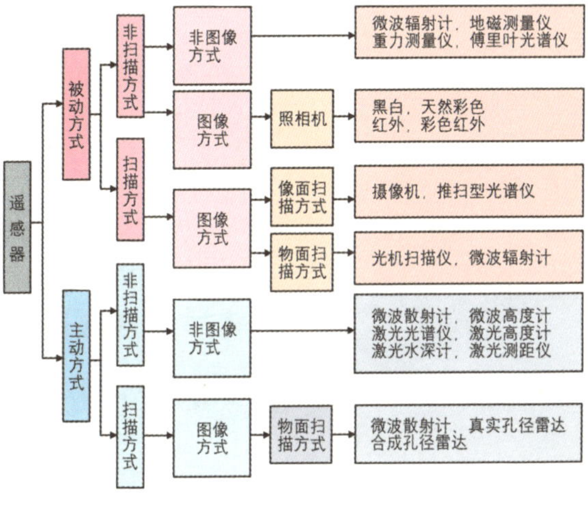

当今世界各个国家在科学技术进步的基础上，把最新的前沿技术应用在遥感设备的研发上，因此形成了一个色彩斑斓的遥感

器家族。

遥感器的分类方式非常浩繁，有的按用途分类，有的按工作方式分类，有的按遥感器输出数据产品的形式分类，还有的按使用平台分类。粗略估计，如今能够装备于航天平台上的遥感器不下数百个型号。例如，把遥感器分为光学遥感器、微波遥感器和射线探测仪；光学遥感器又分为可见光相机、红外相机、成像光谱仪；成像光谱仪又可以分为中分辨率、高分辨率、高光谱、超光谱等多种。另外，还有一类激光遥感器，也开始成为遥感应用的新宠。微波遥感器可以分为主动式、被动式或成像、非成像等几种。总之，遥感器家族涉及了众多科学研究领域，已成为国家科技发展水平的重要标志。图 3－6 列出了主要的遥感器分类方式。

2．遥感器的“眼睛”——光电探测器

遥感器为人类提供了一种远距离、大范围、用非接触方式获取被观测目标电磁波信息的方法。那么，形形色色的遥感器，如航空摄影机、全景摄影机、超光谱成像仪、多光谱摄影机、多光谱扫描仪、专题制图仪、反束光导摄像扫描仪、合成孔径侧视雷达等，是如何获取信息的呢？获取的信息有什么用？如何使用遥感信息？这些都是遥感应用技术研究的重要课题。

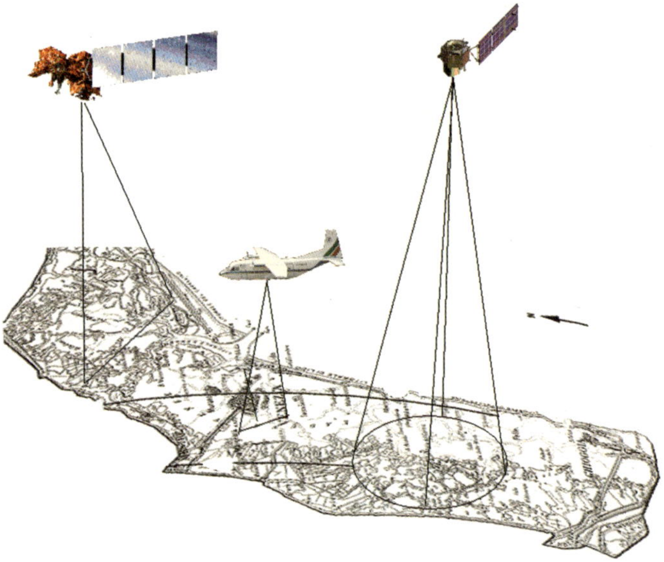

图 3－7 遥感器工作原理示意图

遥感可以分为两个主要环节：一是由工程师设计和制造出能够执行

各种遥感任务，搜集各种不同信息的遥感器，以满足遥感应用的需求；二是遥感应用处理科学家根据获取的原始信息，提取针对各种应用目的的应用信息，供相关部门使用，这些信息被称做专题应用产品。

什么是信息呢？就像我们日常生活中用数码相机拍照一样，“咔嚓”一声，一张记录真实场景的照片就出来了，照片上的山水、树木、人物，就是这张照片记录的信息。通过照片上的信息，可以辨别出人的五官和四肢，辨别出他是张三还是李四。遥感器收集信息的过程和数码相机相似，只不过它可以“拍摄”到比数码相机更遥远物体的清晰图像，从遥感图像上可以“提取”出遥远物体的大量信息。如果把遥感器安装在航天器上，从太空中去“拍摄”地球表面物体的遥感图像，就可以获得地球表面如植被、水体、土地、城市等地面物体的丰富信息（图 3－7）。

遥感器的一个重要功能，就是把接收到的光信号转换成电信号，然后传输回地面接收站。承担这个任务的，是被誉为遥感器“眼睛”的光电探测器。

探测光波并把光信号转换成电信号的元件叫光电探测元件，包含光电探测元件的装置叫光电探测器。根据接收电磁波段的处理方式不同，光电探测元件可以分为利用光电发射、光激发载流子、热效应三类（图 3－8）。不同的光电探测器，适用于不同的电磁波段探测，例如，光电发射器件主要应用于紫外到可见光波段；光激发载流子器件主要应用于可见光到红外波段；热效应器件的适应性比较强，对远红外波段也具有较高的探测灵敏度，但

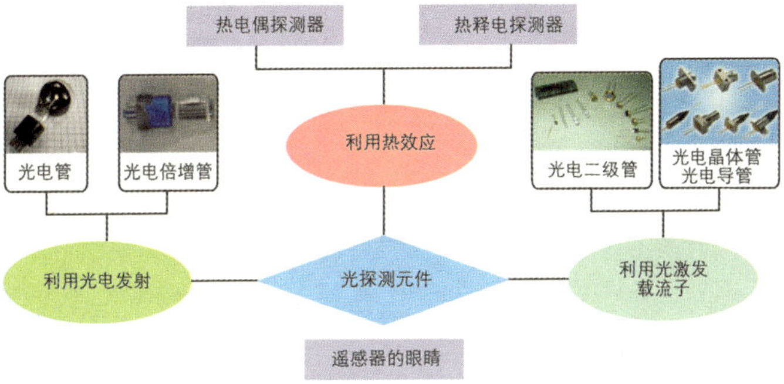

图 3－8 形形色色的光电探测器

是由于它是根据热效应原理工作的，频率响应效果不佳。

从测量技术上看，电量测量到目前为止是最方便、最精确的，所以大多数光探测器都是把光辐射能量直接或间接地转换成电量来实现对光辐射的探测。

由于光电探测器是以光子作为信息载体的器件，用它来探测、处理光子信息，具有很高的信息容量、很快的处理速度、很强的信号幅度和无交叉干扰等特点。另外，它还具有并行互连处理能力、很大的存储能力和很灵敏的探测能力等。

在光电探测器大家族里，每个成员都有各自的用途。各种光电探测器各显神通，从而使得现代遥感器技术展示出巨大发展潜力。

老式光电倍增管主要用来侦测微弱的光信息，至今，它仍有独特的优势。光电倍增管通过光照射在“光阴极”上激发电子，被激发的电子通过多次加速倍增后，在最后一个阳极出现时，光电流可以达到比PIN探测器增强10 000倍的效果。

光电探测器中的红外探测器有分别工作在1～3微米、3～5微米、8～14微米、17～22微米波段的碲镉汞（HgCdTe）、锑化铟（InSb）和硅化铂（PtSi）单元，多元及焦平面阵列（FPA）等器件，高分辨率的航天红外探测设备都离不开它们。图3－9所示为航天高分辨率红外探测器外形图。

现代比较先进的航天遥感器，用到的固体成像器件也有很多种，例如大家比较熟悉的CCD，它是一类电荷耦合器件，CMOS器件是互补金属氧化物半导体图像传感器，CID是电荷注入器件。这类器件特别是CCD，所成图像不存在图形扭曲，信息易于处理，因此在高速图像处理等方面得到广泛应用。

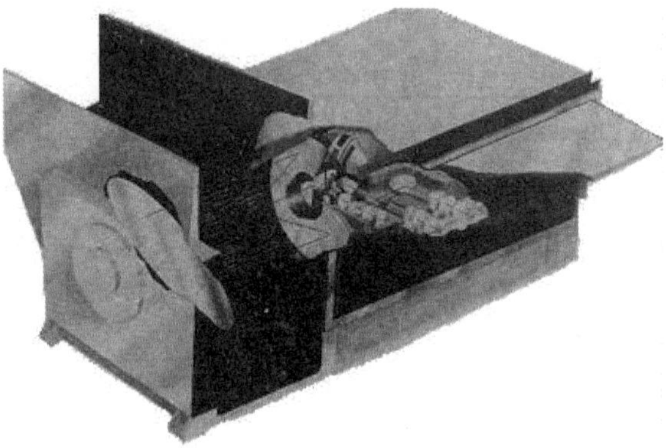

图3－9 航天高分辨率红外探测器

由于各类光电探测器用途广泛，世界各国为了发展自身的遥感技术，都非常重视光电探测器的研制和开发，一些有特殊用途、技术更先进的新型光电器件不断出现。目前，光电探测器正朝着超高速、高灵敏度、宽带宽以及单片集成的方向发展，开发可广泛应用于光通信、信号接收处理的传感系统和测量系统。

3．千里眼的视力
——遥感器的分辨率

随着航天遥感器的广泛应用，人类就有了传说中的“千里眼”。利用航天遥感器，人类可以看到千里之外正在发生的事情。那么，航天遥感器这个“千里眼”究竟能看多清楚，一次能看到多大的范围，这是大家普遍关心的一个问题。这就涉及到航天遥感器的分辨率和覆盖宽度问题。

覆盖宽度就是在一幅遥感照片上能够显示的实际地面范围，就像普通照相机拍摄的照片能够反映的场景范围一样。由于航天遥感器在距离地面200千米以上的轨道上飞行，“站得高，看得远”，因此航天遥感图像的覆盖宽度少则几千米，多则几十甚至几千千米。

分辨率是指能够分辨物体的能力。在光学领域，把可以观测到的地面目标上两点之间的最小间隔叫做分辨极限，其倒数叫分辨率。也就是说，分辨率和分辨极限互为倒数，观测到的地面两点间的距离越小，分辨率就越高，反之越低。

在航空航天领域中，为了把遥感器的分辨能力更直观地表示出来，分辨率直接使用了分辨极限的概念，即在遥感图像中能够将两个物体分开的最小距离。

什么是两个物体能够分开的最小距离呢？美国1984年发射的陆地卫星5号（Landsat-5）的地面分辨率为30米，这表示它能够分辨两个相距30米以上的物体；当两个物体距离小于30米时，遥感影像将合为一体，在遥感影像中只能看成是一个点。显然，这个最小距离就是一个像元所表示的地面区间的大小。如果一幅遥感图片的地面分辨率为1米，就表示地面平面尺寸为1米见方的区域，在遥感图像上是一个像点，不管把这个图像放大多少倍，它都只是一个点。显然，1米分辨率的遥

图 3–10 美国卫星拍摄的故宫照片

感图像，一般情况下是不能判断地面上只有 1 米或小于 1 米的物体的。一般说来，地面上可识别的物体和尺寸，应为地面分辨率的 3～5 倍。

对于航天遥感器来说，在不同的轨道高度上，所获取的图像分辨率也是不一样的。因为从遥感器的焦面到被观测地物之间是一个发散的视场角，当轨道高度较高时，一个像元对应的区域就宽；轨道低时，对应的区间就变窄。为了更好地表示遥感器的固定性能，工程上往往也使用像元的视场角来替代分辨率指标。

影响遥感器“视力”的因素还有很多，例如，当天气情况较好，光线适中时，在 1 米分辨率的可见光遥感图像中，完全有可能看到垂直投影尺寸远小于 1 米的人，却看不见尺寸远大于 1 米的绿地中的绿色帐篷。这是为什么呢？这是因为光线对人产生的倒影超过了一个像元，或者与背景之间的反差很大，所以能分辨出来；绿色帐篷与背景色一致，目标与周围环境反差小，帐篷与绿地的界面又小于一个像元，所以帐篷完全融合在绿地中，我们从遥感图像中无法识别出来。

不同分辨率的航天遥感器，能够区分的地面物体和景象也不相同。根据需要，工程师们能设计出辨别机场、足球场、树、火车、汽车、房屋等的遥感器，甚至能够分辨出人、器物特性的遥感器。比如，一张低分辨率的美国卫星拍摄的故宫地区遥感地图，可以展示天安门的位置（图 3–10）；提高遥感器的分辨率，就可以看到金水桥及其旁边花坛中的树木（图 3–11）。

对于航天遥感器而言，分辨率并非越高越好，而是要根据遥感器的用途来设计。分辨率高，遥感器的设计制造成本也会大幅度提高。此外，高分辨率的遥感器，在相同轨道高度条件下，它的视场宽度就会缩小，也就是说能够看到的范围要比低分辨率的遥感器小。

图 3-11 天安门前区域的高分辨率卫星照片

一般来说，用于军事侦察的遥感器分辨率要求最高，以便能更清楚地看到地面物体的细枝末节。用于地理测绘的航天遥感器，中尺度的分辨率就可以满足需要。用于大面积环境考察、气象探测等大尺度探测的航天遥感器，对分辨率的要求不高，但是要求看得宽，因此相对于军事侦察遥感器来说，分辨率就要低得多。

目前在轨运行的美国快鸟等民用高科技成像卫星，分辨率在 0.6～1 米之间，可以看见天安门广场上垂直投影小于 0.5 米的游人，北京马路上宽度小于 0.2 米的斑马线；光照和天气条件良好时，甚至可以看见细细的高压线。在拍摄的上海东方明珠区域遥感照片上，可以分辨出马路上的分道线（图 3-12）。但这还不是分辨率最高的航天遥感图像。

图 3-12 上海浦东地区的航天遥感照片

现代军用高科技影像卫星的分辨率，远远超过上述民用卫星。美国的 KH-12（高级锁眼）侦察卫星，是世界上最先进的成像卫星，其最高分辨率已达到 0.1 米。这样的分辨率要识别地面上的一辆车和一个人，基本上不存在问题。但如果要看清地面上报纸的“标题”，从理论上分析，其地面分辨率必须达到 0.003 米以上，这在目前是难以做到的。

4. 光机扫描式光学遥感仪

最早应用的航天遥感器是对地拍照的可见光相机，相机用胶片作为图像保存介质。现代遥感器的第一次重大技术进步，就是用传输型介质取代胶片型介质，这类似于用数码相机取代传统的胶卷相机。

随着光探测器的发展和应用，遥感器观测到的图像信息可以通过光电探测器件直接转换成电信号，存储在芯片上或直接传输到地面，这就是所谓的传输型遥感器。光机扫描式光学遥感仪是航天遥感中最早使用的传输型遥感器之一，又称多光谱扫描仪。

什么是扫描？简单地说就是一种扩大视场范围以获取更多信息的方式。日常生活中，用扫描方式去观察事物的例子比比皆是。比如会场上领导对全场扫视一周，了解到会的人员情况；摄影师举着摄像机慢慢移动，并转动方向摄下会场全景。

在传输型遥感器出现之前，只有单元或多元探测器可以使用，遥感器的视场有限，要扩大视场，必须利用光学机械扫描的办法扩大观测范围。

光机扫描式光学遥感仪（图3－13）是使用单元或多元探测器组成一维探测器阵列的传输型遥感器，这种遥感器借助运动光学元件实现视场扫描，运动光学元件通常是旋转扫描镜。光机扫描式光学遥感仪安装在飞行平台上，飞行平台的移动相当于摄影师的移动，扫描镜旋转方向与飞行方向垂直，从而可以得到二维图像。这种成像方式类

图3–13 光机扫描式光学遥感仪

似用扫描笔录入页面文字，扫描笔录入一个字，相当于光机扫描式光学遥感仪获得一个目标点；扫描镜旋转一圈，相当于录入一行字；飞行平台的移动，相当于逐行录入页面文字。

比较典型的光机扫描式光学遥感仪有美国诺阿（NOAA）气象卫星上的先进甚高分辨率辐射计（AVHRR）、陆地卫星上的多光谱扫描仪（MSS）和专题测绘仪（TM），以及中国风云气象卫星上的扫描辐射计、海洋卫星上的水色扫描仪等。

目前，随着遥感技术的不断发展，一些新型遥感探测器不需转动机构，一次成像也能满足视场和质量（像素点阵规格）要求，像素能够达到百万甚至千万级，如推扫型光学遥感仪和成像光谱仪，因此，传统的光机扫描式光学遥感仪有被新型遥感探测器取代的趋势。但是，由于光机扫描式光学遥感仪具有宽视场、成像质量好和造价低廉等优势，所以在相当长的一段时间内，还会为特定的遥感应用需求服务。有些遥感器在系统设计上，甚至把光机扫描式光学遥感仪与成像光谱仪一起使用，以提高遥感探测的效果。例如，在神舟 3 号飞船上，我国自行研制的具有国际先进水平的中分辨率成像光谱仪，就使用了旋转光学扫描镜，用于增大遥感探测的视场。

5. 推扫型光学遥感仪

利用光学机械扫描方式来扩大扫描仪的视场，还有不足之处。如果在航天器飞行轨道垂直方向按线性排列多个探测元件来组成探测系统，每排探测元件数与扫描线的像元数相等，工作时探测元件输出的数据值，与其像元的亮度相对应，这样按线性阵列一个个顺序推扫式取样，就可以完成横向扫描。航天器不断地向前移动，遥感器即可完成纵向扫描，从而得到连续的地面二维扫描图像。按这种思路设计的扫描仪，因为像扫帚在地面推扫过一样，所以被称做推扫型光学遥感仪（图3－14）。

推扫型光学遥感仪的扫描方式，本质上是电扫描，也就是用焦平面读出电路将各个探测元的信号依次读出，所以，也有人将它称为“固体自扫描”。推扫型光学遥感仪原理是20 世纪

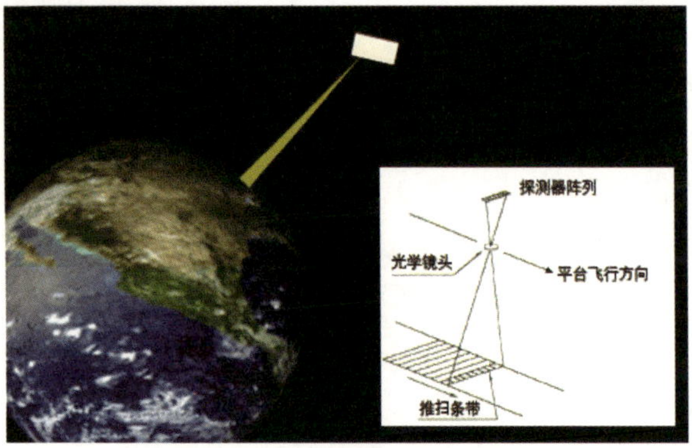

图 3–14　推扫型光学遥感仪工作原理示意图

80 年代后期提出来的。随着新的电荷耦合器件（CCD）的迅速发展，很快在各类遥感器设计当中被广泛采用。

推扫型光学遥感仪多采用线阵或者面阵的CCD。如果用的是面阵CCD，可以理解为多个线阵的CCD紧密地排列在一起，通过前端的分光系统，可以很方便地获取不同波段遥感数据。

与光机扫描式光学遥感仪相比，推扫型光学遥感仪去除了复杂的机械扫描机构，可靠性更高。另外，推扫型光学遥感仪每个探测元件的几何位置都是精确确定的，像元驻留时间比较长，因此提高了探测的精度和仪器的灵敏度及信噪比。但是，由于多个感光元件之间存在灵敏度差异，往往会产生条带噪声。要真正获得高质量的遥感图像，在探测器的选择、组合和信号处理方面要做很多工作，因此，推扫型光学遥感仪的研制是一项比较前沿的高新技术。

推扫型光学遥感仪代表了当代光学遥感器的主要扫描方式，在各种先进的遥感器中均获得应用。比如法国SPOT 对地观测卫星上的高分辨率遥感器 HRV，日本 MOS–1 海洋观测卫星上的可见光–红外辐射计 MESSR，欧空局环境卫星 1 号(Envisat–1）的推扫型成像光谱仪 MERIS（图 3–15），都采用了这种光学系统。我国研制的宽视场成像光谱仪，也采用了这种技术来提高遥感器的性能。

图 3–15　欧空局推扫型成像光谱仪 MERIS

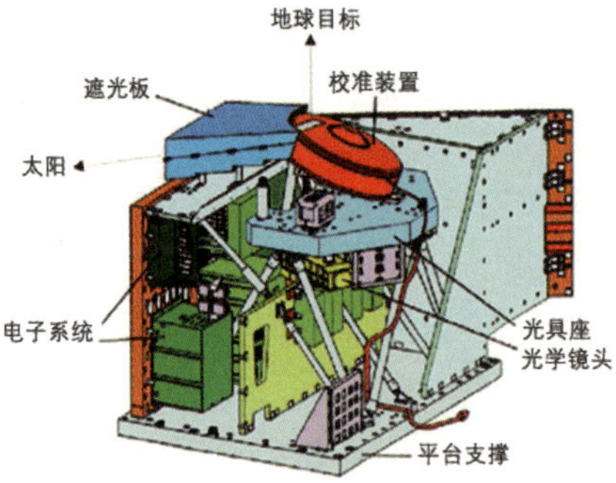

能不能把光机扫描和固体自扫描有机地结合起来使用呢？答案是肯定的。比如，利用扫描镜改变系统光轴的指向，在较大空域范围内进行搜索，捕获目标，然后以凝视方式紧紧地盯住目标，就可以实现对目标的成像跟踪。目前这种技术已经在新一代遥感器设计实践中获得应用。

6. 高光谱分辨率遥感器
——成像光谱仪

自从光机扫描式光学遥感仪和推扫型光学遥感仪被广泛应用到遥感探测之后，科技专家一直在努力使遥感器的光谱分辨率更精细，使分解的光谱可以连续。如果能够做到这一点，意味着遥感探测能更真实、更精确地反映目标的光谱特征，从而深化对地球万物的识别和精细分类。

20 世纪 80 年代初，遥感专家实现了这一设想，并在以飞机为平台的航空遥感中首先使用，取得了令人瞩目的探测成果，也使这一技术显示出巨大的应用潜力。如今，以该技术为核心，已发展出一门专项遥感技术，这就是成像光谱遥感技术。

一台典型的成像光谱仪光学系统，可以分为输入光学部件、分光光学部件、光谱相机等几个部分。输入光学部件相当于照相机的镜头，将景物成像于所要求的视场上。自然光由连续的、不同波长的光混合而成，分光光学部件负责将自然光分为按波长大小依次排列的光谱。分光元件有棱镜、衍射光栅和分光滤光片，成像光谱仪大多采用棱镜和衍射光栅。光谱相机负责获取、处理目标图像和光谱信息。

成像光谱仪最神奇的特点是“图谱合一”，当它对物体成像时，同时能获得该物体的光谱特征。通俗地讲，一台成像光谱仪相当于许多台数码相机，这些相机在同一时刻对同一目标进行拍摄，每个相机只负责收集很窄一段光谱波段内的目标图像，但各个相机收集的光谱波段是连续的。

为什么要对被观测目标进行分光谱的信息探测呢？这里需要简单地介绍一下。自然界各种物质特性与它反射、辐射的光谱之间有很强的联系：组成物体的物质元素不同，物体本身的结构不同，生物、物理和化学特性不同，都会反映到该物体反射和辐射的光谱之中。例如，一个物体是钢铁组成的，还是由木材、泥土、石头组成的？地面上某目标区域是一片森林，还是一片沙漠、草地或农作物？一片土地或沙漠中有没有水分，含水量有多高？地面上一片液体是水还是油，是什么油，水中有没有浮游生物和泥沙？这些问题的答案都能够通过物体反射和辐射的光谱特征反映出来。

按波长区域不同，光谱可分为红外光谱、可见光谱和紫外光谱。光谱探测能够获得的信息，显然不是普通可见光照片能够做到的，比如，物体的温度人们能感觉到，但它辐射的红外线人们却看不到。由于成像光谱仪可以得到高光谱分辨率和超多波段通道的图像数据，可以测定出地表物质的全部发射或反射光谱特征，因此，用它来进行特殊的矿产资源勘探和海洋水色调查，非常方便和有效。

成像光谱仪的观测对象非常广泛，是世界各国竞相研发的新一代遥感器。

图 3－16 列出了成像光谱仪的应用领域。在海洋观测方面，成像光谱仪可以探测海洋颜色和水面温度，进行海冰、海岸带测量，以及悬浮泥沙含量、叶绿素浓度、污染物监测等。

在大气探测方面，可以测量云层性质(如卷云)、大气温度的垂直分布，以及大气中水汽、气溶胶、臭氧、温室气体的含量及分布等。

在陆地探测方面，可以观察大尺度范围内土壤、植被、森林、农作物、沙漠、山地、江河湖海的分布等地表地理自然生态，以及大尺度的地质构造、土壤沙化和土壤水分含量等。

近年来，各种不同用途的成像光谱仪如雨后春笋不断涌现，有适用于航天遥感的，有适用于航空遥感的，也有地面使用的；有适用于对地观测的，也有适用于对天观测的；有对海

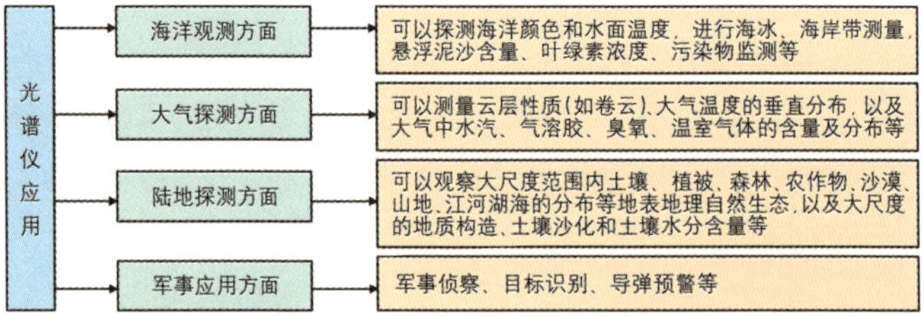

图 3－16 成像光谱仪应用领域

洋遥感的，有对陆地遥感的，有对大气遥感的；有中分辨率的成像光谱仪，还有高分辨率、大尺度和精细成像的光谱仪；有军用成像光谱仪，也有民用成像光谱仪；有高光谱成像光谱仪，还有超光谱、红外光谱、紫外光谱成像光谱仪。由于光谱成像技术发展迅速，一些新的专业术语也在不断出现。例如，就表征遥感器最基本特征的分辨率而言，就出现了从不同角度描述的新的定义，除前面介绍过的地面分辨率（空间分辨率）之外，还有了光谱分辨率、时间分辨率、辐射分辨率等指标。

光谱分辨率也称波谱分辨率，是指在多光谱遥感数据中所能区分开的光谱波长的最小差别。如果能够区分开波长相差 2 纳米的光谱，它的光谱分辨率就是 2 纳米；能够分辨出波长相差为 5 纳米的光谱，它的光谱分辨率就是 5 纳米。波段的波长范围越小，波段越多，光谱分辨率就越高，该指标往往标志了遥感器对目标特性的识别能力。有时一台多光谱或高光谱仪，波段数可以是几个、几十个乃至上千个光谱通道，并且每个波段的光谱分辨率可以不同。工程技术上有时用光谱波段的中心频率点和带宽来更准确地表述遥感器的光谱分辨率。

时间分辨率是指航天器上的遥感器对地球上同一区域进行的相邻两次遥感观测的最小时间间隔，即多长时间可以重复获得一次新的遥感信息。时间间隔大，时间分辨率就低，反之时间分辨率就高。该指标对分析地物目标的动态变迁、监测环境等具有重要意义。对不同的地物目标，要求不同的时间分辨率，如监测台风、寒潮、海况、鱼情、森林火灾、洪水等变化迅速的目标，需要以小时计；监测凌汛、旱涝灾害、虫害、作物长势、绿被指数等，要求以日数计；土地利用、作物估产、生物量统计等，一般需要以月或季度计；水土保持、自然保护、冰川进退、湖泊消长、海岸变迁、沙化与绿化等变化缓慢的现象的监测，则以年计。

辐射分辨率是指遥感器能分辨目标反射或辐射能量（辐射强度）的最小变化量。在可见光波段、近红外波段用噪声等效反射率表示，在热红外波段用噪声等效温差、最小可探测温差和最小可分辨温差表示。

为了把成像光谱遥感技术拓宽到大尺度乃至全球范围的对

图3-17 神舟号飞船中分辨率成像光谱仪成套设备

地观测，美国航空航天局和欧空局致力于开发航天用成像光谱仪。美国地球观测系统（EOS）平台的中分辨率成像光谱仪MODIS-N、欧空局环境卫星（Envisat）的中分辨率成像光谱仪MERIS，就是成功的范例。

我国早在20世纪80年代中期就开始积极地跟踪和发展成像光谱技术，并取得了长足的进步。神舟3号的中分辨率成像光谱仪（图3-17）是继MODIS-N和MERIS之后，世界上第三台进入空间应用的成像光谱仪，标志着我国航天遥感技术进入了世界先进行列。我国研制的中分辨率成像光谱仪有34个探测波段，对地面进行一次扫描，就可以同时获得34幅不同光谱波段的图像。其中有3个为热红外探测波段，1个为短波红外探测波段，另外30个为连续的可见近红外探测波段。热红外探测波段范围分别为8.4～8.9微米、10.3～11.3微米和11.5～12.5微米，能够不分昼夜地对全球进行监测，有效地反演出地表、海面和云顶的温度。短波红外探测波段为2.15～2.25微米，主要用于地质勘探和农业估产。每个可见近红外探测波段带宽为20纳米，正好覆盖0.4～1.0微米的光谱范围，是目前遥感应用最广泛的探测波段。在340千米轨道高度上，中分辨率成像光谱仪旋转扫描镜每转一圈，可以采样1 024个点，每一点对应地面500米，所以每扫描一次，对应的地面宽度大约是500千米。

7. 红外探测器的制冷

在众多的遥感器家族里，光电探测器在工作时会产生一定的热，这会影响一些光电探测器的探测灵敏度。另外，有些光电探测器件必须在低温环境下才能工作，很多红外探测器就是这类器件。例如，红外焦平面器件需要的工作温度很低，一般需要低于80开，相当于−193℃以下。红外焦平面器件对温度稳定度要求还很高，只有很精确的温度控制，才能充分降低光电探测器件热背景噪声，使获取信息的度量能够准确标定，保证观测到的目标信息是准确的。这样的低温环境，能像我们生活中所应用的空调、冰箱那样来获取吗？回答是不可能的，因为一般空调、冰箱制冷要求低，通常利用物质（制冷剂）的相变制冷就可以了。也就是说，利用物质从液相变为气相时吸收气化潜热，由固相变为液相时释放熔解潜热的原理就能做到。获取−193℃以下的低温环境并不这么简单，它是现代先进遥感技术中的一项关键技术，尤其是满足空间应用中长寿命、高稳定性和适应范围等要求，目前世界上只有少数几个国家才能做到。图3−18所示为我国自行研制的各类光电探测器的制冷器。

从理论上讲，获取低温的方法有多种，很多物理过程和化学过程都会产生吸收热和释放热的现象，只要想办法把光电探测器件工作小环境里的热量导出来就可以了，但是工程上要实现这一点却不容易，因为这好比让水往高处流一样，要有一个像抽水泵那样的抽热泵。

目前工程上比较成熟，航天遥感中应用较为广泛的制冷器，是斯特林循环制冷器(图3−19)，它是利用热力学循环过程中热机从低温物体吸热、高温散热产生制冷效应原理设计的。斯特林制冷器结构紧凑，体积和质量较小，制冷范围宽(−263～−193℃)，启动时间短，效率高，寿命长，操作简单，并可长时间连续工作。

图3−18 我国自行研制的各类光电探测器制冷器

图3–19 斯特林循环制冷器(左：以色列Ricor公司生产的K 555 双活塞线性分置式斯特林制冷器；右：中国国产航天用斯特林制冷器)

另一种是采用辐射制冷方式工作的制冷器，在航天遥感中使用也较广泛。宇宙冷空间是超低温的，只要使物体不接受太阳、地球等重要辐射源的辐射，就可以使物体不断向宇宙冷空间辐射热量，从而达到制冷的目的。辐射制冷器由辐射面（制冷面）和屏蔽罩组成(图3–20)。为了获得更低的制冷温度，可以组成多级辐射制冷器。

图3–20 航天用的一种辐射制冷器

辐射制冷器耗能极少，甚至不需要能源，属于被动制冷器。由于没有运动部件，所以辐射制冷器噪声小，寿命长，可靠性高。其缺点是只能用于外层宇宙空间，而且需要控制航天器的运行轨道方向，以保证屏蔽外界辐射。

随着制冷技术的不断发展，半导体制冷器越来越受到重视。某些需要在设备内部实施有限温度范围控制的航天产品设备，较普遍地采用了这种制冷控制方式。从现代高技术发展趋势来看，红外探测器的制冷还有很大的发展前景。

8. 穿透能力强大的微波遥感器

遥感器的工作频段不仅限于光学频谱波段范围内，物质信息在全频谱范围内都是存在的。利用微波频段来进行遥感探测，是科学家们非常关注的问题。

微波对物体的透射能力比光学波段好，更容易揭示一些经过伪装、掩盖的军事目标。另外，微波对某些物质特性反应敏感，在探矿和地表物理特性探测方面用途广泛。因此，利用微波来进行遥感探测，成为各国重点发展的领域和科学家们非常关注的问题。

微波是无线电波中波长在1米到1毫米之间、频率在300兆赫到300吉赫之间的电磁波，是分米波、厘米波、毫米波的统称。微波频率比一般的无线电波频率高，通常也称为超高频电磁波，常用的微波波长范围为0.8~30厘米，其中又细分为K，Ku，X，C，S，L等波段。现代微波遥感技术可使用的频段还有向更高发展的趋势。

我们知道，光学遥感总是会受到昼夜、云雨、阴晴等条件的影响，而在微波频段，波长比光学波段长，对云雨的穿透能力强，目标的微波特性受昼夜变化的影响小，所以微波遥感具有全天时、全天候工作的独特优势，并能透过植被、冰雪和土壤，获得近地面以下等许多光学遥感器不能观测到的信息。

常见的微波遥感器有两大类，一类是主动式遥感器，就是大家普遍熟悉的雷达。主动式微波遥感器带有电磁波辐射源，通过接收目标物体对电磁波的反射、散射感知物体的形态和特性，例如合成孔径雷达（SAR）、微波散射计、雷达高度计等。另一类是被动式遥感器，如微波辐射计。被动式微波遥感器没有主动辐射源，只是在某一个微波频段内，接收被观测目标的自然电磁辐射的能量，以感知物体的特性。

在民用领域，微波遥感器广泛应用于海洋与大气研究、陆地资源调查和大地测绘。在军事应用领域，美国的长曲棍球卫星携带的合成孔径雷达，图像分辨率可以达到0.3米，成为美国监测全球的重要军用航天遥感器(图3-21)。在海湾战争中，该卫星提供了大量伊拉克情报，特别是提供了地表层目标情报，对美军绘制伊军地下工事起到了极大的作用。

图3–21 美国长曲棍球卫星上的合成孔径雷达

无论哪一种微波遥感器，都需要接收或发射电磁波的天线系统。天线系统的形态和几何尺寸，往往要根据遥感器的工作频段、工作方式来设计，高性能微波遥感器的天线系统往往大得惊人。例如，用于全球地理测绘的干涉合成孔径雷达，它的天线系统需要展开60~70

图 3–22 美国AEC–Able公司研制的合成孔径雷达天线球铰接杆展开机构（左：收拢状态；右：展开状态）

米，有些甚至上百米，总质量达到几吨甚至十几吨(图3–22)。这种雷达可以在一个星期内完成对整个地球的三维测量，测量高程误差不大于1米。这样庞大的遥感器，一般卫星平台是难以承载的，需要利用载人航天器进行多次运输和空间组装。飞船、空间实验室、空间站这类大型航天器，成为合成孔径雷达这类先进遥感器的良好平台。

9. 穿云破雾的合成孔径雷达

合成孔径雷达就是利用雷达与目标的相对运动，把尺寸较小的真实天线孔径，用数据处理的方法合成一个较大的等效天线孔径的雷达。

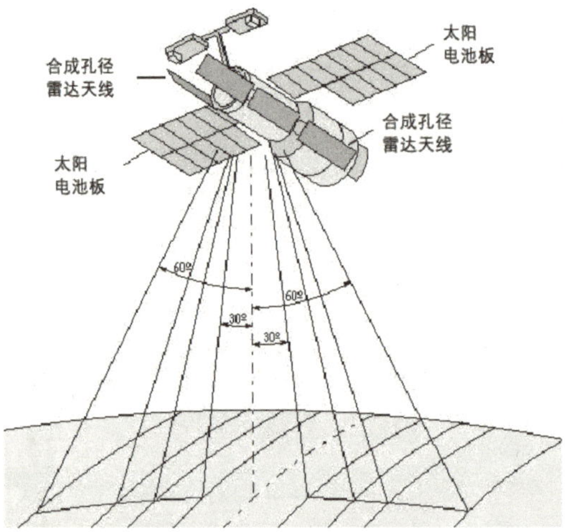

图 3–23 苏联钻石1号(Almaz–1)成像侦察卫星上的合成孔径雷达工作原理示意图

对于雷达天线，就某一频率来说，天线的口径越大，天线的波束就越窄，这就意味着空间分辨率越高。但是，微波合成孔径雷达能够获得高空间分辨率，不是单纯依靠大物理尺寸的天线，而是采用相对较小物理尺寸的天线来获得高分辨率的雷达图像。其技术原理是雷达在运动过程中，以一定的时间间隔，不断发射微波信号和接收来自观测区域的回波信号，将这些在不同位置获得的回波信号进行联合处理，从而获得等效于大物理尺寸天线所具有的高空间分辨率（图3－23）。

合成孔径雷达的特点是分辨率高，全天候工作，能有效地识别伪装和穿透掩盖物，如识别伪装的导弹地下发射井，识别云雾笼罩地区的地面目标等。在导弹图像匹配制导中，采用合成孔径雷达拍摄的图像，能使导弹击中隐蔽和伪装的目标。在民用领域，合成孔径雷达在海洋观测（海洋动力学、波和表面风场）、陆地植被分类及覆盖动态监测、土壤含水量、土地侵蚀和沙漠化监测、地面形变监测（地震）、城市建设规划以及考古等方面，都能起到无法替代的作用。合成孔径雷达还可用于深空探测，例如用合成孔径雷达探测月球、金星的地质结构。

合成孔径的概念始于20世纪50年代初。当时，美国科学家为了提高传统雷达系统的定位精度，先后提出了多普勒波束锐化和合成孔径、聚束、非聚束等一些基本概念。1957年夏天，美国获得了用光学系统处理的全聚焦合成孔径雷达图像，随后又研制成功第一批可供军事侦察用的机载高分辨率合成孔径雷达，于是合成孔径雷达作为一种新型遥感器由理论走向了实践，并得到世界各主要发达国家的高度重视。

20世纪60年代，美国对合成孔径雷达进行了大量机载系统试验，并将军用合成孔径雷达技术推广到民用方面，成为环境监测的有力工具。70年代后期，星载合成孔径雷达和数字成像技术取得重大进展，1978年，美国发射的海洋卫星－A上，装载了世界第一台航天用合成孔径雷达，并获得了全面的成功，其观测数据至今仍在应用。

图3－24 四川5·12大地震后，我国利用航空机载合成孔径雷达获取的灾区遥感图像

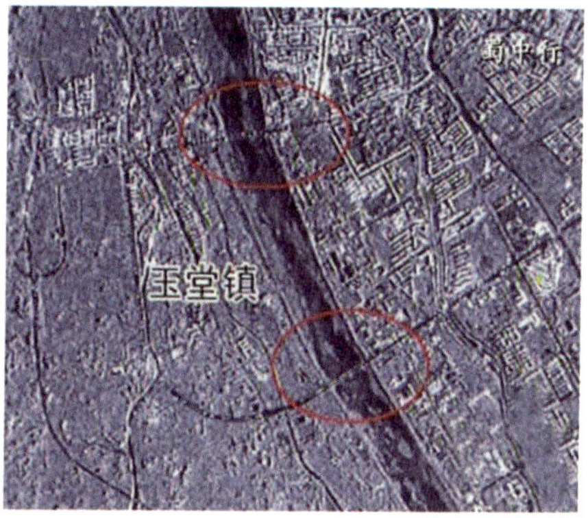

我国对合成孔径雷达的研究，起步于20世纪70年代中期。1976年，我国成立第一个以合成孔径雷达为主要研究方向的研究室，开始了机载合成孔径雷达及其相关技术的研究工作。1979年秋，我国研制的机载合成孔径雷达原理样机试飞成功，获取了第一批合成孔径雷达资料，标志着我国成为世界上为数不多的掌握这一核心技术的国家。1988年以后，我国开始研究星载合成孔径雷达系统和数据处理技术，并

取得了许多重要的成果，在国民经济建设中得到实际应用。图3－24所示即为四川5·12大地震后，我国利用航空机载合成孔径雷达获取的灾区遥感图像。今后，我国将发射用于大地测绘的合成孔径雷达卫星，载人航天工程后续任务也将开展更加先进的合成孔径雷达研制试验，力争在较短的时间内缩小与国际先进水平的差距。

10. 能辨别分厘的微波高度计

微波高度计已经有30多年的发展历史。早在20世纪70年代，美国就在天空实验室上开始试验高度计。微波高度计应用最多的是海洋动力场测量。

海洋约占据了地球71%的表面积，人类生存的大陆处于海洋的环抱之中。人们描述海洋表面时，经常会用到“平静的海面”、“习习的海风”等词语。实际上大海的表面不是一个绝对平面，从几十千米或者上百千米的尺度看，平均海面高度有时会有几十厘米的异常变化。当海浪汹涌时，几十米的波浪也时常出现。

影响海洋表面高度的因素很多，比如，由于地球表面密度不均匀，引起地球重力场的不均匀，地球不均匀重力场的引力作用，会使海洋表面出现高低起伏；流动的大洋环流，海水温度和盐度不同，也会引起海面高度的变化；季节变化、潮汐运动、海洋异常（如厄尔尼诺现象）、中尺度海洋现象等，都会引起海面高度的变化。海洋环境测量的一项重要内容，就是测量海面高度，由此计算出地球表面的重力异常、全球大洋环流及变异、海洋中尺度现

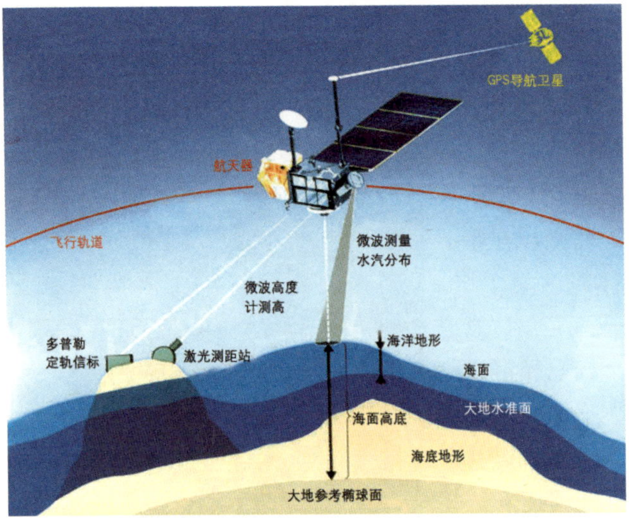

图3–25 微波高度计工作原理图

象和海洋气候变化。

微波高度计是一部高精度的主动雷达，其工作原理如图 3-25 所示，它可以测量卫星平台到海面的平均高度。海面高度是指海平面到大地水准面之间的高度。通过测量发射脉冲和接收到的海面回波脉冲之间的时间间隔计算出来的平台到海面的高度是平均高度，并不是严格定义下的海面高度，还必须利用飞行器的精密定轨数据、电离层校正、大气校正、海态偏差校正、定标及真实性检验等技术，最终确定海面高度。微波高度计测量精度可以达到几厘米，可谓是能辨分厘的测高能手，被誉为航天遥感中的千分尺。由于微波高度计有如此高的测量精度，因此它也是测量海浪高度、海面风速的主要遥感器之一。

神舟 4 号飞船多模态微波遥感器配置了我国第一台进入太空的微波高度计。我国正在研制的海洋 2 号卫星，将携带第一台应用型微波高度计，测量精度可以达到 3 厘米。载人航天后续任务将研制、开发具有孔径合成和成像能力的新一代微波高度计，不仅能够更加精细地测量海洋，还能测量海底、海冰、陆地并实现三维成像，为我们认识海洋、开发海洋、保护海洋提供更加准确的信息。

11. 能辨识真伪的微波辐射计

微波辐射计是一种用来接收天线视场范围内各种物体自身辐射、散射或反射的微波噪声能量，并把它等效变换成黑体温度表示出来的一种被动式微波遥感器。

微波辐射计早期主要用于外层空间辐射的射电天文研究。美国物理学家彭齐亚斯和威尔逊曾利用微波辐射计发现了宇宙背景的 3.5 开辐射，并因此获得 1978 年度的诺贝尔物理学奖。20 世纪 50 年代末，微波辐射计开始应用于对地观测，在气象、海洋、水文、植被和土壤湿度遥感等方面都获得了很好的应用，在气象保障、天气预报、强对流监测和洪涝灾害监测等方面发挥了很大的作用。适当的波段还可以获取大气温度和湿度的有关信息，这些信息都是天气预报的重要依据。

微波辐射计能够感知物体的温度和特性，这是因为自然界的任何物质，由于原子与分子的相互作用，在温度处于绝对零度以上时，都会向外发射电磁波，这种电磁波是一种宽频带、极微弱的随机热噪声。不同特性的物体，向外发射电磁波的发射率不同，科学上定义发射率与物体物理温度的乘积叫作“亮度温度”，简称亮温。相同温度下，不同物体在不同的频率上由于发射率不同，都具有不同的亮度温度。金属、水体、地表、云、冰、雨、雪、建筑物等，亮度温度差别很大。微波辐射计测量的就是物体的亮度温度。

微波辐射计具有能穿透云层，受雾、雨、雪等气象影响较小的优点。此外，它还具有观察物体表层以下特性的能力，可得到红外和可见光不能获得的信息。由于微波遥感不受光照限制，这就为微波辐射计从太空观测陆地、海洋和大气提供了用武之地，即使在夜间，微波辐射计也能进行对地观测。

在频率 1～1 000 吉赫的微波、毫米波和亚毫米波的不同谱段，存在着大气传输窗口和水汽、氧气吸收带。科学家们针对地物目标的不同辐射特性，研制了不同频段微波辐射计，以便对特定目标进行观测、辨识。微波辐射计不仅能够探测到物体的温度和特性，通过对探测信息进行处理，还可以监视海啸、台风、暴雨等灾害性天气及这些天气现象的生成、发展过程和迁移路线。利用 L 波段（1 000～3 000 兆赫）、P 波段（500～1 000 兆赫）的微波成像遥感，可以实现陆地土壤湿度成像探测，准确评估土壤墒情，极大地提高农作物估产的精度。L 波段和 P 波段的信号对海水的含盐度较为敏感，因此可以探测海水的盐度分布，海水盐度分布可以对海洋渔业提供非常重要的数据。采用天线单元星座布设和旋转采样方式的综合孔径方案，还可以从太阳极轨轨道上对行星际太阳风进行

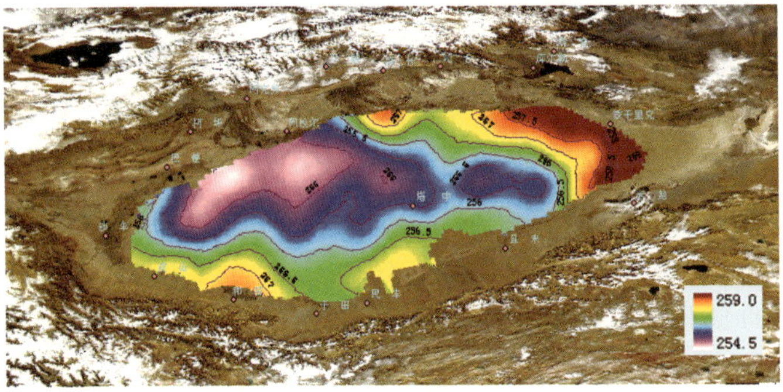

图 3–26 利用神舟号飞船微波辐射计数据反演的塔克拉玛干沙漠地表亮温图

实时监测，提高空间天气预报的水平。目前，微波辐射计已广泛应用于土壤湿度、海水温度和盐度、海冰、云雨及降水、大气温度和湿度探测。利用神舟号飞船微波辐射计数据反演的塔克拉玛干沙漠地表亮温图，能够真实地反映出该地区的地表温度和辐射状态（图3－26）。

12. 善观风向的微波散射计

对海洋环境的研究，一直是人类探索和征服自然过程中的一个重大课题。风速和风向是非常重要的海洋环境参数，它对人们掌握海况变化、海上天气，进行海上航行和生产作业都至关重要。在大家熟悉的气象观测中，传统的做法是设置若干个观测站来掌握每天的气象变化，在浩瀚的海洋中，这样做是很困难的。微波散射计的出现，为从太空测量全球范围内海面风速和风向，提供了新的技术手段和方法。

微波散射计是对有起伏的物体表面发射电磁波，并测量从其表面散射回来的电磁波功率的仪器，是一种主动式微波遥感器。

微波散射计为什么能够测量海风呢？我们知道，风是流动的空气。当风刮过海面时，海面的空气与海水表面发生摩擦，就能改变海面的状态，特别是能够改变海面波浪的大小。由于海面上存在波浪，海面就不是一个平面，当微波散射计发射的电磁波达到海面时，即使入射方向与海面的夹角不是直角，除了在镜面反射的方向上有回波外，也会在其他方向上产生回波。这种向各个方向发散回波的现象，称为粗糙面对电磁波的“散射”。

有波浪的海面能够产生返回到微波散射计发射天线位置的散射回波，这种回波信号就是后向散射信号。当海面上波浪的长度和大小与雷达发射的电磁波波长满足一定关系时，这种后向散射信号就表现出被加强的特征。这种现象是一个叫布拉格（Bragg）的人首先发现的，所以叫做布拉格散射。通过测量这种后向散射信号的大小，可以反演出风速的信息。另外，海面上由风引起的波浪也有一定的方向性，即波浪在各个方向的分布是不均匀的。如果能够测得几个不同方向的后向散射，并对

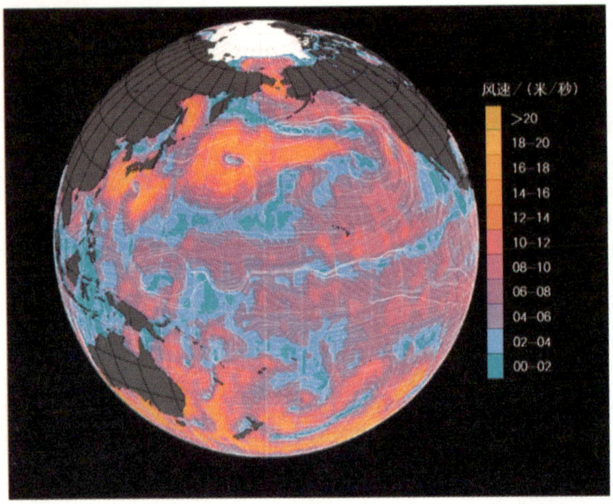

图3-27 由微波散射计数据反演的全球风场信息

不同角度测得的后向散射进行比较、分析，可以得到海面波浪和风向的信息，确定出风的方向。图3-27所示为由微波散射计数据反演的全球风场信息。

海面风速和风向信息是海洋天气预报必不可少的参数，因此微波散射计广泛应用于海洋学和气象学等方面的研究。微波散射计从1978年成功应用于美国海洋卫星以后，该技术得到了迅速发展。目前，第二代星载微波散射计的设计也已非常成熟，并向着更高的测量精度和更高的测量分辨率方向发展。近年来的研究表明，采用新的地面信号处理模型并适当增大通道带宽，可以大大提高测量精度和分辨率。

同时，星载微波散射计还可以应用于植被、沙漠、极冰、积雪覆盖等陆地特征的监测。因为不同地物对雷达波具有不同的散射特性，通过测量并对雷达后向散射精确定标后，可以确定陆地地表的植被覆盖类型和沙漠化情况，所以微波散射计对于大尺度的冰和陆地应用研究也非常有用。例如，可以区分极地海冰、海水以及不同类型的冰雪特征；通过散射特性长时间序列的变化，可以确定季节、年度变化与气候之间的关系，为全球气候变化的研究提供依据。

13. 神舟号飞船里的遥感乘客

我国是世界上第三个实现载人航天的国家，发展载人航天遥感应用技术，是我国科学家承担的一项重要任务。

早在20世纪五六十年代，我国老一辈科学家就注意到了遥感技术及其应用的发展前景，并开展了一些基础性研究。20世纪80年代以来，我国的航天技术和遥感技术获得了长足的发展，短短十几年时间，走过了发达国家几十年的发展历程。

在神舟1号~神舟6号飞船上，我国开展了多项遥感技术试验研究，取得了近百项具有自主知识产权的研究成果，带动了航天遥感应用技术的发展。表3-2中列出了神舟号飞船装载的主要遥感器及其应用研究目的。

表3-2 神舟号飞船装载的遥感器

主要遥感器	应用研究目的
中分辨率成像光谱仪	海洋、陆地环境监测，兼顾大气环境探测
卷云探测仪	卷云、水云等大气云层的探测与应用研究
地球辐射收支仪	地球环境监测研究
太阳紫外光谱监视器	地球环境监测研究
太阳常数监视器	地球环境监测研究
微波辐射计	海洋大气环境探测，兼顾陆地环境探测研究
微波高度计	海洋动力场探测，兼顾陆地测量
微波散射计	海洋风场探测

装载在神舟3号飞船上的中分辨率成像光谱仪，在轨运行3个月的时间里，获得了大量多光谱图像数据，处理出800余幅图像，图像质量清晰，光谱分辨率高，为农业估产、可再生资源动态调查、自然灾害实时监测、海洋环境和海洋初级生产力调查提供了有用信息。卷云探测仪探测结果表明，该仪器能够区分冰云和水云，检测出系统性高空卷云、薄卷云和零星卷云，并在技术上首次成功应用了偏振技术。

神舟3号飞船装载了地球辐射收支仪、太阳紫外光谱监视器、太阳常数监视器等3台地球环境监测遥感器（图3-28），这是我国首次对地球环境进行系统监测，测量结果与国际探测数据吻合，得到国际航天遥感界的认同和好评。

神舟4号飞船上的微波散射计、微波高度计和5波段微波辐射计，共同进行了多模态微波遥感海洋综合探测，在先进遥感器研制、微波测量原理和反演算法研究等方面都取得了重大突破。其中，根据微波高度计的测量数据，遥感应用科学家对海洋动力场进行了反演，获得了我国第一幅空间遥感的海面风

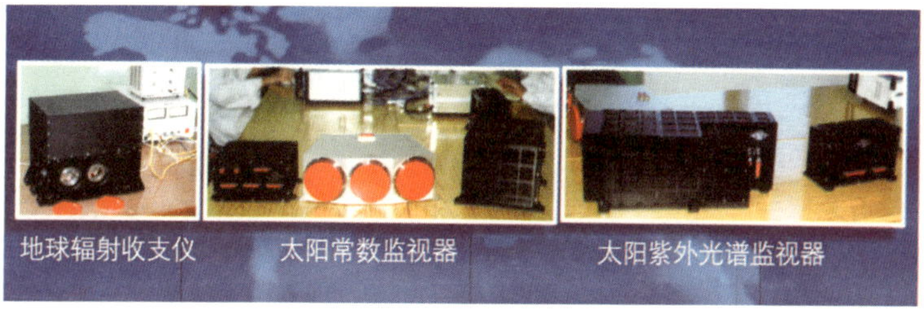

图3-28 神舟3号飞船上的地球环境监测遥感器

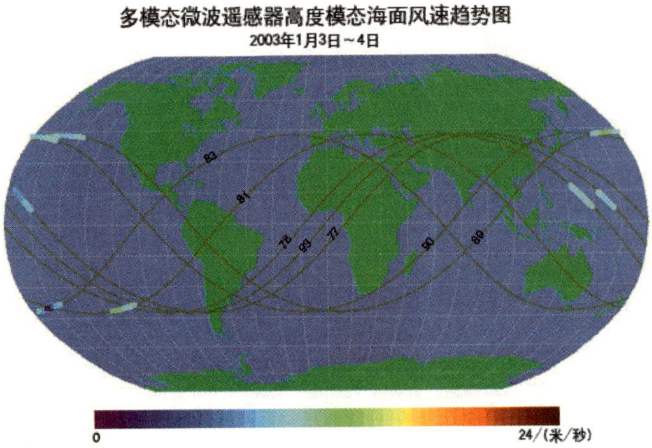

图 3–29 利用神舟 4 号飞船高度模态数据反演的海面风速图

速图（图 3–29）。

神舟 4 号飞船上装载了我国自行研制的第一个星载微波辐射计，获得了大量地球表面南北纬 40° 以内不同通道的微波辐射电压数据。通过定标调整，得到了地球表面的微波辐射亮温，并反演了海面温度、风速和大气水汽含量。利用微波辐射计，结合其他星载数据和地面数据，科技人员还研究了塔克拉玛干沙漠的微波辐射特点和温度反演问题。

我国载人航天工程对地观测各领域研发的若干遥感技术成果，目前已经成功移植到我国第二代海洋卫星、风云气象卫星、月球探测卫星等多种型号任务的遥感器研制中，促进了国家的经济建设和高技术发展，使我国遥感应用技术取得跨越式发展，研发和应用水平得到大幅提升。

第四章

睿智巧译天书

—— 遥感信息处理应用研究

当我们看到一幅精美的遥感图像时，无不为它的神奇而惊叹！如果你认为遥感图像如照相馆冲印相片那么简单，那就大错特错了。

被人们誉为“万能智慧之眼”的遥感器，获取的直接对地观测数据只是一串串的0和1数码。要得到人们可以看懂的适用遥感图像，需要睿智、巧手的遥感技术人员对遥感数据进行复杂的处理。

1. 地物目标分类和遥感应用处理

任何地物都有三大属性，即空间属性、辐射特性和光谱属性。

空间属性，即任何物体都有一定的空间位置、大小和形状。物体的空间属性非常重要，如果物体没有了空间属性，那么信息价值就要大打折扣。比如，我们要去找一个人，如果完全不知道这个人在什么地方，即不知道他的空间位置，要想找到这个人，就等于大海捞针。从军事上来说，只知道有个敌方目标，但不知道这个目标的空间位置，要对这个目标实施军事打击，是根本无法实现的。

辐射特性，是指任何地物都会反射或发射电磁辐射。遥感探测地物目标，实际上是探测这个物体对外界电磁波的反射和自身发出的电磁辐射。在电磁波的可见光波段，这种辐射通过人的“遥感器”——眼睛和“信息处理器”——大脑，从而形成物体的影像。黑夜里，把房间的灯都关掉，没有了光辐射，眼睛就感知不到物体，我们也就看不见东西了。

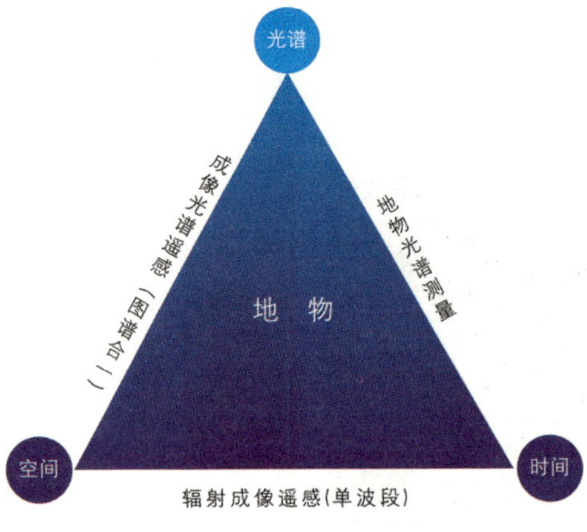

图 4–1 遥感机理及特征

光谱属性，即物体所反射或发射的辐射，并不是一个单一的波长，实际上是一个光谱。不同的地物有不同的光谱，所以人们看到的地物才有各种不同的颜色。此外，物质世界还存在许多人眼看不到的辐射光谱，从这些光谱还可反映出物质不同的结构、成分、物理、化学等特性。

遥感观测任何地物，都要围绕地物的这三个属性展开。遥感机理及特征如图 4－1 所示。通过地物的光谱测量，可以得到地物的光谱曲线。如果把辐射属性和空间属性结合起来，可以得到辐射在空间里的非均匀分布图像。如果把辐射、光谱和空间三个属性结合起来，就可以得到既有图像又有光谱的信息。

无论采用哪一种遥感手段，获取遥感信息的目的都是为了某种应用需求，例如，了解某一个地区的地形、地貌，或者是某块土地上的植被、水土状态，或者是人工建筑设施的状态……

遥感应用科学家把从空间对地观测到的对象信息，称为遥感地理空间信息，它反映的是地球表层自然和人工地物的状况、类型、空间分布及其变化。

为了更好地发挥遥感信息的作用，对地物目标进行分类，就成为遥感应用处理非常重要的一项功能或任务。遥感应用科学家利用遥感数据的光谱、辐射、空间和时间属性，进行定性、定量分析判断，把地物目标分成不同的类型，再加工出确定一个物体、一个事件或一个现象的3W信息，这个过程就是遥感应用处理。

遥感应用中，地物目标在不同的领域有不同的分类。例如，

知识链接

3W

遥感专业中的一个常用术语。在地球表面上，经常需要了解一个地物、一个现象、一个事件或一个过程是什么（What），在什么地方（Where），是什么时候发生的（When），这就是所谓的“3W”。

图4–2 中分辨率成像光谱仪获取的华北地区三维鸟瞰图

在遥感地学研究中，就按岩石、水体、植被、土壤等分为四大类；在海洋遥感中，又有海洋运动、海洋地理、海洋气象、海洋环境等分类；在大气遥感中，则有大气温度、湿度、风、云、雨、雪等分类。在实际应用中，还要根据每一项具体应用目标，进行更加精细的分类。例如对植被遥感，植被可分为农作物、森林、草场等，森林又可细分为针叶林、阔叶林、混交林等。

针对使用部门的需求，遥感应用科学家把遥感器获取的数据进行处理，形成可以直接使用的遥感应用产品，传递给应用部门，这些遥感应用产品就是大家看到的那些精美的遥感图像，还有许多定量的数字资料。图4－2是中分辨率成像光谱仪获取的华北地区三维鸟瞰图。

2．繁复的遥感图像处理加工

许多人经常用照相来解释遥感，说遥感就是给地球照相。这种说法有道理，但遥感又不同于大家日常所说的照相。之所以说有道理，是因为它们都是借助仪器设备描述目标的信息特征。之所以说不同，是因为遥感器获取目标信息的方式、成像的角度以及对信息的分析处理过程等，都比普通的照相复杂得多。

为什么原始遥感图像一般人看不懂，需要进行处理才能应用呢？

第一，一般遥感图像都是从高空俯视拍摄，没有普通照相机那种拟人平视的效果。

图4–3 遥感图像处理基本流程

第二，普通照相机一般只用可见光进行黑白照相和彩色照

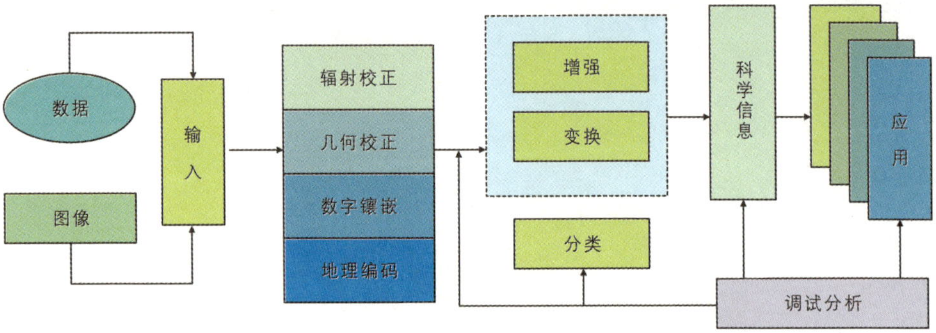

相，遥感则使用从紫外到微波多个波段进行探测。

第三，通常来说，获取遥感信息都有一个光电转换过程，光电转换过程中难免会伴有无用的干扰信息。在使用遥感信息之前，需要通过技术处理剔除和修复遥感信息。

第四，由于遥感器成像机理或制造工艺误差等原因，会在成像过程中产生畸变，导致图像扭曲、变形。在使用遥感图像之前，需要对图像进行校正，恢复遥感目标的真实图像。

第五，遥感图像的信息比普通相片丰富得多，在使用遥感图像之前，需要通过专门的判读技术，充分挖掘遥感图像有用的信息。例如，从一幅反映岩石矿物分布的遥感图像，还可以产生反映森林植被覆盖情况的遥感信息。

遥感图像处理是一项难度大，处理过程复杂，需要丰富知识和技巧的研究性工作，也是遥感应用技术的重要环节。遥感图像处理贯穿遥感图像产生的整个过程，包括预处理与精处理、图像校正、信息转换、分类信息提取等，处理过程涉及的学科广泛，许多关键技术是当今高新技术的前沿研究课题。遥感图像处理的基本流程如图 4－3 所示。

3．图像校正
——还图像以准确的位置与色调

图像校正是指消除遥感器输出图像数据的畸变，包括辐射度失真、几何畸变和大气消光等。由于产生图像数据畸变的原因和结果各不相同，因此校正处理方法也不相同。

普通相片主要追求美观，图片处理也主要凭人的感觉，只要看着舒服就行。普通照相时，甚至允许使用特殊镜头将拍摄对象变形、夸张。遥感图像则不同，遥感图像不追求画面的美观，而是必须依赖地理坐标等科学依据定位，真实反映事物的原貌。一幅方方正正的遥感图像，经过图

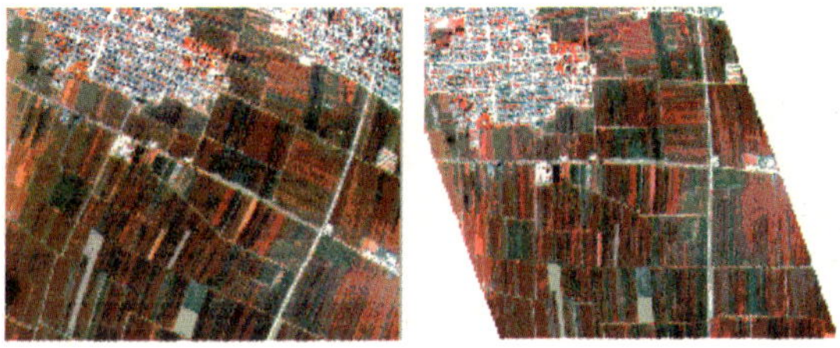

图 4－4 遥感图像校正（左：校正前的图像；右：校正后的正确图像）

像校正后，有可能变得奇形怪状，但它的地理定位是准确的，与真实事物是相符的。

遥感图像的辐射校正，一般解决图像亮度失真问题；大气校正主要解决大气消光（吸收和散射）问题；几何校正则是还原地物相对位置的准确坐标关系。

神舟号飞船装载的中分辨率成像光谱仪，其获得的遥感图像受遥感平台、遥感器本身等许多因素的影响，遥感图像不可避免地存在几何畸变。在使用遥感图像之前，必须用几何纠正方法，在最大程度上消除几何畸变。图4－4是一幅遥感图像校正示例。

图像校正的过程是，在相应标准地图上均匀地选取与遥感影像上一一对应的明显地物作为控制点，建立模拟几何畸变的数学模型，以此建立原始畸变图像空间与转换后的标准空间（标准地图）之间的对应函数关系，以此关系式将原始畸变空间中的全部像元依次转换到标准空间中去，从而实现图像的几何纠正。整个图像校正过程包含两项内容，其一是利用建立的数学关系式，确定图像在新坐标系下的坐标，实现坐标位置的转换；其二是确定原始图像各点转换到校正空间后的亮度值。

4. 图像变换
——加工提取信息的法宝

经过图像校正的遥感图像，更接近于真实的图像，但为了更容易、更确切地识别图像的具体内容，还必须依据图像分析

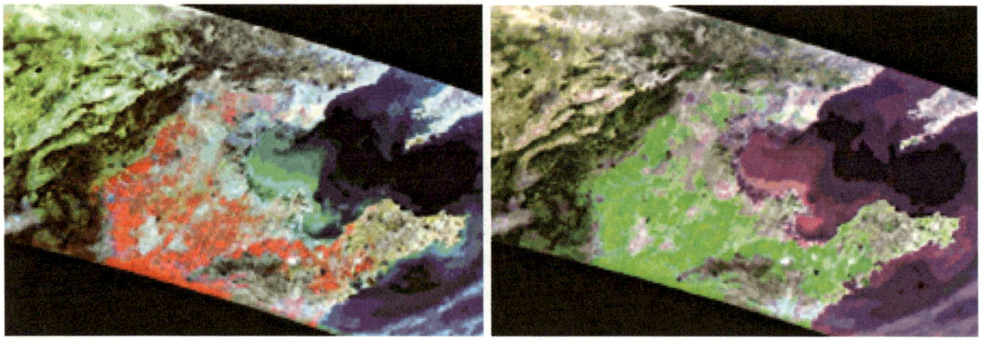

图4－5 遥感图像彩色合成（左：假彩色合成；右：真彩色合成）

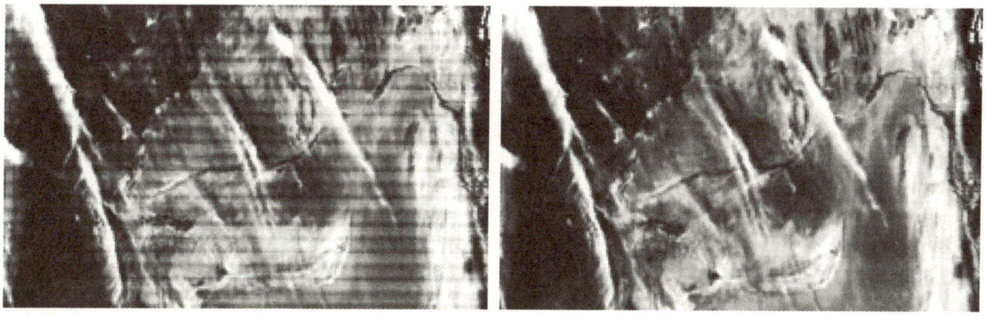

图 4–6 遥感图像剔除噪声前后的效果对比（左：中分辨率成像光谱仪原始图像；右：去除噪声后的图像）

的目的，对图像数据进行图像变换处理。

图像变换有多种技术，其中灰度变换、彩色合成、色调－饱和度－强度变换的过程称为图像增强。图像增强的目的是便于图像判读。

实际上，人的视觉对彩色的分辨能力远远高于对灰度的分辨能力。通常人眼能分辨的灰度有十几个等级，但可以分辨100多种彩色层次。色彩增强就是根据人的视觉特点，将彩色用于图像增强之中，这是提高遥感图像目标识别精度的一种有效方法。

根据合成影像的彩色与实际景物自然彩色的关系，彩色合成分为真彩色合成和假彩色合成两种。真彩色图像上，影像的颜色与地物实际颜色基本一致。假彩色图像则是指图像上的影像色调与实际地物色调不一致，遥感中最常见的假彩色图像，是彩色红外合成的标准假彩色图像（图4－5）。

特征提取也是图像变换的一个内容。为了对图像进行正确的分析判读，需要把图像中的某些特征定量化，这种变换处理方法叫做特征提取。特征提取包括光谱特征、空间特征和纹理特征的提取处理。

把混入图像的不正常、不和谐、不真实的错码、误码信息剔除的工作，叫做图像噪声剔除。神舟号飞船中分辨率成像光谱仪获得的遥感图像，其光谱范围从可见光到红外波段，图像数据含有大量有很高实用价值的光谱信息，但是由于多元传感器之间对地物辐射信号的响应特性不同，导致许多波段的图像数据中含有大量的条带噪声。这些噪声严重影响了有用信息数据的解译和信息提取。去除条带噪声的方法有多种，在神舟号飞船中分辨率成像光谱仪遥感图像处理中，使用了有限长脉冲

知识链接

遥感图像中的噪声

数字图像中，噪声是指由传感元器件和数字信号系统造成的错误信息。这些错误信息通常是受温度、仪器随机电脉冲、传感元器件的质量和均衡性等方面的影响产生的，在图像中可能造成条带、错码、麻点等。

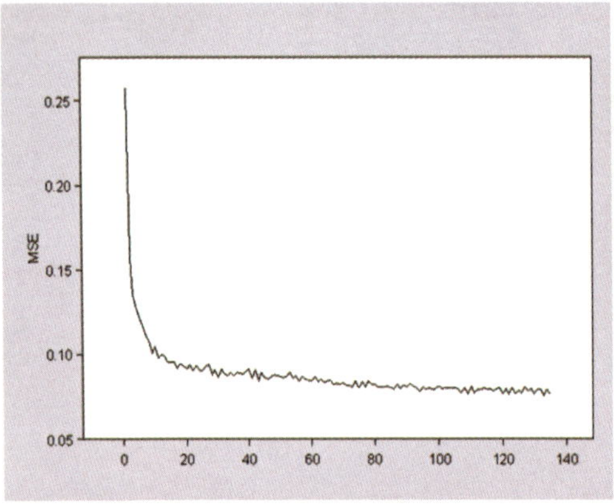

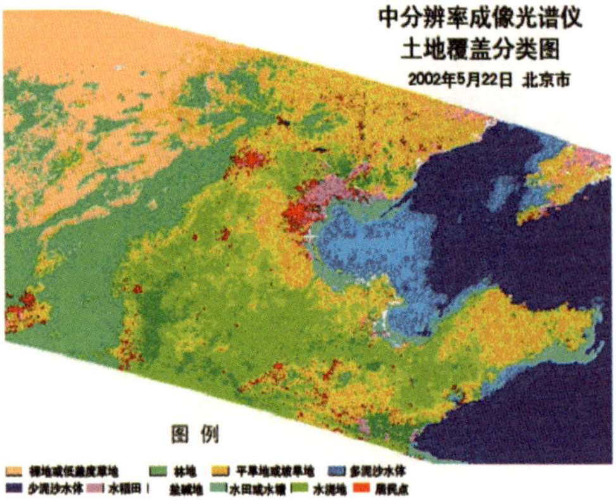

图4–7 神经元网络训练误差收敛过程（左）

图4–8 华北地区土地覆盖分类图像（右）

响应滤波法（FIR），结果表明，这种方法具有很好的去条带噪声效果，同时还能保持图像原有的信息（图4－6）。

5. 图像分类
——物以类聚的遥感实践

图像分类也叫模式识别或图像识别，是利用计算机，根据灰度、光谱、纹理等目标地物参数，经过分析处理，将每个图像像元归入设定类别的过程。图像分类一般要经过确定分类类别、选择特征、确定训练数据、测算总的统计量、分类和结果检验等步骤。

图像分类方法主要有两种，即监督分类和非监督分类。监督分类是选择训练场样本，事先给定类别；非监督分类是根据

知识链接

BP 神经元网络分类

BP 神经元网络（Back Propagation Network）是对非线性可微分函数进行权值训练的多层前向网络。BP 神经元网络的基本单元称为神经元，它是对生物神经元的简化和模拟。BP 神经元网络在类型分类、识别方面非常出色，可以处理例外及不正常的输入数据，所以在遥感图像分类处理中应用得最为广泛和深入，日益成为遥感图像分类处理的有效手段，并有逐步取代最大似然法的趋势。

图像数据的统计特征决定类别。无论哪一种分类方法，都是依据一种统计算法。

在利用神舟号飞船中分辨率成像光谱仪获取的图像中，对我国华北地区土地覆盖进行分类研究，用到了“BP神经元网络分类方法”。图4－7所示为神经元网络训练误差收敛过程。分类后的土地覆盖分类图中，展示出了裸地或低盖度草地、林地、平旱地或坡旱地、多泥沙水体、少泥沙水体、水浇地、盐碱地、泥滩、水稻田、旱地、居民点等11大类土地覆盖情况。分类图像能很好地区分不同水质的水体，对于各类农田、森林、盐碱地也能较好地区分开，但对于居民点与部分裸地的区分能力稍差（图4－8）。

6．“天－空－地”同步联动观测

在同一个试验区，同时采用航天（太空）、航空（空中）及地面（地表）三个层次的遥感器，同时获取同类地物目标的遥感信息，进行相互比对，相互印证，分析研究遥感器成像机理以及电磁波在介质中的传输理论，建立地物目标识别模型，这是遥感应用研究中的一个重要方法。图4－9为“天－空－地”同步联动观测示意图。

图4－9 “天－空－地”同步联动观测示意图

当神舟号飞船在345千米高度经过北京地区上空，中分辨率成像光谱仪开机对地观测时，高空遥感飞机也载着成像光谱仪，同时在同一区域800～3 000米高度进行遥感成像。在地面相同区域，科技人员利用太空和空中平台上的成像光谱仪系统实时开展地物光谱测量以及地表粗糙度、土壤湿度及生物量等测量，这是一幅何等壮观的景象！

图4－10 同时获得三层遥感数据示意图

如果神舟号飞船对某个地区遥感得到的一组光谱信息，与空中遥感飞机同时获取的光谱信息不同，那么不同高度上得到“同物异谱”的遥感信息，就值得科学家对飞船或飞机上遥感器的成像机理、传输过程及相关因素进行认真的分析研究，以地面测到的真实地物波谱为依据，抽丝剥茧，追根溯源，找出谁对谁错，提出解决问题的方案，使飞船上的成像光谱仪能够更准确地探测到地面的真实遥感信息。如果飞船－飞机－地面

数据的光谱特征有很强的相似性，比较正确地反映了地物的光谱特性，则说明飞船遥感器的性能、指标是可信的，获取的遥感信息是可用的，在以后的研究应用中，就可以直接利用地表数据对航天遥感数据进行定标。所谓定标，就是将遥感数据由原始计数值换算为辐射物理量进行校正。图4－10所示为同时获得的三层遥感数据的叠加和对比。

这些试验为充分挖掘、展示遥感应用的科学价值，提高我国遥感应用的研究水平作出了卓越贡献，取得了一批丰硕的应用研究成果。

7. 隐含多维光谱信息的图像立方体

图像立方体，顾名思义，就是一种用三维立方体图像来表达遥感信息的方式。在三维立方体中，其中 X、Y 两维表示空间信息，另一维 λ 表示光谱信息。这种方式一般应用于多光谱、高光谱的遥感图像产品中。一幅神舟号飞船中分辨率成像光谱仪华北地区的遥感图像立方体，包含了34个光谱波段的全部信息，用户可以随心所欲地使用自己感兴趣的图像（图4－11）。

为什么要制作图像立方体呢？因为图像立方体有助于对图像数据进行基于视觉内容的分析和多种知识的挖掘，包括汇总、分类、比较、关联和聚类。

图4－11 华北地区光谱图像立方体

成像光谱技术的特点，就是将先进的成像技术与光谱技术有机地结合在一起。从成像技术上讲，可以全面反映被观测目标的位置、形态等空间信息。从光谱上讲，反映了被观测目标的物质、结构以及生物、物理、化学特性等光谱信息。如果对光谱进行细分，以纳米量级的高光谱分辨率获取地球表面的图像，图像就包含着极其丰富的信息，因为被观测目标所反映的光谱特性是不同

的。波段多是成像光谱数据最显著的特点，如果有应用需要，一台成像光谱仪可以有多达数百个波段，表达的信息非常丰富。

成像光谱仪是被称为“图谱合一”的遥感器，如果以波长为横轴，灰度值为纵轴，把成像光谱图像上每一个像元点在各通道上的灰度值绘在一张图表上，就可以形成一条精细的光谱曲线。如果只提取单一光谱波段的灰度值，也会得到一张在这个光谱波段上的空间信息图像。把各个波段的图像叠合在一起，就成为一个影像的集合体，这就是所谓的图像立方体。很显然，图像立方体还是一个图像，只不过这个图像包含了多个光谱波段信息。从这个图像立方体中，可以得到每一光谱上任何一点的光谱特性。

8. 遥感信息定量化

遥感信息定量化处理是通过实验或物理模型，将遥感信息与观测目标参量联系起来，将遥感信息定量地反演或推算为某些地学、生物学及大气等观测目标参量，主要目的是实现空间位置定量化和空间地物识别定量化。

遥感信息定量化研究涉及到遥感器性能指标的分析与评价，大气参量的计算与大气订正方法和技术，对地定位和地形校正方法与技术，计算机图像处理与算法实现，地面辐射和几何定标场的设置以及各种遥感应用模型和方法，观测目标物理量的反演和推算等多种学科和领域。其中，遥感器定标、大气订正和目标

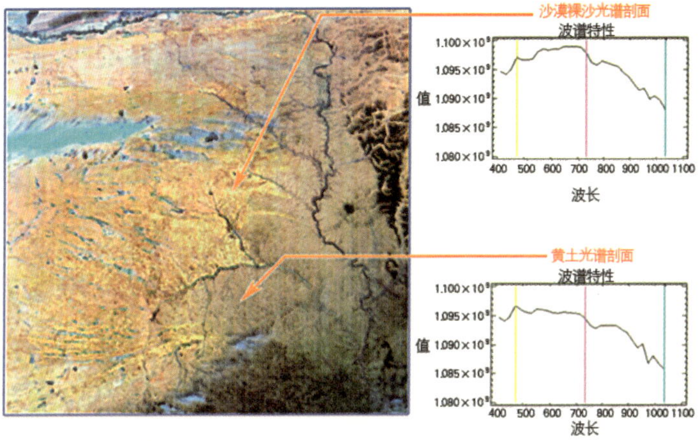

图 4–12 黄土高原典型地貌解译分析图

信息的定量反演，是遥感信息定量化的三个主要方面。

遥感技术的发展，最终目的是解决实际应用问题。但是仅靠目视解译和常规的计算机数据统计方法来分析遥感数据，无法提高精度，应用效率相对较低，寻找应用的新突破口也非常困难。尤其对多时相、多遥感器、多平台、多光谱波段遥感数据的复合研究，这一问题更为突出。

为了解决这一难题，科学家们选用一些典型地物目标，采用遥感地物波谱技术和模式识别技术来定位地物并判别地物特征，开展专题解译分析的预先研究工作，以便取得示范结果。例如，通过预先研究取得的黄土高原典型地貌解译分析图（图4－12)、华北地区土壤解译分析图等，就为更充分地利用神舟号飞船中分辨率成像光谱仪遥感信息，发掘图像隐含的信息潜力打下了很好的基础。

通过遥感应用科学家的智慧，一幅幅反映各类地物目标的遥感应用图像，呈送给各级应用部门。政府部门通过这些图像来制定国民经济发展规划，产业部门通过它来规划生产，环保部门用它来监测自然环境变化，部署防灾、抢险战略，拟定相关环保措施，气象预报部门根据它来发布天气预报。由此可见，遥感监测为国家带来了巨大的社会和经济效益，成为推动我国可持续发展的强大动力。

9. 遥感应用的波谱库

人类认识事物，总是在对事物的观察中，提取出事物的本征特性。同样，当了解现代遥感应用技术时，必须首先储备一些代表地物本征特性的知识，这些知识就是遥感应用的地物波谱库。

对于任何地物目标，无论是水体、植被、土壤、大气，遥感都是去感知它们的电磁能量辐射特性，学术上称之为地物波谱特性。地物波谱特性包括了不同地物在不同状态下的自身电磁辐射及其对外界入射电磁波的反射、散射等规律。

地物波谱库包括光学（紫外、可见光、近红外、红外)、微波及更长波长的电磁波等各种电磁谱段的特性，是遥感应用科学家赖以判断事物的知识库，其中最主要的是光学波谱库。以海洋观测为例，海洋光学波谱库主要由三部分内容构成。

1）表观光学特性和固有光学特性。表观光学特性主要是指入射光场以及随观测的几何条件和其他边界条件变化而变化的参数，如海洋中的归一化离水辐射亮度、遥感反射比、漫衰减系数等。固有光学特性是指水体的光谱吸收系数、散射系数、散射相函数等。

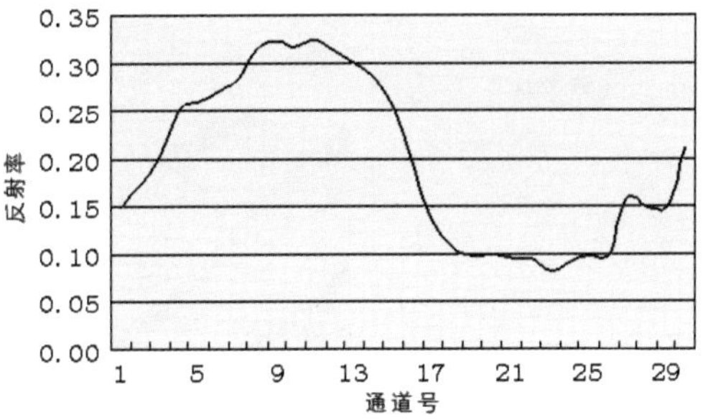

图4-13 神舟号飞船中分辨率成像光谱仪获取的长江口海洋水体反射率图

2）地物自身的各种特性。从中提取水体中浮游物质含量，包括以叶绿素 a 为主的各种色素、有机悬浮颗粒、无机悬浮泥沙、碎屑、溶解有机质等。其中叶绿素、泥沙、溶解有机质通常称为水色三要素。

3）其他环境参数。包括日期、时间、地理位置、水体透明度、水深、水色号、气象、水文、水体温度、盐度剖面参数等。

科学家根据神舟 3 号飞船中分辨率成像光谱仪遥感数据，提取了长江口海洋水体的光学波谱，反映出该区域海水对各个波段的反射率（图4－13）。这个数据因为是通过实测验证的，可以把它作为一个标准的本征特性保存在数据库中，供科学家提取使用。

波谱库的建设是一个不断收集、应用和积累的过程。随着技术的不断进步，对波谱库的要求不断提高。波谱库的建设不可能一劳永逸，需要在新的测量规范下，不断进行完善、补充，或更新测量数据，从而提高遥感应用水平。波谱库建设是代表一个国家遥感应用水平的标志之一，各个遥感应用研究部门，都要进行大量的试验和广泛的数据收集工作，尽可能建立一个完善的波谱库。

10．遥感仿真系统

现代高技术的发展成就让人惊叹，但对于遥感观测来讲，一般人必然会有疑问：“万能”的遥感器如何知道该探测什

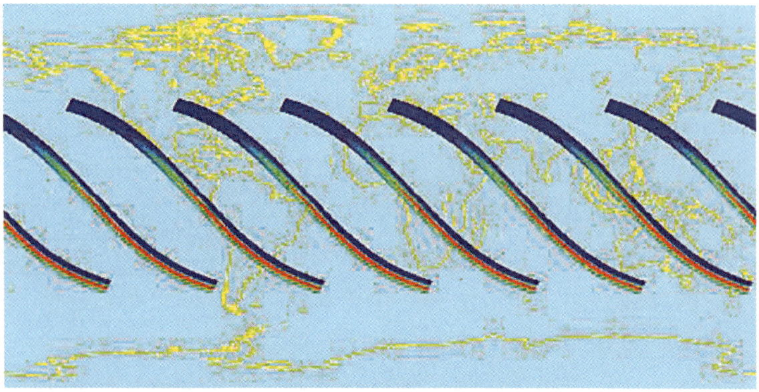

图4-14 神舟号飞船中分辨率成像光谱仪仿真模拟获得的遥感图像

么？它为什么能够做到我们想看什么就能看什么？

其实，一个遥感器上天之前，科学家会通过一套仿真系统，模仿遥感器上天后的真实工作状态，看它是不是能够按照人的设计意图去执行任务，预测遥感器上天后的遥感图像质量和资料利用情况，起到“未卜先知”的作用。如果通过仿真系统的模拟计算，发现遥感观测效果不如人意，工程人员就会想办法改进、修改或优化飞行器平台和遥感器的功能特性、参数指标，以期达到最佳的遥感观测效果。正因为如此，遥感仿真技术成为现代遥感科技发展中的重要内容。随着波谱辐射传输理论的完善和计算机技术的迅速发展，遥感仿真模拟技术已趋于成熟。

神舟号飞船中分辨率成像光谱仪通过遥感仿真系统的模拟，输入需仿真的海洋、大气、陆地参数，以及遥感器和飞行器技术参数，就可以直接模拟出遥感器上天后可能获得的遥感图像，预测遥感图像的利用情况（图4－14）。将模拟结果的最佳参数信息提供给神舟号飞船和遥感器相关研制部门，就可以制造出性能最佳的遥感器。在神舟号飞船运行过程中，调整遥感器的工作状态，即可保证上天后能够圆满完成预定的探测任务。

第五章

鸟瞰广袤大地

—— 陆地遥感应用

陆地只占地球表面积的29%，但却是人类唯一的长久栖息地。了解陆地，是维持人类生存条件的大事。从人类诞生开始，人们就不断地认识陆地，如今，人类对陆地已经积累了丰富的认识。

认识是没有止境的，人类从必然王国过渡到自由王国，还需要对陆地有更多、更深入的认识。今天，人类能够站在太空鸟瞰整个地球，这为我们更深入、更细致地了解陆地提供了新的视角和机会。

1. 从太空鸟瞰地球家园

陆地是人类栖居的家园。如果从高空鸟瞰广袤大地，地面上那多姿多彩的奇异景象，会让你叹为观止。

在神舟号飞船中分辨率成像光谱仪获得的遥感图像上，新疆的叶城就像一只展翅飞翔的孔雀（图 5－1），而阿拉伯联合酋长国境内的茫茫沙漠和戈壁，点点绿洲点缀其中，形状如一张弯弓（图 5－2），在沙漠中传递出一派生机。中国局部地区的多轨遥感镶嵌图（图 5－3），则展示出神州大地江山多娇。

图 5－1 遥感图像上新疆的叶城就像一只展翅飞翔的孔雀（左）

图 5－2 遥感图像上的阿拉伯联合酋长国沙海绿洲犹如张开的弯弓（右）

图 5－3 中国局部地区多轨遥感镶嵌图

纵观世界七大洲，在航天遥感图像上明显表现为六大板块，面积由大至小依次为欧亚大陆、非洲大陆、北美大陆、南美大陆、南极大陆和澳洲大陆。海洋中那些露出水面的小块陆地，以及星星点点散布的岛屿和礁石，在航天遥感图像上也有清晰的反映。

2. 监测地表土壤水分和干旱

土壤号称地球的“皮肤”，对于人类生活的重要性不言而喻。在中国载人航天工程陆地遥感探测中，土壤水分遥感监测是一项重要的应用内容。

土壤水分是农作物发芽和生长发育的基本条件，对降水及径流过程也有重要影响。土壤水分含量还是农田水利管理和作物产量预报模式中的重要参数，因此，监测土壤水分一直是人们十分关注的问题。

经典的土壤水分测量方法如称重法、中子水分探测法等，因为采样速度慢，采样范围有限，限制了其应用范围。航天遥感技术的发展，使得迅速、大面积、多时相地监测土壤水分成为可能。

监测土壤水分的方法主要有三种。

第一，航天遥感器在0.3～3.0微米光谱波段接收地面反射的辐射信息时，不同类型的裸露土壤，反射率一般随波长的增加而增加。不同类型的土壤，反射率也不相同。对于给定的土壤类型，反射率随水分含量的增加而减少，这为航天遥感监测土壤水分提供了科学依据。但是，不同类型土壤反射率的差别，可能和不同土壤水分本身的差别一样大，或者更大。另外，太阳照射的角度（太阳高度角）、大气条件和表面状况等，也会引起水分信息误差，这些情况又为航天遥感监测土壤水分增加了困难。

第二，利用红外波段遥感信息确定土壤水分。利用红外波段可以测量地表温度，地表温度一方面是蒸发和蒸腾之间能量平衡支出部分的函数，另一方面又是发射辐射的函数，因此，利用热红外遥感资料，可以估算蒸散量和土壤水分。一般红外波段测量的是地表很薄一层的信息，由于地球表面和次表面热特性可以用热惯量来计算，表面温度由辐射平衡和热惯量决定，所以这种方法也可以间接估算低于表面层实际土壤水分的情况。地表温度的昼夜温差或变化快慢与土壤热惯量有关，土壤热惯量又与土壤水分有关，所以测量地表温度，就可以间接估算表层土壤水分的情况。

第三，微波遥感监测土壤水分。美国制定的利用空间遥感技术进行农业和资源调查的联合计划——AGRISTARS中，专门制定了土壤水分监测计划，其主要手段就是微波遥感。

科学家提出了一些实验和理论模型，并将遥感数据和气象、水文资料用模型结合起来，用以进行土壤水分遥感监测。但是，由于影响遥感监测土壤水分的因素很多，给数据处理带来了一定困难。迄今为止，还没有一个公认的、真正实用的土壤水分遥感监测方法。

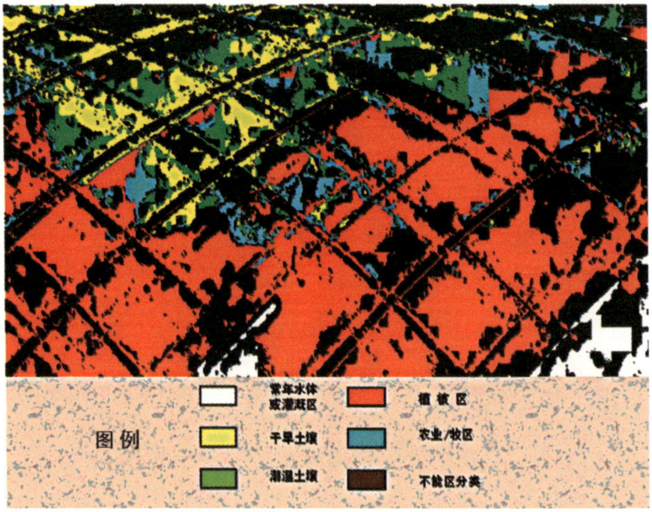

图5－4 神舟号飞船多模态微波遥感器获取的陆地地表分类图

中国科学家发展了遥感监测土壤水分的方法，并利用神舟号飞船微波辐射计的观测数据，对我国及相邻地区的陆地地表分类，全球表层土壤湿度指数变化，全球土壤湿度因子分布进行了研究，取得了一系列的研究结果（图5-4，图5-5）。

在所有的自然灾害中，对农业和人民生活影响最大、持续时间最长的就是干旱。从理论上来说，通过遥感监测土壤水

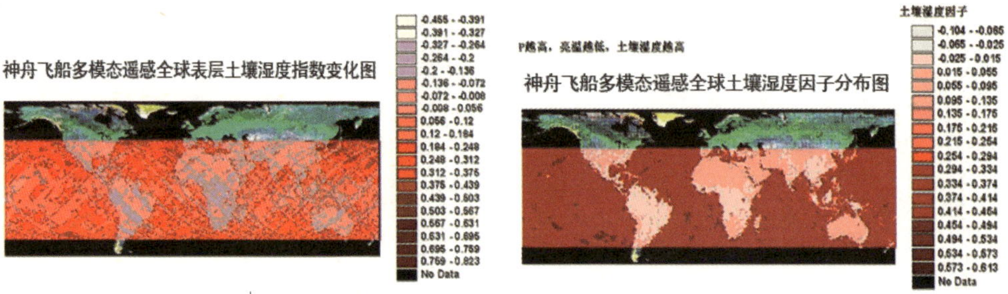

图5－5 神舟号飞船多模态微波遥感器获取的遥感资料（左：全球表层土壤湿度指数变化图；右：全球土壤湿度因子分布图）

分，也就监测了地面的旱情。但在植被覆盖条件下，土壤水分遥感监测存在很大的限制，这就需要利用光谱植被指数和陆面温度等复合信息来评价区域旱情。图 5－6 所示为神舟号飞船中分辨率成像光谱仪获取的旱情等级分类图。

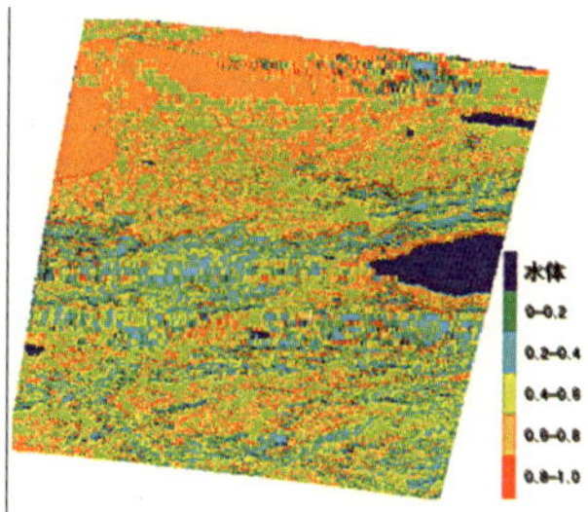

图5–6 神舟号飞船中分辨率成像光谱仪获取的旱情等级分类图

地面辐射温度受多方面因素相互作用的影响，如植被覆盖度、蒸散量、地表热特性（导热性和热容）、净辐射、地表粗糙度和风速等。找出这些因素对旱情的影响关系，以及它们在遥感图像信息中的表现，就可以作出旱情评估。

3．探测青藏高原的积雪

青藏高原号称“世界屋脊”和地球第三极，是世界上最高的高原，平均海拔高度在4 000 米以上。青藏高原东连云贵高原和四川盆地，西达“万山之宗”的帕米尔高原，北邻中国内陆沙漠地带，南眺印度大平原。同时，青藏高原还是长江、黄河、印度河、恒河、雅鲁藏布江、怒江（萨尔温江）、澜沧江（湄公河）等河流的发源地。青藏高原地形复杂多变，平均气温比较低，冰雪覆盖面积常年达4.7 万千米^2。

积雪是地表覆盖的重要部分。积雪的反射率比土壤、植被的反射率高得多，严重影响地表的辐射平衡。监测积雪分布、生成、消融及演变，可以为水资源利用、灾害分析、大气环流分析和环境演变分析提供资料，对于改善人类生存环境、农牧业生产和经济发展影响极大。

积雪的变化对天气和气候变化有极大的影响，因此，监测和研究青藏高原的积雪厚度和分布，具有非常重要的意义。根

图5–7 青藏高原及相邻地区积雪深度分布图（左）

图5–8 根据遥感数据反演的青藏高原及相邻地区雪深直方图分布(右)

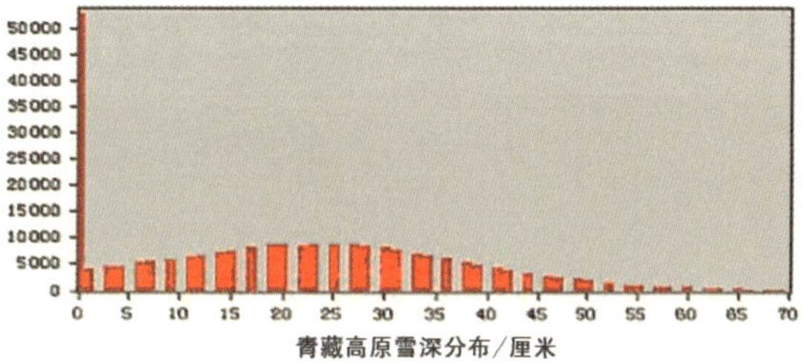

据神舟号飞船微波辐射计获得的遥感数据，可以监测青藏高原的积雪厚度和分布（图5－7），通过制作出来的直方图（图5－8）可以看出，包括青藏高原、新疆地区（北疆）的积雪，雪深分布在0～40厘米之间，大部分地区为无雪。

> **知识链接**
>
> **CASA模型**
>
> CASA模型包含一些基本假定，利用生态学原理、遥感数据等，以月为步长，通过光能转化率（APAR）和光能利用效率ε，可以估算出陆地净初级生产力。光能转化率是指植被把所吸收的光合有效辐射（PAR）转化为有机碳的效率。

4. 探知陆地净初级生产力

陆地净初级生产力（NPP），是指陆地上的绿色植物在单位时间和单位面积上所能生产的有机干物质总量。陆地净初级生产力反映了植物对自然环境资源的利用能力，是生物地球化学碳循环的关键环节，在全球碳平衡和气候变化中扮演着重要的角色。

净初级生产力是众多生物地球化学反应、环境条件和有机体相互作用的产物，它不仅为所有生态系统成员提供生命活动的基础物质，而且又是生态系统过程不稳定性的最佳概括。这种双重作用，使净初级生产力成为生态系统中重要的综合过程，因此也是理解全球环境下生态系统对各种变化产生响应的关键要素。因为净初级生产力是地球上所有生命赖以生存的基础，了解、调控它的各种机制就显得非常重要。图5－9是根据神舟号飞船中分辨率成像光谱仪获取的遥感数据，采用CASA模型估算中国陆地生态系统净初级生产力得到的我国华北地区2002年5月的净初级生产力图像。

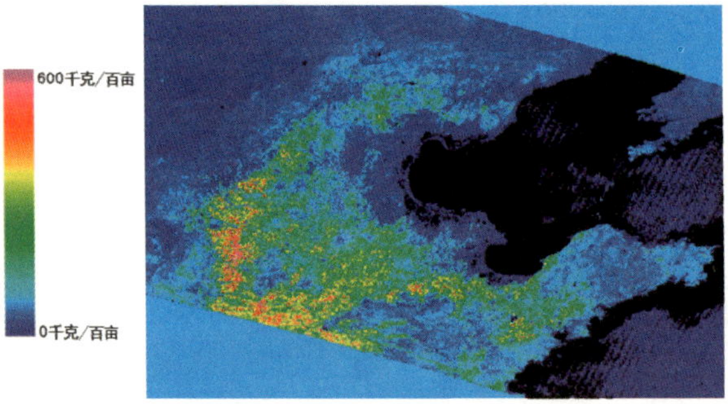

图5–9 神舟号飞船获取的华北地区2002年5月净初级生产力遥感图

5. 估算农作物产量

农业是人类社会生存和发展的基础，利用遥感信息或空间信息技术来进行农作物的长势监测和产量预报，对促进社会的协调和可持续发展非常重要。通过遥感估产，就能预知粮食在某一年度的长势和产量，是减产还是丰产，这对国家制定国民经济发展规划、粮食调配和粮食贸易等至关重要。目前，我国对主要农作物的估产精度已超过了95%。

遥感农作物估产不能局限在国内，因为光知道我国的农作物产量还不够，必须对全球的粮食产量有全面的了解。我国在利用航天遥感对国内农作物估产的同时，也对世界主要产粮国家如美国、加拿大、巴西、澳大利亚、泰国等进行遥感农作物估产。

遥感为什么能进农作物估产呢？对广大区域的农作物估产，当然无法去称斤计两。遥感农作物估产，需要知道两个方面的信息，一是通过对地遥感技术，根据国家农业土地利用数据库，来测算农作物的种植面积。二是利用遥感技术监测农作物的长势，特别是评估灾害对农作物的影响。掌握以上数据后，通过经过验证的预测模型，就可以估算农作物的单位产量，进而对一个地区或全国农作物总产量进行估算。

那么，遥感器是如何感知农作物长势的呢？以下以主要农作物小麦为例进行说明。

任何物质都有光谱反射或辐射特性，农作物也不例外。只要把光谱细分到能够反映小麦长势的三个主要因子，即叶绿素、蛋白质、水分的波段上，收集其遥感信息，再根据叶绿素、蛋白质、水分三个主要因子对小麦长势的贡献大小，采用线性组合方法，就可以计算出小麦长势函数。对小麦长势函数进行分级评价，分出三六九等，最终就可以得到小麦长势结果。

图5－10是根据神舟号飞船中分辨率成像光谱仪的遥感数据制作的农作物长势分布图，从应用结果看，2002年5月，河南北部、河北西南部由于水分条件较好，小麦长势好，产量高。

要做到农作物遥感估产相对准确，需要科学家进行长期大量的研究与实践，建立起丰富的光谱数据库、背景数据库及农情数据库。同时，也需要选择最佳的遥感波段，有效地进行参数选择和评价、方法试验以及精度评价，这样才能获得较好的估产结果。

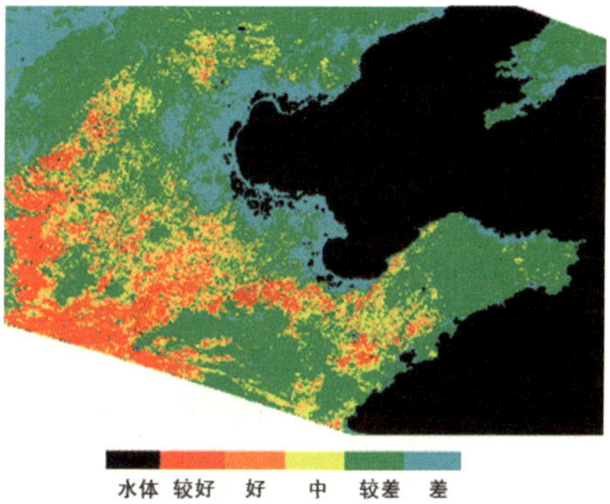

图5－10 根据神舟号飞船中分辨率成像光谱仪遥感数据制作的农作物长势分布图

6. 土地利用与土地覆盖调查

耕地是土地资源的精华，人类大部分的食品消费和95%以上的蛋白质来自土地，其中80%以上的热量和75%以上的蛋白质来自耕地生产出来的粮食。开展土地利用、土地覆盖调查研究，是神舟号飞船中分辨率成像光谱仪承担的一项重要工作。下面以我国京津地区为例进行说明，使用的遥感数据范围包括北京地区及渤海湾一部分。图5-11所示为该研究区域在神舟号飞船中分辨率成像光谱仪图像中的位置。

这次调查研究采用目前国际上新发展出来的多波段分类和分类精度较高的实数型稳态遗传算法，按居民点、水体、沼泽地、盐场、水浇地、旱地、水稻田、森林、灌木丛与草地等九类土地利用类型分类，使用的遥感原始图像是成像光谱仪第20、第11、第5波段京津塘地区假彩色合成图像（图5-12）。采用上述分类法，得到了京津塘地区土地利用、土地覆盖分类图（图5-13）。

为了验证其准确性，技术人员对这个分类结果进行了精度评价，评价标准采用的是1：100万国土资源环境数据库。其中，2000年国土资源环境数据库由美国陆地卫星TM数据经人工判读解译成图；随机选取了400个点，将两种来源的数据

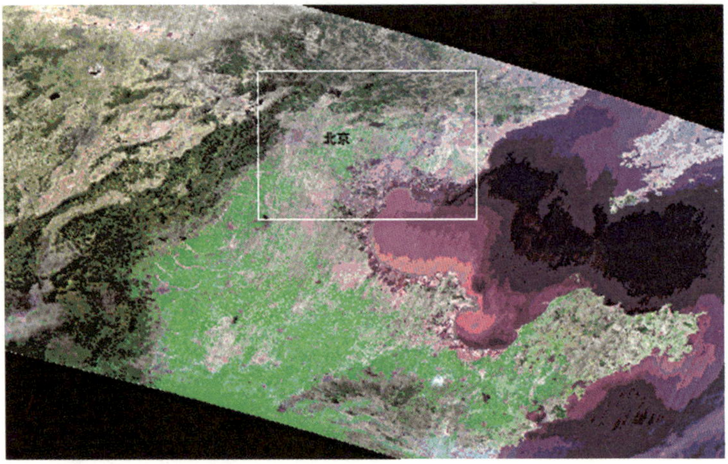

图5-11 土地利用和土地覆盖调查研究区域在神舟号飞船中分辨率成像光谱仪图像中的位置

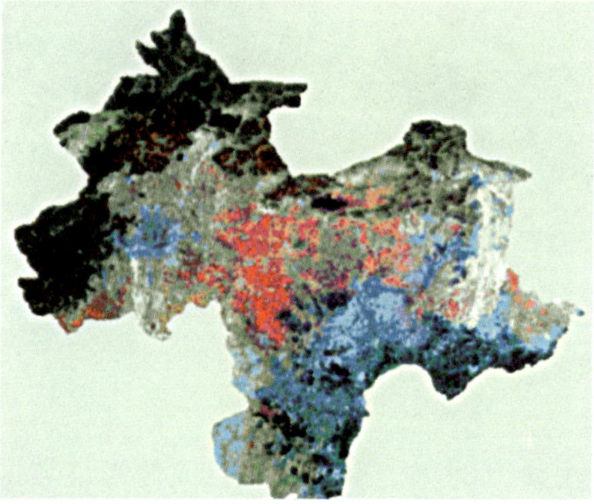

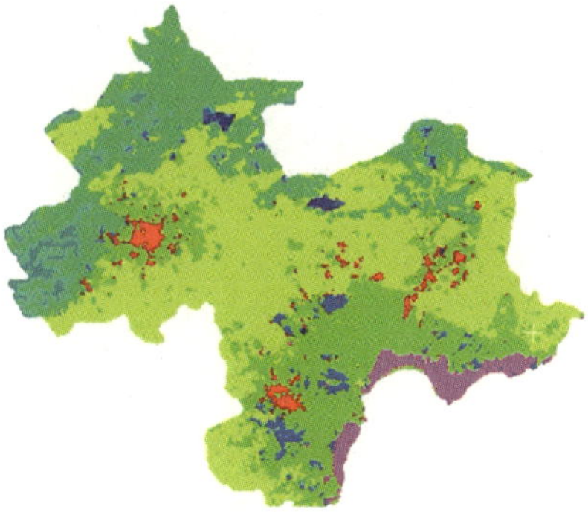

图5-12　几何校正后的京津塘地区假彩色合成图像(左)

图5-13　几何校正后的京津塘地区土地利用、土地覆盖分类图(右)

库进行人工解译，然后对结果进行对比与评价。将解译结果与分类图进行比较，评价分类效果，在95%的置信区间下，总分类精度为87.5%。

现在人们认识到，精准农业是未来农业发展的一个趋势。精准农业是一种节约型、环保型的农业，是一种根据农田农作物不同状况区别管理的农业，也就是根据每一块农田在空间上的不均匀性，土壤底质、水分条件、肥料状况等的差异，对农田实施浇水、施肥等田间管理。从遥感影像上，我们可以获得农田的土壤底质、水分条件、肥料状况以及农作物长势等信息，根据遥感图像提供的数据，可以帮助和推动精准农业的发展。

7. 地质构造与矿产遥感

打开世界地图，大家会发现一个有趣的现象，欧亚大陆山脉的线形构造分布特征，多数呈“东西走向”，而南北美洲的山脉则多呈“南北走向”。这种现象大概是岩石圈大板块推移引起的。然而，这种影像景观，只能在飞船、卫星这样的平台上，利用遥感器才能看到。在神舟号飞船中分辨率成像光谱仪获取的图像上，山脉线形构造异常清晰，如同人工雕琢、刻画的一般，其走向行迹一目了然（图5-14）。

地物的光谱辐射特征是开展地学分析、地物分类及识别的主要依据。岩性填图是指对一个地区的岩体进行物性分类标

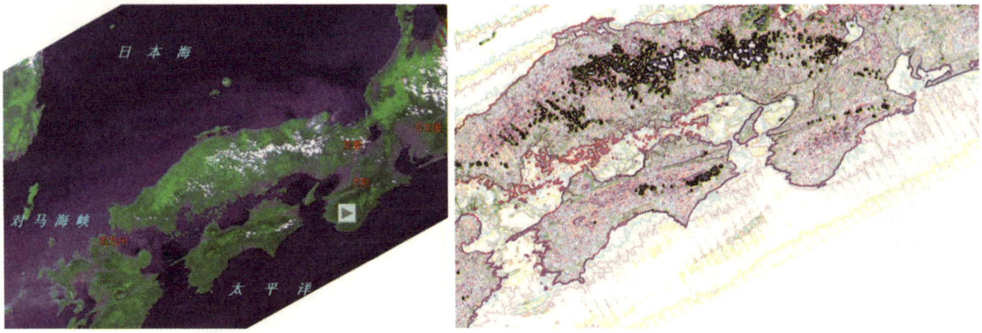

图5-14 神舟号飞船中分辨率成像光谱仪图像中，日本西部岛屿线形构造一目了然

注，这是航天遥感应用研究的一个重要专题。成像光谱数据有高光谱分辨率、高空间分辨率及图谱合一的特点，用遥感手段能够直接获得地物的波谱特征，从而识别地物。

岩性是地下矿藏的直接标志。遥感不仅能够看到地质构造，而且能够探测埋在地下的矿藏。矿物填图较早使用的方法是波段比值法、主成分分析法、光谱特征匹配法。随着成像光谱遥感技术的发展，又有了许多新的模型、新的方法，如吸收指数法、光谱角度填图法及线性光谱分解法等。我国科学家利用神舟号飞船中分辨率成像光谱仪获得的光谱图像，采用主成分分析法和光谱角度填图法，对内蒙古大青山进行了岩性填图和分类。

采用遥感技术探测金矿，是一个展示航天遥感应用效益的典型例子。科学家根据地质学上层间滑动角砾岩型金矿的成矿

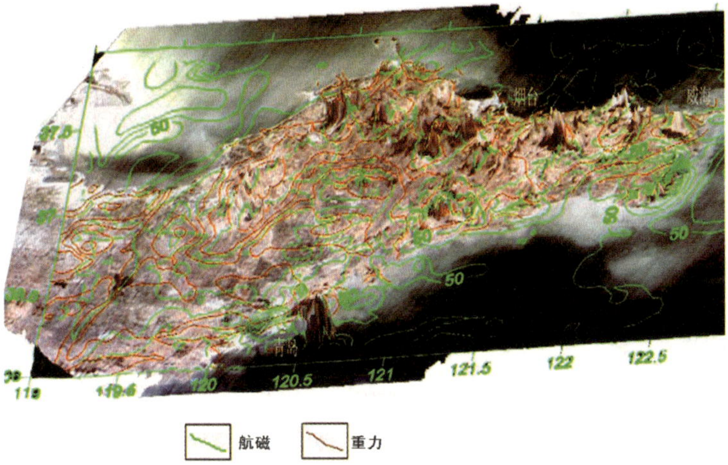

图5-15 利用神舟号飞船中分辨率成像光谱仪遥感图像制作的胶东半岛三维航磁重力图

模式，利用遥感技术宏观、快速和具有“穿透性信息”的优势，在矿床、矿区、矿带三个空间尺度上，开展了遥感寻找金矿预测。

地质学上有一种称为拉分盆地的地质结构，盆地边界是金矿的重要勘查地区。但是，由于有地质年代的第四系沉积物覆盖，从现在的地形、地貌上无法发现拉分盆地，但它能够被遥感到。利用神舟号飞船中分辨率成像光谱仪遥感图像、美国陆地卫星TM镶嵌图等卫星影像进行的胶东地区、中国东部地区遥感应用研究，揭示了拉分盆地边界的存在，为进一步实地探测金矿带提供了科学依据（图5-15）。

8. 水体及水污染监测

水是地球上的宝贵资源，特别是淡水，把它比作地球的血液毫不为过。如果水质受到污染，便会危害人类的身体健康。据调查，我国目前的饮用水水源，符合卫生标准的仅有10%，基本符合的占20%，不符合的高达70%。许多疾病都是通过水媒介传播的，水被污染后，就有可能引起痢疾、腹泻、肝炎、霍乱等传染病的流行。如果饮用水含有铅、铬、砷等重金属或酚类、氰化物、难以分解的有机物，则可能引起人体器官的病变和畸形等。据统计，在人类已知的疾病中，大约80%与水质有关。

当今世界，水污染已成为一个威胁人类生存的严峻问题。保护水资源，治理水污染，已经到了刻不容缓的地步。江、河、湖、海各种水体，其不同的水深和水中所含成分的不同，在遥感图像灰度分布上有明显的不同，而且不同水质在遥感图像上的光谱特征也不相同。从神舟号飞船中分辨率成像光谱仪获取

知识链接

拉分盆地

拉分盆地也称走滑拉分盆地，是在扭张环境下沿着走滑断层形成的盆地。走滑断层的活动，使扭动带或剪切走廊带内块体旋转，产生拉分作用，由此形成的盆地称为拉分盆地。拉分盆地形态一般为菱形或长条形，长轴方向与走滑构造带方向一致。

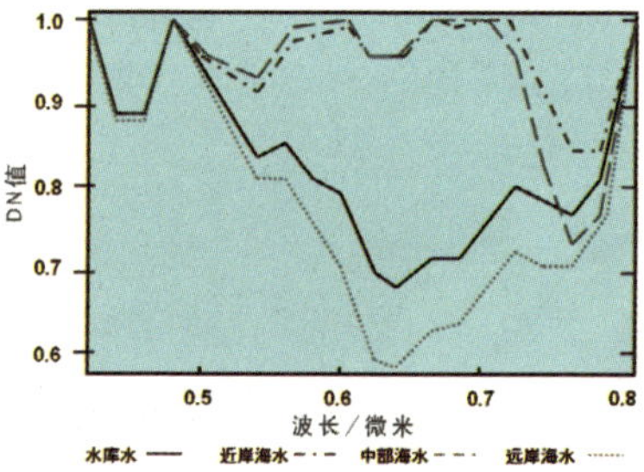

图5-16 神舟号飞船中分辨率成像光谱仪图像显示的水体特征（左）

图5-17 神舟号飞船中分辨率成像光谱仪图像中水库水和三种不同灰度海水的光谱特征图（右）

的渤海湾及华北地区遥感图像上（图5－16），可以看出不同水体具有明显的光谱区别，从中可以区分出近岸水体和远岸水体，以及泥沙分布和污染状况（图5－17）。

9. 防灾减灾与遥感应用

各种自然灾害给人类带来巨大的损失，以我国1977年~1995年间的统计为例，年均经济损失为GDP的9%，略高于GDP的增长速度。2007年，我国因自然灾害造成的直接经济损失高达2 517亿元。遥感技术在水灾、森林火灾、暴雨或地震引起的山体滑坡等各类灾害的监测、抢险救灾、灾情评估中，可以发挥重要的作用。

（1） 监测水灾，评估灾情

利用遥感技术，不仅能观测到灾区地形、地质结构、古河道分布等若干信息，而且能够看到抗洪抢险现场的水情状况，为抗洪抢险以及灾害事件分析提供科学依据。

神舟号飞船升空，使我国有了更先进的航天遥感器，为监视神州大地的每一个角落提供了条件。2002年夏天，当洪灾降临中华大地时，神舟号飞船上的“千里眼”密切注视着灾区的水涨水落，随时提供水域动态信息，使洪区人民平安度过一个洪涝灾害年。图5－18为2002年神舟号飞船遥感监视水情状况的图景。

（2）及时监测森林火灾，减少损失

我国是一个森林资源比较贫乏的国家，因此森林火灾对我

图5－18 神舟号飞船遥感图像（左：2002年6月6日遥感监测的鄱阳湖水面上升情况；右：2002年8月4日遥感监测的鄱阳湖水面下降情况）

图5–19 神舟号飞船观测到的美国西海岸森林大火遥感图像（左：2002 年 7 月 24 日遥感图像；右：2002 年 7 月 31 日遥感图像）

国造成的危害显得更大。周边国家森林火灾频发和肆虐，对我国的森林资源也造成了威胁。

航天遥感是监测森林火灾最有效的手段。利用航天遥感技术，可以及时发现林火，定位火场位置，精确评估过火面积以及灾情发展趋势等，使地面人员能科学、有效地组织灭火和防火。根据遥感信息，综合气象、地学、生态学信息，还可以预报森林火险等级。

2002 年 7 月，神舟号飞船经过美国加利福尼亚南部上空时，观测到美国西海岸俄勒冈州西南部发生森林火灾（图 5－19）。图中可以清楚地看到，在洛杉矶东部，一处猛烈的森林大火正在肆虐，浓烟随风飘出数百千米。

2002 年 3 月 31 日，科学家在对神舟号飞船中分辨率成像光谱仪图像解译分析过程中，发现河南平顶山市出现一缕白烟（图 5–20），有人怀疑当地发生了火灾，后经查证，原来是平顶山煤矿一个职工宿舍失火。神舟号飞船上的“千里眼”竟有如此神通，真让人惊叹不已。

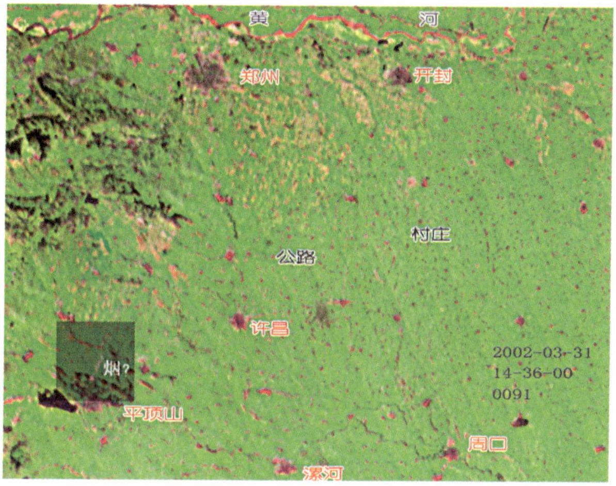

图5–20 神舟号飞船遥感监测到的河南省平顶山市的神秘白烟

（3） 监测山体滑坡，预防事故

汉语中有“山崩地裂”一词，滑坡就是一种山崩。滑坡是一种

图 5-21 法国 SPOT 卫星监测到的易贡山滑坡遥感图像（左）

图 5-22 神舟号飞船遥感图像显示的易贡山滑坡遗迹（右）

灾难性的地质现象，经常给人类带来突然、意外的打击，所以成为科学家研究的自然灾害之一。

滑坡是斜坡上一种不稳定的土或岩石整体向下运动的现象。从形成机理看，产生滑坡必须至少具备三个条件：一是地貌外形有一定的坡度；二是内部地质结构不是一个完整实体，表面土壤或岩石混合组成一个脆弱的地貌；三是要有某种诱发因素，打破坡体结构的平衡稳定状态，破坏滑坡体与其下面岩石的连接。

航天遥感可以准确地监测到山体滑坡。当年，法国的对地观测卫星——SPOT 卫星清晰地观测到易贡山大面积滑坡（图 5-21）。事发后，世界上不少国家的地质学家专程赶赴此地进行勘察。事隔两年后，在神舟号飞船中分辨率成像光谱仪获取的图像上，依然可以找到易贡山滑坡的准确位置（图 5-22）。

10. 待解的遥感谜团

科学研究是挖掘人类智慧潜能的过程，我国科学家从丰富的神舟号飞船对地观测遥感资料中，缜密地搜索每一个有应用价值的信息，从中积累科学认知。在处理神舟号飞船中分辨率成像光谱仪图像过程中，当遥感科学家们看到洞庭湖和鄱阳湖的图像（图 5-23）时，禁不住感到疑惑：长江水为什么会呈现红色？如果是洪水导致的，为什么洪水穿越湖水后，依然保持红色？红色到底是泥沙所致，还是另有缘由？

更让科学家们迷惑不解的是，2002 年 7 月 24 日和 7 月 27 日，神舟号飞船飞过美国西海岸奥克兰上空时，两个时相的图像都显

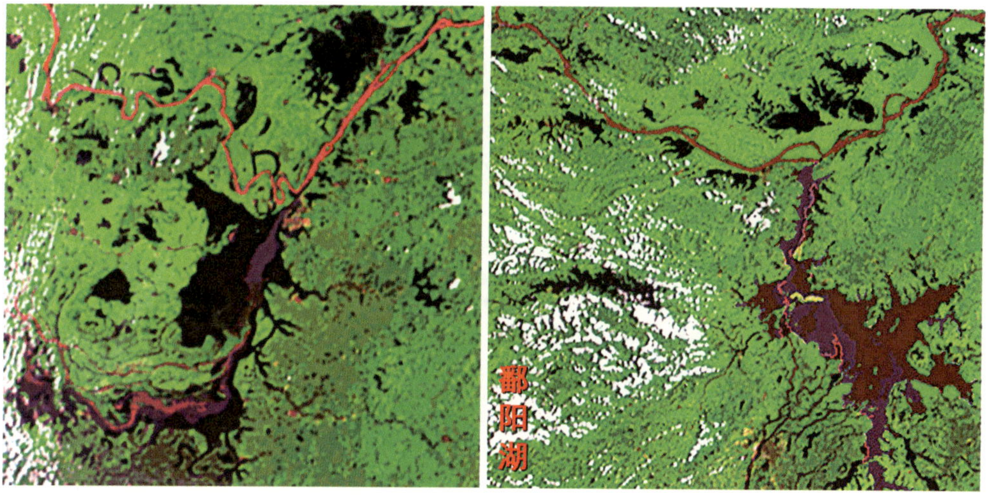

图5-23 神舟号飞船中分辨率成像光谱仪遥感图像（左：洞庭湖；右：鄱阳湖）

示在海湾内都存在一条西向东的白色线形物（图5－24）。白色线形物是桥梁、海底隧道还是其他的什么东西？后来经过核实，白色线形物是热力管道。有了答案之后，新的问题就更让人费解了：神舟号飞船的成像光谱仪是一台地面分辨率为500米的遥感器，它怎么能看到直径远小于500米的热力管道，是“热”在起作用吗？

还有一个让遥感科学家迷惑不解的例子。2002年6月7日，神舟号飞船飞经我国江苏省上空时，获取了十分清晰的连云港西坝、苏北淤泥海滩和河古三角洲的水下地形图。同美国地球观测卫星Terra装载的地面分辨率为30米的热量辐射和反照辐射计遥感图像相比，地面分辨率较低的神舟号飞船中分辨率成像光谱仪，获取的遥感图像显然放大显示了拦潮坝、海洋渔

图5-24 神舟号飞船中分辨率成像光谱仪图像上的美国西海岸奥克兰水下不明物体（左：2002年7月27日遥感图像；右：2002年7月24日遥感图像）

业养殖基地（图5－25），为什么会出现这种现象？

上面这些谜团，使我们又想到一个前面说到的颇具争议性的话题，那就是在太空中是否真能看到我国的长城？

2004年5月11日，为了证实“如果天气、光线合适，航天员从太空中可以用肉眼看见中国的长城”，欧空局在其网站上公布了距地面600千米的普罗巴卫星获取的一张图像，并声称发现了位于北京东北方向的一段长城。中国科学家对此表示质疑，并对那张图像进行了详细分析解译，发现欧空局把一条蜿蜒曲折、自东南流向西北的河流误判为“长城”了。但是就在那张遥感图像上，就在那条河流旁边，中国科学家又意外地发现有长城的形迹存在，而且还有几个依稀可辨的烽火台。这可能吗？科学家为了验证自己的解译，亲临现场进行实地考察，证明那段长城确实存在。

上面这些事例，至少提出了一个可能性的问题：有些线性地物目标，在一定条件下，能放大成像比例，使得低空间分辨率的遥感器能获得本来需要高空间分辨率遥感器才能获取的目标信息。至于能否将目标信息从那些复杂的背景信息中辨识出来，就要依靠科学家高超的解译、识别能力和丰富的相关专业技能了。

对于遥感应用科学家来说，遥感对地观测的应用潜力是巨大的，有些现象似是偶然，又是必然。随着载人航天技术、遥感技术的发展和科学认知的不断深化，今天那些困惑科学家们的不解之谜，也许就是未来遥感应用的巨大财富。

图5－25 连云港拦潮坝遥感图像（左：美国地球观测卫星Terra热量辐射和反照辐射计获取的遥感图像；右：神舟号飞船中分辨率成像光谱仪获取的遥感图像）

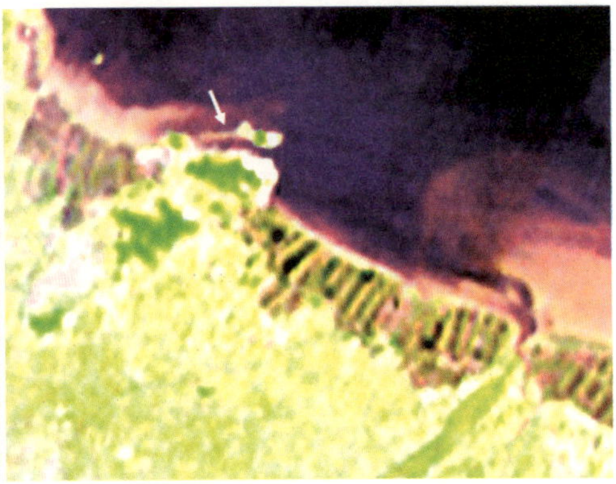

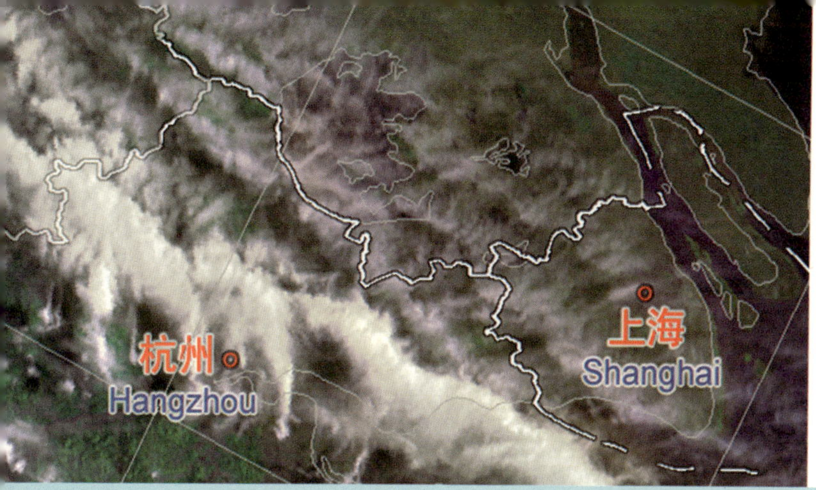

第六章

善辨风云雨雪
—— 大气遥感应用

冷、热、干、湿、风、云、雨、雪、霜、雾、雷电，是经常遇到的天气现象。利用航天遥感对地球大气层的风云变幻进行观测，准确地作出天气预报，是现代航天事业带来的最大效益之一。大气观测技术发展迅速，遥感科学和技术被广泛应用于气象卫星、载人飞船和空间实验室。今天，不少大气科学工作者很难想象，如果他们工作中没有卫星资料该怎么办？

1. 云的形成和表征

云是悬浮在大气中的大量微小水滴、冰晶或两者混合的聚合体，有时其中也包含一些较大的雨滴和冰雪粒子。云滴直径为1～100微米，下落速度很慢，能长期漂浮在空中。

江河湖海的水面以及土壤和动植物的水分，随时会蒸发到空气中，变成水汽。如果这些含有水汽的空气被抬升，温度会逐渐降低，到了一定高度，空气中的水汽就会达到饱和。如果那里的温度高于0℃，多余的水汽就会凝结成小水滴；如果温度低于0℃，多余的水汽就会凝结为小冰晶。小水滴和小冰晶逐渐增多并达到人眼能辨认的程度时，就形成了我们看到的云。

由于空气温度和上升运动的不同，云的组成和外形特征也多种多样。不同形态的云，预示着可能发生不同的天气现象。大范围空气上升形成大片层状云，通常会产生持续性降雨。局部地区低层暖湿空气强烈上升，形成对流云，常会伴随暴雨、雷雨、大风及冰雹天气。空气流动呈波状起伏，常形成波状云，并伴随多云天气。

云能反射太阳的辐射，并向太空发射自身的红外热辐射。航天遥感器居高临下，非常有利于对云的观测，提取云的信息。遥感云图展现出的云的结构、范围大小、边界形状、亮度、暗影、纹理等特征及其变化都非常清晰，气象学家根据这些云图，可以了

知识链接

云的分类

1929年，国际气象组织按云的形状、组成和形成原因，把云分为十大云属。按其云底高度，这十大云属可划入三个云族：高云族、中云族、低云族。

高云云底约在4.5千米以上，在这个高度温度较低，一般情况下水汽都会凝结成冰晶。高云一般呈纤维状，大多都是薄薄的并且透明。高云分三属，包括卷云、卷云层、卷积云。

中云云底高度为2.5～4.5千米，由冷的小水点组成，包括高层云、高积云。

低云在2.5千米以下的大气中形成，包括层云、层积云、雨层云、积云、积雨云。层云接地就被称为雾。积雨云有非常强的上升气流，带有大量降雨和雷暴。

对流单体群和高层卷云

细胞状云系（图中白色密实球状云区为闭口状，左侧中部马蹄状云区为开口状）

图6–1 神舟号飞船中分辨率成像光谱仪获取的遥感云图

解当前的大气状态，并准确预报未来的天气。

神舟号飞船遨游太空时，携带了观天测地的众多遥感器，采用了比我国现有气象卫星扫描辐射计更先进的技术手段，其获取的大量气象云图信息，开创了我国利用载人飞船进行大气气象研究的先河。图6－1是神舟号飞船获取的遥感云图。

2. 热带气旋及台风

台风是全球及我国的一种主要灾害性天气系统。有人估计，一个台风的平均能量，可与上万个甚至几万个原子弹相比。台风的监测和预报曾经非常困难，自从有了高时间和高空间分辨率的航天遥感器，台风的形成、发展、移动、强度等都一目了然，因此，航天遥感具有其他观测手段无法替代的作用。神舟号飞船获得的台风云图，展示出了非常清晰的云系(图6－2)，可以为台风预报和防灾发挥重要作用。

台风是一种大气涡旋运动现象。航天遥感云图上，涡旋云系一般表现为一条或几条螺旋状云带，按逆时针方向旋向一个共同中心，该

图6–2 神舟号飞船中分辨率成像光谱仪获取的强热带风暴云系遥感图像

图6-3 神舟号飞船中分辨率成像光谱仪获取的微型热带风暴云系遥感图像

中心称为涡旋中心。涡旋云系的水平尺度在300～1 500千米之间。

一种常见的漩涡云系是热带气旋，它是低气压天气系统，一般在热带地区平均3°～5°纬度外的海面上形成，如南北太平洋、北大西洋、印度洋。热带气旋的移动主要受到科氏力及其他大尺度天气系统的影响，最终在海上或登陆后消散。热带气旋的气流受科氏力的影响围绕着中心旋转，在北半球气旋沿逆时针方向旋转，在南半球则沿顺时针方向旋转。

台风云系是热带气旋发展的最强阶段。台风云系由少云或无云的台风眼、眼周围的白亮密实环状云区和外部逆时针旋入中心附近的螺旋云带三部分组成。图6-3所示为神舟号飞船获取的微型热带风暴云系遥感图像。

台风登陆造成的损失，与每年登陆热带气旋的多少和强度密切相关，年际相差很大。根据近50年的资料统计，西北太平洋（包括我国南海）上平均每年有27个热带气旋活动，其中有7个在我国登陆。在1999年～2002年的4年中，登陆我国的热带气旋造成的经济损失，年均达246亿元人民币，同时造成570人死亡。

台风虽然常会造成重大灾害，但它带来的丰沛降水，对避免夏季干旱有很大的帮助，对水库、河流蓄水也很重要，这一点在我国东南部地区和海南岛等地尤为明显。

知识链接

热带气旋和台风等级

根据地面中心附近最大风力，热带气旋强度分为四级，包括热带低气压（6～7级）、热带风暴（8～9级）、强热带风暴（10～11级）、台风（12级及以上）。

近年来，气象学上又将台风分为台风（12～13级）、强台风（14～15级）、超强台风（16级及以上）三级。

台风直径通常为500～1 000千米，大的可达1 500千米或以上，小的仅为200～300千米。

3．冷暖交汇的温带气旋

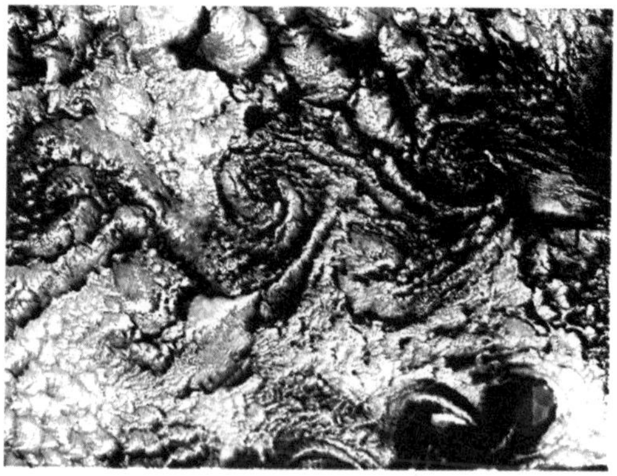

图6–4 神舟号飞船中分辨率成像光谱仪获取的微型温带气旋簇遥感图像

温带气旋云系一般在中高纬度地区形成和发展，是典型的涡旋云系，气旋头部水平尺度直径可达1 000～1 500千米。图6－4所示为神舟号飞船获取的微型温带气旋簇的遥感图像。温带气旋主要是由于极地冷气团与热带暖气团交汇带（称之为锋区）中的大气波动所致，因而也称之为锋面气旋。发展成熟的温带气旋云系包括低气压环流中心的涡旋云系、与中心相连的西部冷锋云系和东部暖锋云系三部分。冷锋是冷空气向暖空气移动的前边界（图6–5），暖锋则是暖空气向冷空气移动的前边界。当冷暖空气势力相当时，二者对峙，处于准静止状态，称之为静止锋。由于冷锋、暖锋、静止锋云系是由活跃的冷暖空气交汇形成的，所以云系一般都很强。有时候云图上有一片近乎圆形的密实云区，周围的螺旋云带并不明显，这也属于涡旋云系。这些涡旋云系展示出的气旋性涡旋，从地面向上厚度非常大，伴随的天气现象一般也非常剧烈。

温带气旋常伴有大范围降水、大风和降温，是全球和我国

图6–5 神舟号飞船中分辨率成像光谱仪获取的太平洋上空冷锋云系遥感图像

图6–6 神舟号飞船中分辨率成像光谱仪获取的冷性旋涡云系和积云线遥感图像

图6–7 神舟号飞船中分辨率成像光谱仪获取的微型逗点状云系遥感图像，图像中心附近密实白亮云区就是微型逗点状云系

主要的灾害性天气系统之一，冬春季节一般伴有狂风、暴雪、剧烈降温等寒潮天气，夏季常带来狂风暴雨和雷电、冰雹等灾害性天气，给国民经济和人民生命财产造成巨大损失。我国的温带气旋主要集中在北纬25°~35°和北纬35°~55°两个地带，按它们活动的地区来命名，主要有江淮气旋、东海气旋、台湾气旋，以及蒙古气旋、东北气旋、黄河气旋和黄海气旋等。

高空冷性涡旋云系水平尺度有500~1 000千米，只存在于3~6千米的高空。在冷中心区下沉运动形成的无云或少云区周围，有着曲率大小不等的多条短云带或云线，沿逆时针方向向中心附近旋入（图6–6）。高空冷性涡旋云系带来的天气多为短时雷雨大风，有时还伴有冰雹等强对流天气。

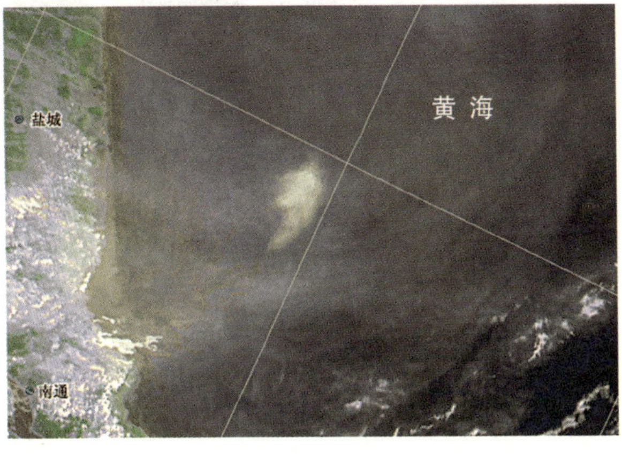

小逗点状云系的水平尺度一般直径只有300~500千米，图6–7是神舟号飞船获取的图像，使我们能欣赏到一个罕见又完美的微型逗点状云系。

4．云带、云线，天气多变

图6–8 神舟号飞船中分辨率成像光谱仪获取的长积云线和黄海气旋遥感图像

云带，顾名思义，就是云图上的一条条带状云系。当云的宽度超出一个纬距(约100千米)，且长与宽之比至少为4∶1者，称作云带；宽度小于一个纬距的云带，则称作云线(图6－8)。云带和云线，在云图上看起来都美不胜收。

云带可以是地面冷锋、高空急流、飑线和热带辐合带等天气系统的云系，螺旋云带则常常是涡旋云系中的一部分。夏季，我国江淮地区由于江淮冷锋云系(图6－9)的出现，从而形成了梅雨季节。

高空急流是指12千米高度附近的强风带，分为中高纬度地区的极锋急流和中低纬度地区的副热带急流两种。在云图上，前者的云带向南凸起，即具有逆时针方向的气旋式曲率；后者的云带则向北凸起，具有顺时针方向的反气旋式曲率。

飑线是一种范围小、时间较短的风向、风速和气压突变线，也是大气中的不稳定线。云图上，飑线由许多雷暴单体排列成带状，宽约20～50千米，长约几十到数百千米，一般持

图6–9 神舟号飞船中分辨率成像光谱仪获取的江淮冷锋云系遥感图像

续4～18小时不等。飑线过境时，会出现风向急变、风速剧增、气压陡升、气温骤降等天气现象，并常伴有雷暴、雷雨、大风、冰雹，甚至龙卷风。飑线多出现在春夏之交的冷锋前部、台风前进方向的前方等地方。

在热带地区，也常常有一条东西走向的云带，这种云带有多种称谓，如热带辐合带、赤道槽、赤道辐合带等，是热带地区重要的云系之一。在西北太平洋上，它是由西南季风与其北侧的偏东信风或两半球偏东信风汇合而成的。两股强劲的气流将暖湿空气汇合在一起，产生强烈的上升运动，在高空遇冷，从而形成白亮密实的强云系。这种东西走向的云带可长达千余千米，其内嵌有多个大小不等、发展旺盛的白亮强积雨云团。有时候这种云带还断裂成一个个云团，有的直径可达500～1 000千米，其中有些还呈现出涡旋状，进一步发展常常会形成台风。

5. 花团锦簇的云团

云团是一种白亮而又密实的团状云区，其形态万千，花团锦簇，在云图上看起来非常美丽。图6－10是神舟号飞船获取到一个非常漂亮的菊花状对流云团图像，这种云团是怎样形成的呢？首先是低层暖湿空气汇合，形成强上升运动，上升中遇冷，形成许多对流云柱体；每个对流云柱体顶部因上升空气堆积而向四周流出，就表现为丝缕状卷云向外辐散；许多对流云柱体顶部各自向外辐散出去的卷云相互叠置，连成一片，于是构成了一个较为完整的白亮云团。云团的水平范围相差很大，大的长轴可达400～1 000千米，小的则仅有10～40千米。云团出现时，常常产生强降水、冰雹、雷暴或大风等强对流天气。

图6－10 神舟号飞船中分辨率成像光谱仪获取的菊花状对流云团遥感图像

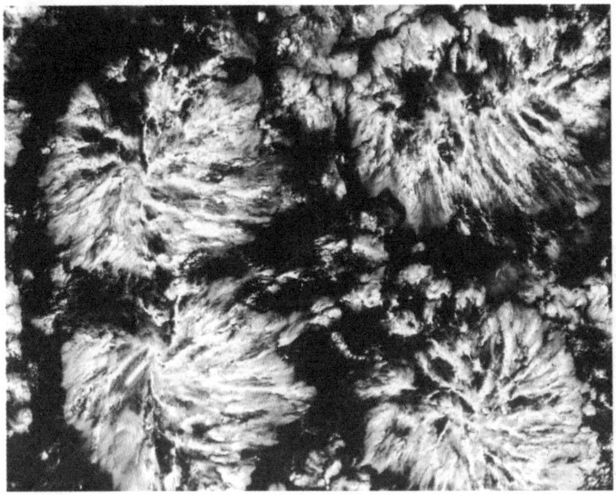

云团主要有两种，一种是暴雨

图6–11 神舟号飞船中分辨率成像光谱仪获取的强雷暴云团遥感图像

云团。暴雨云团四周均匀地分布着向外辐散的卷云，表明在垂直方向上，各层风向、风速差异很小，上升气流云柱体中低层暖湿空气被畅通无阻地输送到高层，水汽非常充分，常常造成暴雨。

另一种是雷暴云团（图6–11）。雷暴云团往往某一侧边界光滑，另一侧则为明显的卷云辐散区。这表明高层风强，且风向与中低层不同，从而将云团上部向外辐散的卷云吹向了另一侧。这种垂直方向上风的重大差异，使得低层暖湿空气不能顺畅地输送到高层，且中高层环境场中有冷空气侵入到上升气流云柱中，造成冷暖空气上下剧烈翻腾，因此容易出现雷雨大风和冰雹等强对流天气。

6. 天上钩钩云，地上雨淋淋

大家经常可以看到蓝天上漂浮着纤维状白云，仿佛少女身上披着的轻纱，这就是气象学上所谓的卷云（图6–12）。卷云是大气中最高的云，平均高度超过6 000米，经常覆盖地球20%左右的面积。卷云往往是天气系统的指示器，农谚中有“天上钩钩云，地上雨淋淋”之说。

卷云可以通过吸收红外辐射对地球大气产生加热效应，也可以通过反射太阳辐射，对地球大气产生冷却效应。至于到底是起到加热作用还是冷却作用，取决于卷云的厚薄。大气科学界普遍认为，卷云对全球辐射过程和地球热量平衡起着至关重

图6-12 卷云

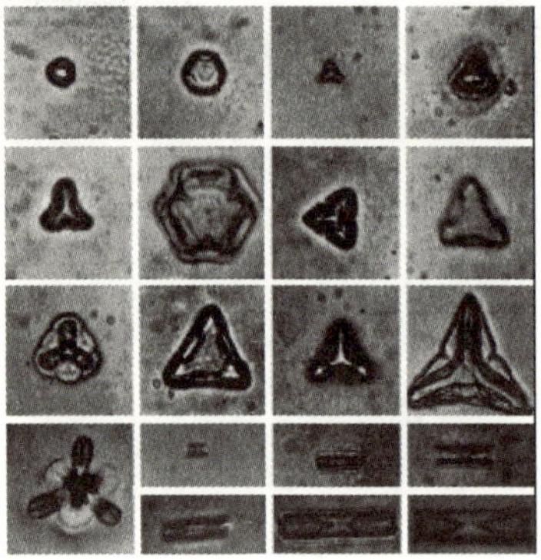

图6-13 卷云成分中的多种冰晶形态

要的作用，在建立全球气候变化模式的过程中，必须包括云相态的物理变化过程以及全球卷云冰水含量和冰晶粒子有效直径分布的准确探测数据。

令人遗憾的是，目前的全球卷云探测资料远远不能满足建立全球气候模式的要求，其主要原因是卷云经常薄如轻纱，产生的遥感信号很弱，往往被背景信号干扰。同时，卷云由各种形状不同的非球形冰晶粒子组成（图6-13），随着大气环境条件的变化，其组成成分的比例也很不相同，给遥感资料的定量处理造成了极大困难。另外，卷云的现场测量也比较困难，难于用现场测量资料验证各种航天遥感反演结果。由于以上原因，国际大气物理学界普遍认为卷云探测是个难题，但鉴于全球长期监测卷云有着重大的科学意义，因此卷云探测是一个非解决不可的难题。

为了提高卫星探测卷云的准确性，自1984年起，国际上实施了多次大型野外卷云综合探测计划，使用了卫星遥感、地基遥感、飞机现场探测和无线电探空等多种探测手段。我国科学家在深入探索卷云成因及其特性的基础上，研制了专门的卷云探测仪，利用可见光、近红外波段的反射信号探测高空卷云，并在神舟号飞船上开展了卷云空间遥感科学试验。2002年3月30日，神舟3号飞船第一次成功探测到了中国大陆和邻近海域的典型卷云云系数据。进一步试验表明，这台卷云探测仪不仅能够检测高空大范围卷云、薄卷云甚至零星卷云，还能够区分出冰云和水云，试验获得了圆满成功。

7. 阴霾朦朦的雾

雾是一种常见的天气现象，当空气中水汽增加或气温降低时，经常形成雾。雾和云没有本质上的区别，仅仅是雾接触地面，而云在地面之上。正是由于雾贴近地面，所以对地面上人类的社会活动产生直接的影响，可以说，几乎每个人都体验过茫茫

图 6-14 神舟号飞船获取的海雾遥感图像

大雾带来的不便。雾对交通运输的影响最明显，随着高速交通的发展，雾的影响越来越大。另外，大雾还会使日照减少，气温降低，对一些农作物的生长和病虫害防治也会带来不良影响。

采用航天遥感来监测雾，可以精确测量到雾区范围的大小和雾的浓度，为人们的出行和生产活动提供可靠的预报。图 6-14 是神舟号飞船获取的海雾遥感图像，其中可以清晰地看到雾区色调呈白灰色，纹理均匀，边界整齐光滑，常与地形等高线吻合，与中高云有明显区别。由于波长为 3.75 微米的红外

知识链接

雾和雾的种类

世界气象组织规定，使能见度降低到 1 千米以下的云称为雾，使能见度降低到 1～10 千米的云称为轻雾。雾滴直径多为 4～30 微米，雾滴数一般为 10～100 个／厘米^3。

雾的种类很多，常见的有以下几种。

(1)辐射雾。由辐射冷却形成，多出现在晴朗、微风、近地面水汽比较充沛且比较稳定，或有逆温存在的夜间和清晨。

(2)平流雾。暖而湿的空气作水平运动，经过寒冷的地面或水面，逐渐冷却而形成雾。

(3)蒸发雾。冷空气流经温暖水面，如果气温与水温相差很大，水面蒸发的大量水汽在水面附近与冷空气接触，使水汽凝结成雾。

(4)上坡雾。暖湿空气沿坡度较小的山坡上升时，因高程温度差，使空气中的水汽达到过饱和时，冷却凝聚产生雾。

(5)锋面雾。经常发生在冷暖空气交界锋面附近，锋前锋后均有，但以暖锋附近居多。

(6)烟雾。尘烟和雾同时构成的固液混合态，如硫酸烟雾、光化学烟雾等。

辐射受水滴影响大，而波长为11微米的红外辐射受水滴影响小，科学家利用这两者之间的明显差别，将这两个探测通道信息合成，就可以监测出雾区。

8. 大气温度监测

大气温度是人们最关心的气象要素之一，气温高低对人们的生活和生产影响都非常大。全球三维大气温度分布对天气预报、气候变化的研究，也是一个非常重要的因素。全世界的气象台站，每天都在地面并施放探空气球对大气温度进行观测，但是在海洋、荒漠、高山、高原地区，仍然缺乏大量资料，因此航天遥感成为获取全球三维大气温度的重要手段(图6-15)。

所谓三维大气温度，就是指大气层中不同地域、高度上的温度变化。在航天器上，对地观测只能对地表和大气系统的辐射进行测量，无法像温度计那样测得地球大气层内各个层面、各个区域的温度。那么科学家如何知道不同高度上的大气温度呢?

现代科学知识告诉我们，大气气体分子在不同的光波和微波波段都有吸收带，它吸收这些波段上射入的辐射，同时又根据自身的温度发出不同强度的辐射。对于含量在大气中稳定分布的气体，如氧气、二氧化碳等气体，其在某一波长上向外空的辐射，主要来自一定高度的气体，因此，测量这一波长上的辐射强度，就可以推算出该高度上的大气温度。航天遥感器测量不同波长上的辐射，就可以探测到不同高度上的大气温度。这样，就可以得到大气温度垂直分布的廓线。

图6-15 测量大气温度

从1978年开始，美国在诺阿极轨气象卫星上，用红外分光计和微波辐射计对全球三维大气温度进行了观测。从1998年发射的诺阿15号气象卫星开始，美国又改进了微波辐射计的性能，并计划在新一代极轨气象卫星NPOESS和静止气象卫星上，用高光谱分辨率的干涉式红外大气探测仪

(CrIS) 取代红外分光计。目前，美国对地观测卫星 EOS 上装载的光栅式遥感器（AIRS），欧空局极轨气象卫星 METOP 上装载的干涉式遥感器（IASI），已使用了高光谱分辨率的红外大气探测器。GPS 掩星探测技术通过接收穿过大气层的 GPS 信号，也可以推演出不同高度上的大气温度参数，其反演精度和高度分辨率都比较高，缺点是一个信号接收机能够得到的数据量有限。

我国在后续载人航天工程和第二代极轨气象卫星风云 3 号中，已经把全球三维大气温度探测列为重要任务之一。

9. 大气水汽测量

大气水汽一直是气象监测的重要项目，因为在时间和空间尺度上，极富变化的大气水汽，对天气预报和气候研究都具有重要意义。

航天遥感对整层大气水汽含量探测，可以使用扫描辐射计，用波长 10.3～11.3 微米和 11.5～12.5 微米的两个红外波段通道进行双窗区探测。1978 年开始，美国用诺阿卫星的红外分光计对水汽垂直分布进行观测，以后又采用微波湿度计进行观测，解决了云层内的水汽廓线探测问题，但探测精度都较低。为了得到较高精度和高垂直分辨率的大气水汽廓线，必须发展高光谱分辨率红外大气探测器。目前，美国对地观测卫星 EOS 上装载的光栅式遥感器，欧空局极轨气象卫星 METOP 上装载的干涉式遥感器，正在不断地获取实验结果。美国新一代极轨气象卫星 NPOESS，我国第二代极轨气象卫星风云 3 号和静止轨道气象卫星风云 4 号上，都将安装干涉式高光谱分辨率红外大气探测器。

GPS 掩星探测技术通过接收穿过大气层的 GPS 信号，也可以推演出大气湿度，其反演精度和高度分辨率都较高，但一个信号接收机能够得到的数据量有限，也难以探测到大气低层水汽。

虽然传统的气象卫星利用热红外和微波探测水汽已取得不错的结果，但在某些情况下，难以反映低层水汽的信息。由于大部分水汽集中在大气低层，对天气的影响也最重要，因此这就成为水汽探测的一大缺憾。20 世纪 90 年代以来，国内外一些专家都在研究波长 0.94 微米水汽弱吸收带，利用水汽对太阳光的吸收，探

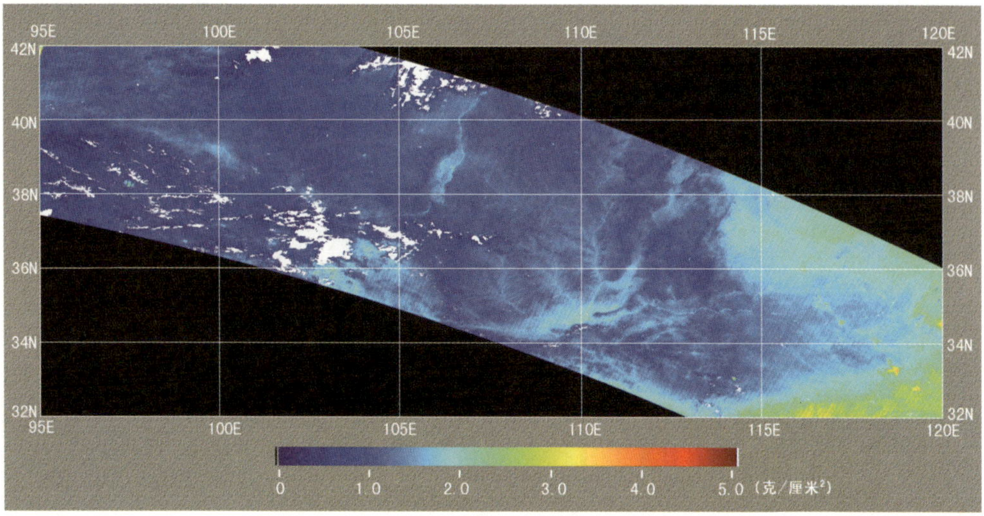

图6–16 根据2002年6月12日神舟号飞船中分辨率成像光谱仪获得的遥感资料反演的水汽图像。图中蓝色表示水汽少，黄、红色表示水汽多。由图可见沿长江及东海区域的水汽含量多于其他区域

测低层大气的水汽含量，使大气水汽的近红外探测逐步走向应用。

神舟号飞船采用中分辨率成像光谱仪，在0.94微米波段设置了5个水汽吸收通道，非常有利于探测大气层的低层水汽含量。通过获取的遥感数据，我国科学家第一次用0.94微米附近多通道资料，成功反演出大气柱水汽含量。图6–16示出了这一结果。

10. 影响天气系统的地球辐射收支

地球辐射收支是指地球吸收的太阳辐射、反射的太阳辐射和发射的地球辐射三种成分。

地球大气运动的所有能量，几乎都来自太阳。太阳表面温度约为5 800开，它向太空发射辐射，主要为0.2～4微米的紫外、可见光、近红外和短波红外辐射。地球接收到的太阳辐射，会有一部分反射回太空。地球自身也在向太空发出辐射，因其温度较低，主要为大于5微米的长波红外辐射。这三者保持动态平衡，从而维持了一个生机盎然的地球环境。

科学家们通过理论研究，早就认识到地球辐射收支对天气和气候系统的重要性。利用地球辐射收支数据，可以分析地表、云、气溶胶、温室气体的气候响应，评估人类活动对气候的影响，验证中长期天气预报及气候模式模拟的辐射过程。

空间观测地球辐射收支，早在20世纪60年代就开始了，以后曾在多个卫星上进行此类观测。地球辐射收支观测仪器一般由窄视场扫描辐射计和宽视场非扫描辐射计组成。云是地气系统辐射收支平衡的主要影响因子之一，1997年美日两国联合研制的用于监测全球降雨状况的热带降雨量测量卫星TRMM发射升空，开启了对云和地球辐射能量系统进行观测的时代。该卫星还与美国其后发射的对地观测卫星EOS一起，组成了新的全球观测系统。

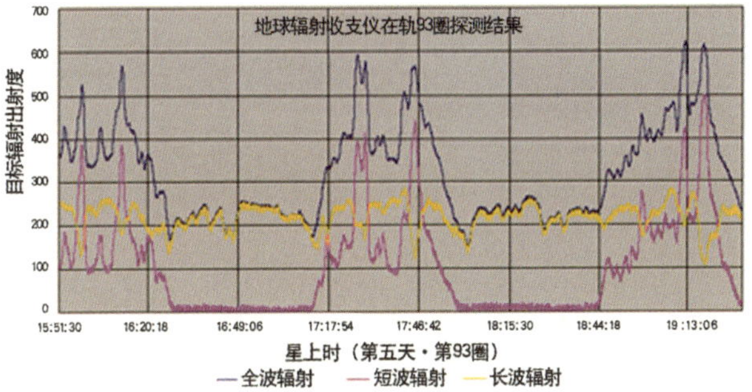

图6–17 神舟3号飞船地球辐射收支仪第93圈的测量结果

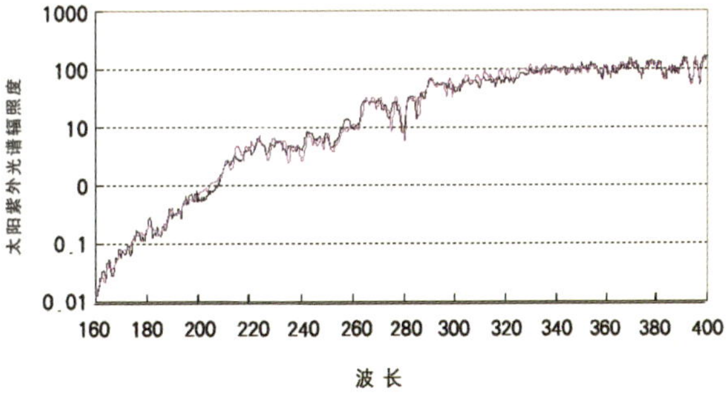

图6–18 神舟3号飞船紫外监视器测量结果（第80圈太阳紫外光谱辐照度）

神舟号飞船安装的太阳常数监视器、太阳紫外监视器和地球辐射收支仪，是我国第一次用于空间观测地球辐射收支状况的仪器。其中地球辐射收支仪可以定量监测地气系统向外层空间的长波热辐射能量和地气系统对太阳短波辐射的反射能量，其测量结果如图6–17所示；紫外监视器测量太阳/大气的紫外光谱，取得太阳紫外光谱辐照度和太阳后向散射紫外光谱辐射亮度变化，其测量结果如图6–18所示；太阳常数监视器测量太阳总的辐照度以及随时间的变化，观测结果经过世界辐射中心（WRC）世界辐射基准国际比对，测量结果的误差在0.08%以内，图6–19给出了

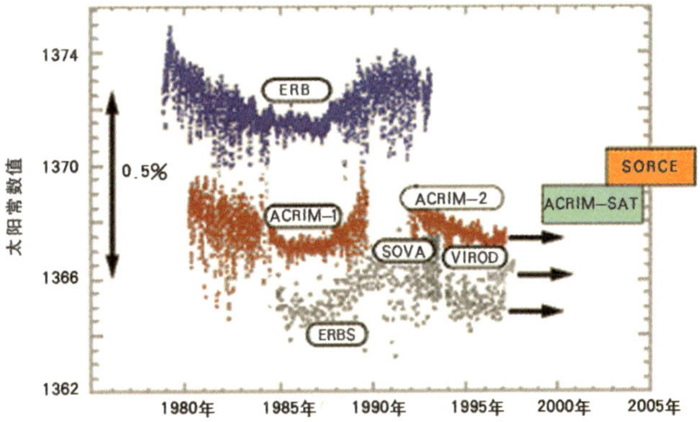

图6–19 各国卫星测量的太阳常数值对比

世界各国卫星测得的太阳常数值对比。目前我国研制的太阳常数监视器，已被世界辐射中心列为比对标准设备。

11. 影响空气质量的大气气溶胶

大气气溶胶是指悬浮在空气中的固体粒子，包括灰尘、烟粒、微生物、植物孢子和花粉、各种凝结核和带电粒子等，是影响大气环境的重要因素。

自20世纪90年代后期，大气气溶胶的气候和环境效应日显突出，一是它通过散射和吸收太阳辐射及发射热辐射，影响整个地气系统的辐射收支；二是它作为云的凝结核，影响云的形成及其微物理结构；第三，气溶胶还是大气污染的一个重要成分，能够导致呼吸道疾病，危害人体健康。

对气溶胶的航天遥感，当前技术发展十分迅速。气象、海洋、资源等各种对地遥感卫星，只要其可见光、近红外和短波红外多光谱遥感器的灵敏度和定标精度足够高，都可进行气溶胶光学厚度的探测。对于陆地上的气溶胶遥感，在密集植被覆盖区域，可见光通道结合2.1微米短波红外通道，可获取气溶胶的光学厚度。

在航天遥感中，遥感器接收到的信号是气溶胶后向散射信号，由于信号弱，除了在反射率较低的水面上可以得到较高的反演精度外，在陆地及混浊水体表面上，很难得到精度较高的反演结果。因此，提高遥感器的探测灵敏度和辐射定标精度，对实现海上和陆地气溶胶的反演非常重要。

要得到大气气溶胶的垂直分布及其物理特性，需要用激光雷达。1994年，美国在发现号航天飞机上携带了散射激光雷达，2006年又发射了探测云与气溶胶的激光雷达卫星，在全球对气溶胶的垂直结构进行观测。此外，欧空局和日本也提出了天基激光雷达探测计划。

神舟3号飞船中分辨率成像光谱仪的通道配置，为我们提供了丰富的气溶胶遥感信息。利用其观测数据，我国科学家成功地进行了海上和陆地气溶胶光学厚度反演试验。图6-20是2002年5月30日中分辨率成像光谱仪三个通道的合成彩色图像，从中

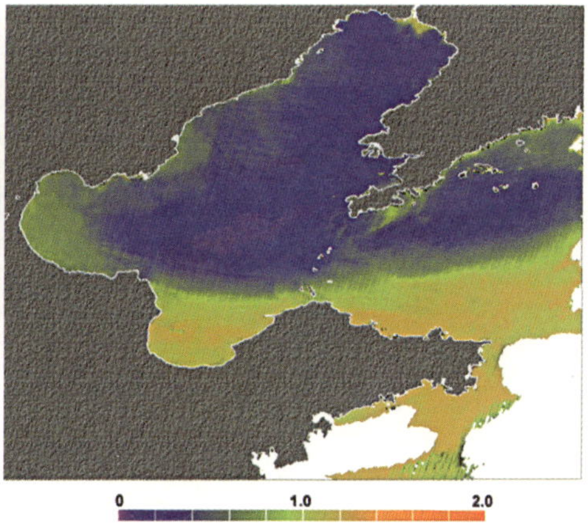

图6–20　神舟号飞船中分辨率成像光谱仪三通道合成彩色图像（左）

图6–21　利用神舟号飞船中分辨率成像光谱仪探测数据反演得到的气溶胶光学厚度图（右）

可以看出非常明显的灰霾区域，从山东半岛一直飘到渤海上空。图6–21是根据探测数据反演得到的气溶胶光学厚度图，图中显示出从山东半岛周边海域一直到韩国首尔一带，是气溶胶的大值区，辽东半岛北部海域是弱值区。这些气溶胶强弱区域的分布，与周边陆地的大气污染以及环流系统紧密相关。

我国在地面激光雷达探测气溶胶的工作中，已经取得了许多成果，载人航天后续任务也为实现天基气溶胶垂直结构探测安排了激光雷达遥感器研制项目。

12. 紫外线和大气臭氧

紫外线被人们称做蓝天下的“杀手”。太阳光中的紫外线有三种：紫外线C，波长为200～280纳米，对人类和生物的伤害性极大；紫外线B，波长为280～320纳米，伤害性较大；紫外线A，波长为320～400纳米，伤害性较小。

大气中浓度仅为百万分之几的大气臭氧（O_3），能够将绝大部分的紫外线C和紫外线B吸收掉，因此成为地球人类和生物的天然保护伞。大自然的这种巧妙安排值得我们庆幸，然而一个让人担忧的问题是，这个保护伞也有可能遭到破坏。

臭氧的生成和破坏主要由光化学过程造成。在低层大气中，太阳紫外线已经减弱，氧分子的分解速度减小。没有足够的氧原子，

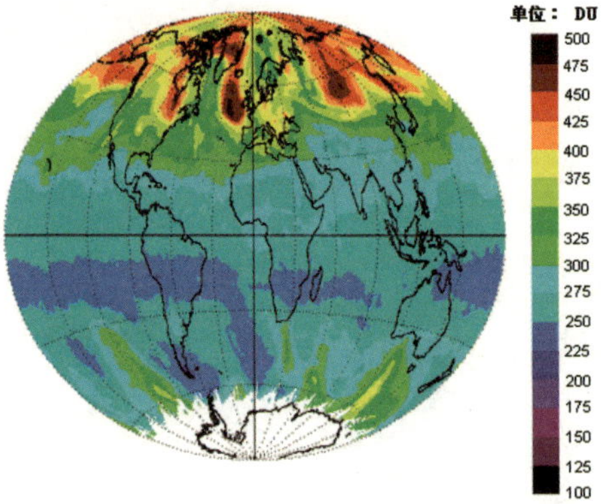

图6–22 全球臭氧分布图

不利于臭氧的形成。在高层大气中，太阳辐射很强，但那里空气稀薄，氧分子的浓度很小，也不利于臭氧的形成。因此，大气中90%的臭氧分布在距地面10～50千米高度，其最大浓度位于20～25千米处，这就是所谓的大气臭氧层。全球臭氧分布如图6–22所示，其含量具有高度的时空不均匀性，有季节变化、昼夜差别和地域差异，平均含量为300DU(臭氧单位)。

在地面上，测量臭氧的仪器有多布森臭氧分光光度计、布鲁尔分光光度计、滤光片型臭氧仪等。高空气球携带的臭氧探空仪，距地面高度最高可达45千米，可探测臭氧的垂直分布，激光雷达也可以探测臭氧。利用航天遥感器进行对地、临边或者掩星扫描，可对大气臭氧总量和垂直分布进行全面探测。

神舟3号飞船采用紫外监视器，能对大气后向散射的太阳紫外辐射进行测量，因此可对空间和地球的紫外辐射环境和大气臭氧垂直分布进行监测，其结果如图6–23所示。中国载人航天工程后续任务中，安排了紫外临边探测器等监测设备(图6–24)，以进一步探测、研究紫外辐射环境和大气臭氧垂直分布。

近二三十年的观测表明，从1980年之后，臭氧的全球分布正在受到明显破坏，尤其是地球两极和北半球中高纬度地区，如1984年冬末春初，科学家发现了南极上空存在的臭氧洞。1992年～1994年，青藏高原上空发现了臭氧低值中心。近年来，北半球中高纬度地区也发现臭氧有减少的趋势。

> 知识链接
>
> **臭氧洞**
>
> 根据世界气象组织(WMO)的定义，将臭氧总量下降至220DU以下的区域称之为臭氧洞。南极地区臭氧洞的臭氧损失一般高达40%以上，面积通常可达2 000万千米^{2}以上。

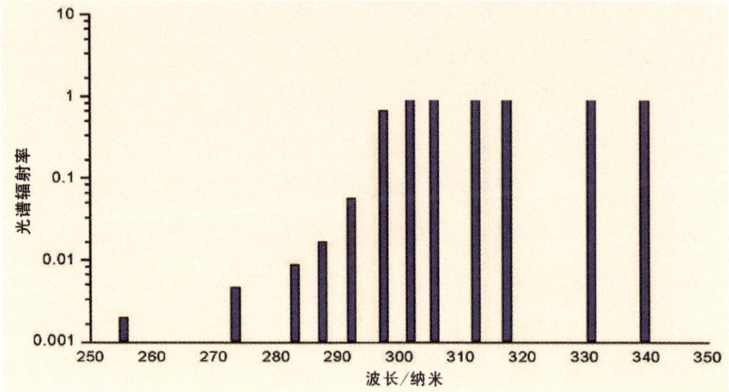

图6–23 神舟3号飞船紫外监视器第80圈探测结果

科学研究表明，人类活动排放的氯氟碳(CFCl)等化合物，是臭氧减少的直接原因。这些物质参与臭氧的损耗。氯氟碳等化合物主要来源于制冷剂、发泡剂、驱雾剂、清洗溶剂、高效灭火剂以及杀虫灭菌药。

图6–24 紫外临边前向探测器模装图

保护大气臭氧层，人人有责。为了减少臭氧损耗性物质的排放，1987年，联合国在加拿大蒙特利尔拟定了《关于臭氧层消耗的蒙特利尔议定书》，这是全人类第一次为全球环境不受破坏而共同采取的行动。我国于1991年加入了该议定书，并专门成立了保护臭氧层领导小组，以逐步实现全世界保护臭氧层的减排方案。

知识链接

臭氧单位DU

1DU=0.001厘米。在标准状况下(大气压为101.323千帕，温度为0℃)，将全球所有臭氧平均覆盖在地球表面，将形成一个0.3厘米的薄层，即300DU。

13. 引起全球关注的温室效应

地球大气中存在的二氧化碳、甲烷、氧化亚氮、氯氟碳化物以及水汽等，统称为温室气体。温室气体能透过太阳辐射，但吸收对流层大气和地表发射的红外辐射，因此会减少向太空逸出的红外辐射，从而使对流层低层和地表温度升高，造成温室效应。过量排放的温室气体，会破坏气候系统的自然平衡，增强温室效应。表6－1是各种温室气体产生的增温作用，从表中可以看出，二氧化碳气体对温室效应的影响最大。

温室气体的主要来源是以煤、石油、天然气等化石燃料为主要能源的工业废气排放，煤矿坑气、天然气泄漏等大量产生的二氧化碳、甲烷、氧化亚氮等气体。此外，农田和牛羊等反刍动物消化过程中会排放二氧化碳和甲烷；农田施肥、生物固氮等会排放氧化亚氮；电冰箱、空调、洗衣机等排放自然界本

表 6–1 温室气体及其增温作用

温室气体种类	增温所占的份额
二氧化碳（CO_2）	63%
甲烷（CH_4）	15%
氧化亚氮（N_2O）	4%
氯氟碳化物（CFCl）	
全氟化碳（PFCs）	11%
六氟化硫（SF_6）	7%

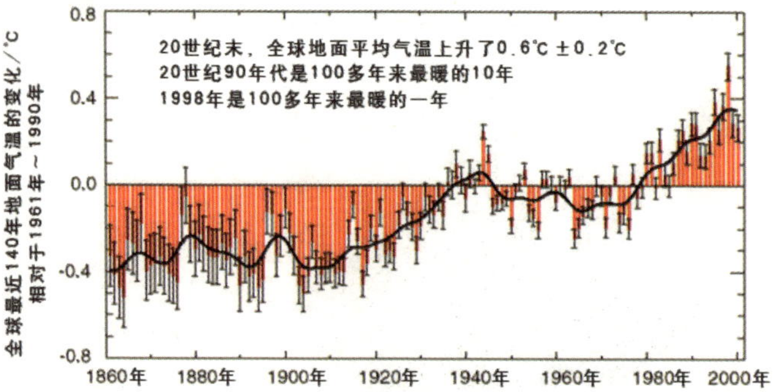

图6–25 全球地面气温100多年来的变化图

来不存在的氯氟碳化物。土地资源过度开发利用，还会减少生态环境系统对二氧化碳的吸收，这些都是打破自然平衡和温室气体增加的原因。

近100多年以来，全球气候逐渐变暖（图6－25）。20世纪末，全球地面平均气温上升了0.3～0.6℃。以此发展趋势，估计到2100年，全球温度会继续升高1.4～5.8℃，这将给人类和地球生物带来巨大的灾难。

那么，全球会继续变暖吗？虽然在学术界仍有不同的看法，但为了保持自然平衡，保护我们的地球，必须控制温室气体的排放，避免温室效应增强，造成全球气候变暖。1997年，联合国环境与发展大会通过《京都议定书》，对未来几十年工业化国家的温室气体减排进行了规定。此外，人类还必须扩大森林覆盖率，以增加植物对二氧化碳的吸收，寻求新的能源代替各类化石燃料，研究开发各种温室气体存储和移除的技术。

14. 保护地球大气环境

人体每天需要吸入10～12米^{3}的空气，洁净大气是人类赖于生存的必要条件。没有洁净的空气，就没有人类的健康。控制大气污染，保护地球环境，已成为当代人类面临的重大问题。

空气污染是如何产生的呢？它主要来自于近现代社会高度发展带来的工业废气、工业粉尘、汽车尾气、道路扬尘，以及自然环境破坏引发的沙尘暴等众多因素。

光化学烟雾是重要大气污染之一。由汽车、工厂等排入大气中的碳氢化合物和氮氧化物等一次污染物，在阳光作用下会发生化学反应，再生成臭氧、醛、酮、酸、过氧乙酰硝酸酯等二次污染物，混合形成烟雾污染。

城市大气严重污染，可形成多种环境公害。20 世纪50 年代冬季，伦敦光化学烟雾污染十分严重。1952 年12 月，一场浓雾笼罩了伦敦，市中心能见度降低到 5 米以下，汽车无法行驶，伦敦警察不得不举着火把执勤，这次事件造成4000 人死亡。

不少人听说过或见到过酸雨。雨为什么会变成酸性呢？这是因为雨水中含有过量的硫酸等酸性溶剂。雨水中的酸性溶剂，也是大气污染造成的。18 世纪，以英国为中心的烧碱工业，向外排放氯化氢气体，曾经造成了大面积的酸雨。后来燃煤工厂不断增加，雨水中的硫酸成分也逐渐增多。

酸雨有腐蚀作用，能使土壤酸化，危害植物根系和茎叶，使大片农作物和森林枯死，铁路、桥梁、各类建筑设施，乃至人们的衣物、生活用具，都会因为酸雨侵蚀缩短寿命，对人类的生存和地球环境构成重大危害。我国是全球三大酸雨区之一（图6－26），如何控制和降低工业废气排放，是我国国民经济发展中的一件大事。

图 6–26 航天遥感获得的酸雨分布图像

扬沙和沙尘暴也是一种严重的大气污染。2000 年 4 月 6 日，一次沙尘暴袭击北京（图 6－27），引起了国内外的高度关注。根据航天遥感探测，沙尘天气已影响到我国内蒙古、宁夏、北京、天津、辽宁、吉林、山东、河南、湖北、江苏、安徽等省市和自治区，总面积约200 万千米^2。

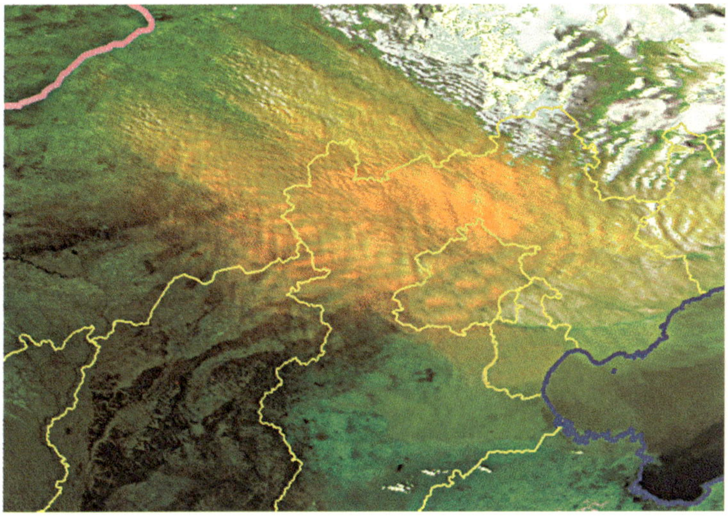

图 6–27 2000 年 4 月 6 日沙尘暴袭击北京地区时的航天遥感图像

当前，监测大气污染的主要手段是使用基于化学方法的气体分析仪，但航天遥感正在成为监测大气污染的有力手段。利用差分吸收光谱仪、傅立叶变换红外光谱仪等遥感设备，可测量多种微量大气污染种类，监测大范围的污染分布状况，跟踪大气污染物的移动和变化。利用航天遥感监测大气污染，也是各国发展的重点项目。

15. 微波遥感技术
——新的风暴追踪手段

得益于航天遥感技术的发展，人类的天气预报水平有了很大提高。在众多航天遥感器中，微波遥感技术成为气象科学探测的重要成员。换句话说，气象学是受益于微波遥感技术最多的科学领域之一。

微波与可见光和红外光相比，不但具有穿透云层的能力，而且具有穿透植被和土壤表面的能力。用它来识别海洋与陆地等地表特征，考察海洋、陆地资源，监测地球环境动态变化和水灾等自然灾害，不受天气、时间的制约，用它来观云测风，不受白天和黑夜的限制。随着遥感技术的进步，其应用领域迅速拓宽。神舟号飞船装载的多模态微波遥感器，就进行了海洋动力场、风场等探测试验，为海洋和气象学研究提供了丰富的资料。

通过微波遥感，可以得到大气温度、湿度垂直分布廓线；通过监测降水云对微波的反射、散射和热辐射，可以推断降水类型、降雨量、降雪量、冰雹大小、云的生成与消散、云和降水的动力学结构等。图6－28就是通过航天微波遥感器获取的台风“珍珠”的微波信息绘制出的热带气旋的微波分析立体动画图像。在这个图像中，结合高时间分辨率的静止卫星云图，

图6–28 台风“珍珠”的热力和云雨结构

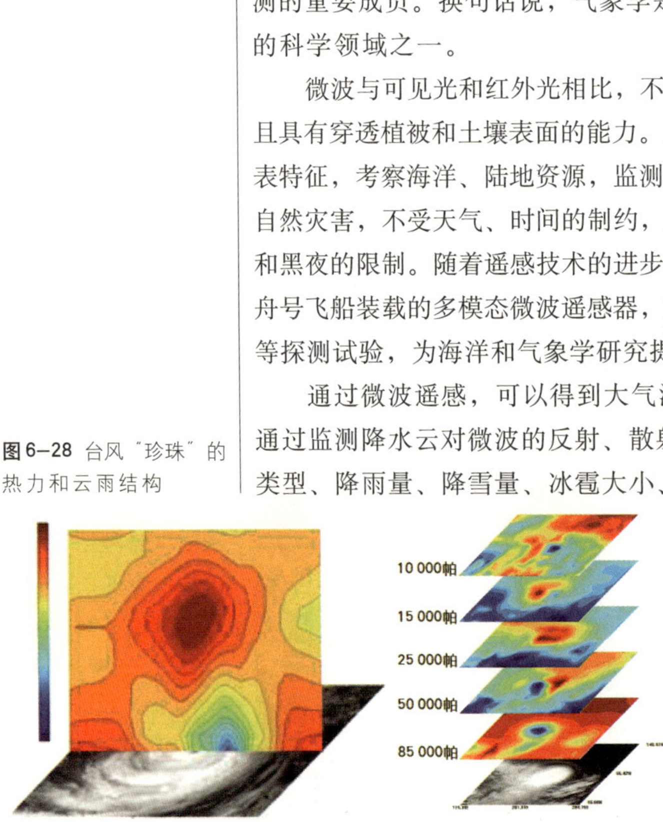

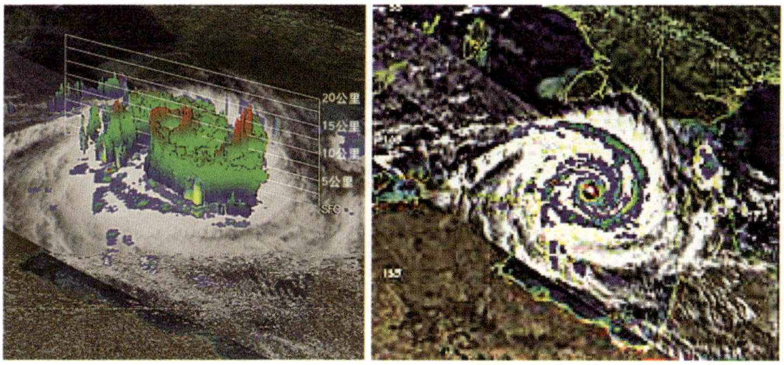

TRMM 监测到的台风“莫尼卡”遥感图像　多种遥感图像叠加起来的台风“莫尼卡”图像

图 6－29　热带降雨测量卫星 TRMM 观测到的“莫尼卡”台风

可对热带气旋中心位置、风速、移向、移速、强对流区和强降水分布等进行全程监测和分析，为台风路径、强度以及降水预报提供强有力的支持。

如果把可见光、红外和微波联合起来探测，就会获得更丰富的探测结果。例如，图 6－29 是美国和日本联合研制的热带降雨测量卫星 TRMM 监测到 2006 年 4 月 22 日发生的台风“莫尼卡”的遥感图像。把卫星同时观测到的微波辐射计、测雨雷达的数据和可见光、红外探测图像叠加起来，可以获得台风的整体结构图像，其中微波数据能明确显示出台风眼的位置及其周围降水的分布特征。红外图像可以反映大范围的云体分布，但云体内部的信息反映不出来，从测雨雷达观测的降水三维立体分布图，可以看到台风不同位置、不同高度的降水强度及分布特征。所以，主被动微波联合监测，能更直观、更真实地显示出降水云体中降水的分布特征，对于准确认识降水过程有很大的帮助。

我国载人航天技术的不断发展，将为发展业务型气象和环境卫星提供更先进的技术支持，大大提高我国大气科学的研究水平，从而体现载人航天工程带来的效益。

16. 新一代测风遥感技术
——激光雷达

风是人们最常见也是最关心的一种天气现象。人类早就利用风来做许多事情，诸葛亮借东风火烧赤壁的故事，是大家最

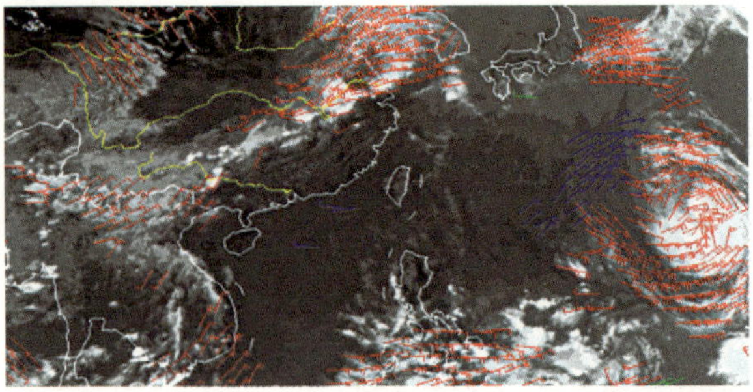

图6-30 我国风云2号气象卫星得到的云迹图

熟悉的将风应用于军事的范例。现在，风能发电又成为世界上热衷发展的可再生能源。但是风也会造成各种灾害。

风是由大气运动生成的，因此也最能反映大气的动力学过程，是天气预报中最重要的气象要素之一。人人都能感觉到风，但是要得到全球三维风场的观测数据却非常困难。在地面上，可以用测风仪器来测量风向和风速，对于地面以上的高空，通常只能依靠放气球，通过测量气球在不同高度的位置，推算不同高度的风向和风速，得到所谓的风廓线。以上测量方法，现在仍是获取风的观测数据的主要手段。但是这种观测手段，无论在地域上还是在时次上，都受到很大限制，特别是在高山、海洋和极区等广大地域，所能得到的资料很少。如果能获得高精度、多时次的全球三维风场观测数据，天气预报的准确性肯定会比现在高得多。

当前，世界上的科学家都将解决这一问题的希望寄予航天遥感。利用多时次的遥感云图，通过监测云的移动，可以得到云迹图。图6-30是我国风云2号气象卫星得到的云迹图。但是要得到全球三维风场的遥感数据，还需要使用激光雷达。目前，在地面上已经用激光雷达得到一定高度的风廓线，但是要将激光雷达搬到航天器上，从几百千米的高空向下探测来获取风廓线，技术上的难度非常大。美欧为研制测量全球三维风场的星载多普勒激光雷达，已进行了二三十年的工作，欧空局计划将阿拉丁（Aladin)多普勒激光雷达装载在大气动力学研究任务－风神（ADM-Aeolus)卫星上，这将是从太空直接测量全球三维风场的首次试验（图6-31）。

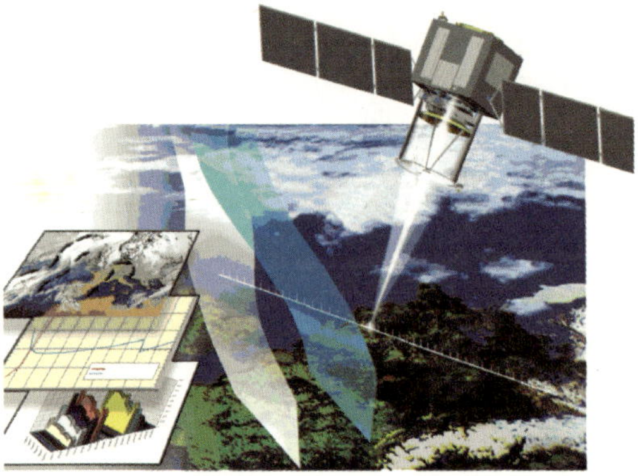

图6-31 欧空局研制的阿拉丁多普勒激光雷达运行示意图

我国在载人航天和气象卫星计划中，也将列入激光雷达测风项目。期望不久的将来，激光雷达测风能取得丰硕的成果。

第七章

探索海洋奥秘

——海洋遥感应用

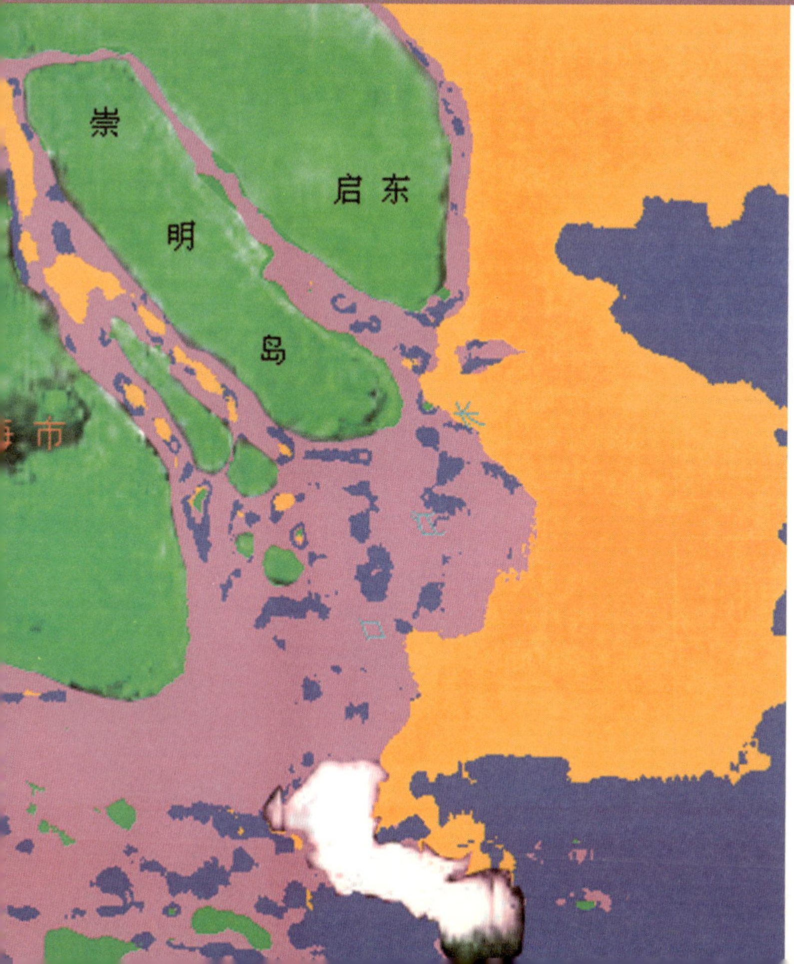

地球约71%的表面积被海洋覆盖。海洋蕴藏着丰富的资源，但是人类对海洋资源的利用，还不足1/10。了解海洋，利用海洋，开发海洋，保护海洋，是人类要共同面对的问题。随着航天遥感技术的快速发展，利用航天遥感进行海洋观测，已成为当今世界海洋科学发展的前沿领域之一。中国载人航天工程对地观测任务中，就把海洋观测列为重点应用对象，从而提升了我国海洋遥感应用领域的研究水平，为海洋资源开发与利用提供了科学依据。

1. 海水的潮涨潮落

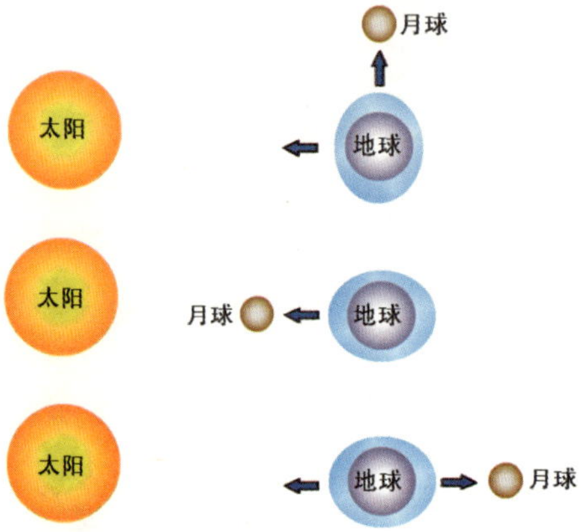

图 7－1　月引和日引是形成海洋潮汐的引潮力

谈到海洋，人们就会想到每天的潮涨潮落，科学上称之为潮汐现象。潮汐是海水在月球和太阳引潮力作用下产生的周期性运动（图 7－1）。习惯上把海面垂直方向上的涨落称为潮汐，在水平方向上的流动称为潮流。潮汐有准确的规律，在大洋上的变化幅度在 0 ～1 米之间。潮汐与人类的关系非常密切，海港工程，航运交通，军事活动，渔、盐、水产业，近海环境研究与污染治理，都与潮汐现象密切相关。尤其是这种永不休止的海面垂直方向的涨落运动，蕴藏着极为巨大的能量，潮汐能量的开发利用也是人类关注的重点之一。

传统的潮汐测量方法有水尺验潮、浮子式验潮仪、引压钟式验潮仪、声学式验潮仪、压力式验潮仪等。国内外目前正在开发 GPS 验潮、潮汐遥感测量等新技术。所有这些验潮技术，都有各自的特点。

图 7－2　利用雷达高度计获取的遥感信息提取的潮汐预报结果

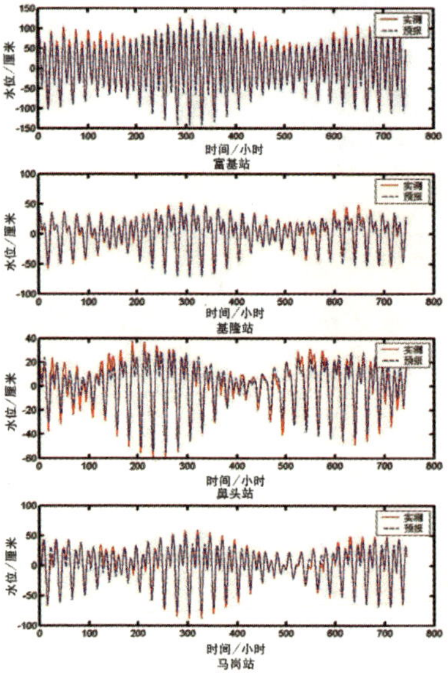

微波雷达高度计是一种测量海平面高度的遥感器，由于它测出的高度数据能用于潮汐修正，故能够给出全球大洋的潮高空间分布，使得进行大面积海域的潮汐观测成为可能。采用雷达高度计的精确测高法，在 ± 25 厘米和 ± 25° 相角范围内，测定全日和半日周期的潮高，有近一年的遥感资料，就可以完成全球潮汐观测。

神舟号飞船上的雷达高度计在轨运行半年，科学家利用它获得的遥感数据，进行了潮汐预报研究，给出了有益的监测结果，如图 7－2 所示。在后续的航天任务中，我国仍将继续开展雷达高度计的遥感试验应用研究，以拓宽其应用范围。

2. 各种色彩的海洋赤潮

图 7-3 发生在东海海域的赤潮

赤潮是海水中某些微小浮游生物如藻类、原生动物在一定的环境条件下，爆发性增殖或高度聚集，引发一段时间、一定范围的海水变色，因为一般情况下多变为红色，所以称做赤潮（图 7－3）。赤潮是一种灾害性海洋生态异常现象，它严重破坏了海洋渔业资源和渔业生产，恶化海洋环境，损害海滨旅游业，因此给海洋经济造成了巨大的损失。含有毒素的赤潮生物，还能通过食物链的转移和累积，使海洋动物和人类发生食物中毒，严重者还会导致死亡。

赤潮发生时，周围海水一定是红色吗？答案是否定的。因为引起海水变色的浮游生物或原生动物不同，呈现出的海水颜色也不相同。在全球海洋的 4 000 多种浮游藻类中，有 330 多种可以引发赤潮，其中有毒藻类近 80 种。我国赤潮生物 150 余种，其中近 50 种曾经在我国水域引发过赤潮。但是，无论是我国还是世界其他地区，发生赤潮的生物主要是以甲藻为主，其次为硅藻、褐胞藻、蓝藻、定鞭藻等。赤潮不仅有红色，还会有白、黄、褐、绿等颜色，例如，一些定鞭藻就可能让海水变为褐色（图 7－4）。

图 7-4 各种颜色的赤潮（左：发生在中国黄海海域的绿色赤潮；右：发生在墨西哥湾的褐色赤潮）

是什么原因引发的赤潮呢？引发赤潮的原因非常复杂，涉及到生物学、化学、气象学、环境科学等内容。海水的富营养化、温度、盐度、海表面的光照、海水稳定性以及海面风的强度等，都是引发赤潮的条件。近年来，由于我国经济快速发展，近岸水域的开发利用增加，生活污水、工业废水和养殖污水向海洋过量排放，致使海水越来越富营养化，为赤潮的发生提供了条件。海水的温度、盐度和海表面的光照程度，决定了赤潮生物的生长速率，气象和海洋因素则决定了赤潮生物对光和海水营养的利用程度。

为了对赤潮的发生、发展和消亡进行监测，通常在赤潮多发区建立监测站点，测量海水盐度、pH 值、溶解氧、无机氮、叶绿素 a 等有关参数，进行常规的定点观测。也可以利用飞机和船舶，对赤潮发生海域进行监控。

对于茫茫大海来说，以上方法只能对局部地区实施监测，航天遥感技术的发展，使人类对赤潮有了观测范围广和重复周期短的实时监测能力。赤潮藻类对蓝、绿光谱波段具有强烈吸收特性，在红色和近红外波段具有强烈散射特性，因此光谱仪成为赤潮遥感监测最好的工具之一。只要提取到海水叶绿素、色素浓度等遥感信息，就能准确地监测到发生在任何海域的赤潮现象，图 7－5 所示即为航天遥感器监测到的赤潮实例。

航天遥感对海洋可以进行大范围的观测，是监测海洋赤潮

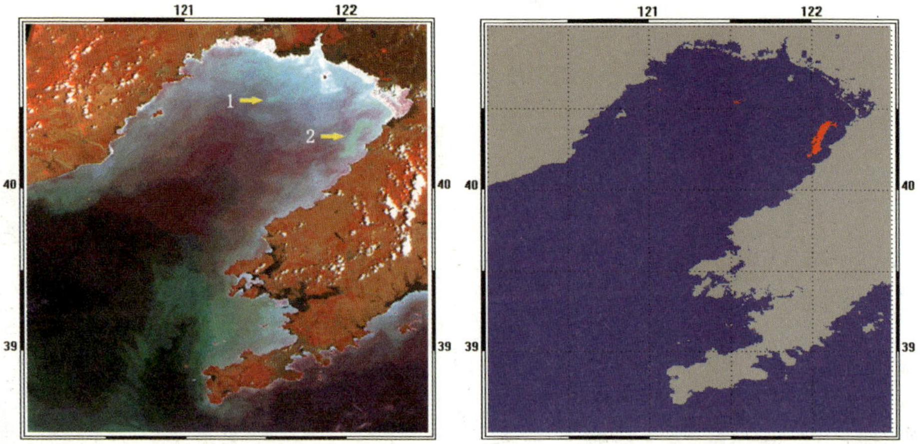

图 7–5 航天遥感器监测到的赤潮（左：海洋 1 号卫星遥感图像；右：提取的赤潮专题信息图）

发生的最好手段。神舟号飞船中分辨率成像光谱仪具有图谱合一、覆盖范围广、实时性强以及重复周期短等特点，是一种非常高效的监测突发性赤潮的技术手段。通过航天器获取的遥感图像，可以准确提取出赤潮发生的海域位置及其严重程度。

3. 气候变暖带来的海洋灾害

全球气候变暖，是目前全球环境研究的一个重要课题。利用航天遥感观测两极冰盖和海冰变化以及全球海面温度的长期变化，是研究全球气候变化的重要手段。

科学家发现全球平均温度已升高0.3～0.6℃，并认为大气温室效应增长可能是造成全球升温的主要原因。按照当前全球变暖的速率，到2100年，地球的温度将比现在高1.4～5.8℃。全球气候变暖使两极冰块大面积融化（图7－6），海平面上升，可能使世界许多港口城市被淹没，这将给人类的命运造成灾难性的后果。

海洋是大气－海洋系统的重要组成部分，图7－7为海洋大气系统相互关系示意图。大气中水汽和热量的重要来源是海洋。海洋是太阳辐射能量的一个巨大储存器，在同一纬度上，单位面积海面吸收的太阳辐射能，要比陆地多25%～50%。因此，全球大洋表层海水的年平均温度，要比全球陆地上的平均温度高约10℃。海面在吸收太阳辐射能的同时，还有蒸发过程，蒸发会消耗大量热量。大气中水汽受冷凝结时，又会释放出相同的热量。这种海洋－大气的相互作用，不仅可以在几个月、几年内对地球气候带来影响，而且可以在漫长的地质时期导致显著的气候变异。

图7－6 全球变暖导致极冰融化

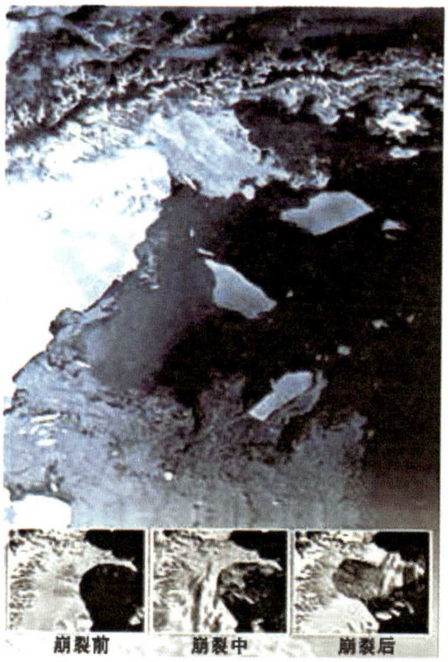

地球表面的水，约有2%被束缚在海冰中，这也就是今天的南极洲和格陵兰等冰川。由于全球气候变暖，加剧了南极洲和格陵兰等冰川的融化。巨大的冰川融化后，形成的水流将导致有些冰川突然移动，可能引发冰川地震。

台风是世界上最严重的自然灾害之一。当全

图 7–7 海洋－大气系统

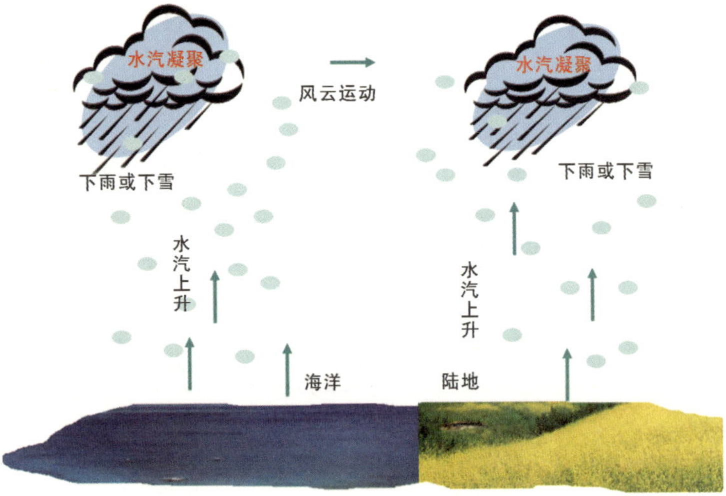

球变暖使海面温度升高时，就会使台风获得更多能量，从而加强台风的强度，台风造成的破坏力将更大。

风暴巨浪是破坏性巨大的海洋灾害。海面风速的变化，会引起各种尺度的海洋和大气效应，包括台风在内的各种海洋风暴。海浪是航海、海岸工程等各种海上活动必不可少的环境参数。极端风速和极端海况，都是破坏性很大的一类自然灾害。

航天遥感器能够全天候、全天时地对全球海洋进行观测，神舟号飞船中分辨率成像光谱仪成功地监测到了台风，用微波散射计和云图合成的图像（图 7－8），能够更清晰地反映台风

图 7－8 利用微波散射计和云图同时观测台风的复合结果

的运动情况，这为海洋灾害环境的观测和预报提供了有利条件，观测到的遥感信息为减灾、防灾、海上救援、海洋工程实施等提供了科学的决策依据。

目前用于海洋动力环境观测的航天遥感器主要是微波遥感器，因为它们具有全天候、全天时和连续观测等特点，是获取大空间范围、长时间尺度海面状况的一个最有效方法。

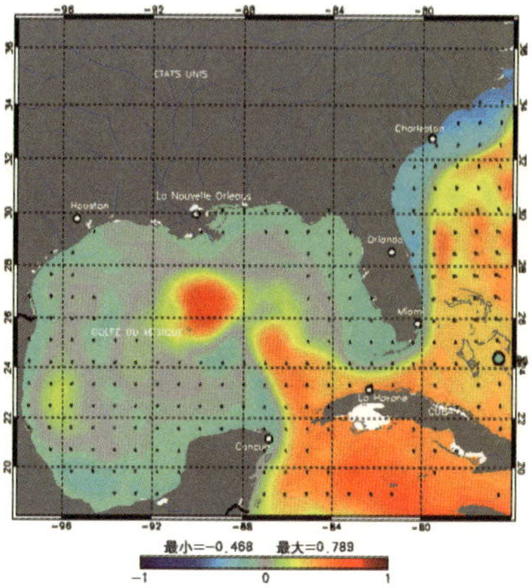

图 7–9 微波高度计监测到的海面高度变化

微波高度计的回波信号可以观测到有效波高的信息（图 7–9）；合成孔径雷达图像能显示波浪的传播，从中可以提取波浪的波长和波向；微波散射计能观测波浪的波向和波长，可以提供海面的风速和风向，是海面风场遥感观测的首选仪器。微波遥感资料对全球海洋波浪变化的认识，特别是对那些人类较少到达或难以到达的海域波浪变化的认识起了关键作用，是研究大面积风、浪空间结构和极端海况的有效方法。

4. 海洋碳循环

什么是碳循环？碳循环是整个地球环境系统中碳的输运与交换过程。图 7–10 是碳循环的示意图，其中，海洋起着重要作用。

人所共知的全球温室效应，成为今天人们关注的焦点。温室气体主要是二氧化碳。人类活动每年向大气中排放约 70 亿吨碳，而占地球表面积约 71 %的海洋，则吸收了近 1/3 的二氧化碳，从大气中吸收碳的总量约 20 亿吨。这说明，海洋对缓和全球温室效应起到了非常巨大的作用。但是，当海洋吸收二氧化碳过量，也

图 7–10 碳循环示意图

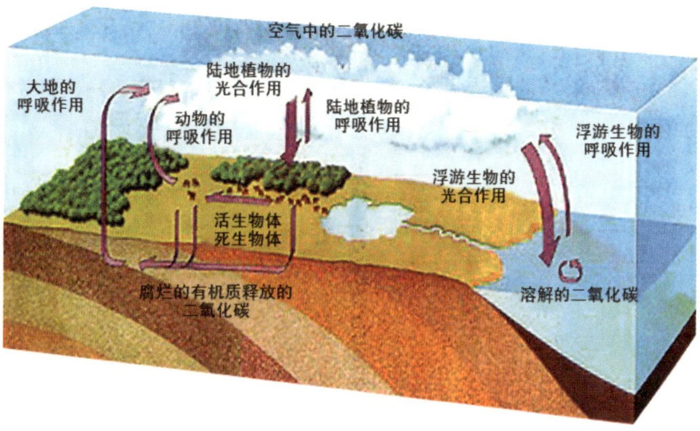

会导致海水酸化，从而影响海洋中含钙生物体及整个海洋生态系统。因此，监测海洋碳循环，对全球碳收支平衡状态和海洋生态变化等，都有很重要的应用意义。

海洋－大气之间的碳循环，受其界面上的二氧化碳分压差控制。当海水二氧化碳分压高于大气二氧化碳分压时，二氧化碳将从海洋进入大气；反之，二氧化碳从大气进入海洋。进入海洋的二氧化碳，有一部分碳以颗粒的形式沉入海底，在一定时间意义上脱离碳的循环过程，成为人类排放二氧化碳的最终储存库，这可以缓和大气中的温室效应。还有一部分以颗粒有机碳、溶解有机碳和溶解无机碳的形式存在于海水中，继续参与海洋－大气的碳循环过程。

海洋－大气界面二氧化碳分压差，取决于包括海面风速、水温、水体中浮游植物光合作用等多种因素。所以，测量出这些因素信息，就可以估算出海洋－大气之间二氧化碳的流通量和海水中的有机碳储量。传统的海洋碳循环监测方法，是利用调查船在海上进行现场观测，对于时空动态变化非常大的海洋来说，这种监测方法耗资巨大，难以频繁进行；获得的观测结果，也只能说明碳在海洋中的大致分布状况，无法很好地揭示季节、年际及年代际的海洋碳循环变化情况。航天遥感能够进行大范围、长期、连续的动态监测，具有其他观测手段无可比拟的优势，因此成为各大型海洋学研究计划，如全球海洋通量研究（JGOFS）、全球海洋观测计划（GOOS）、国际海洋碳协作计划（IOCCP）等必不可少的观测手段。神舟号飞船装载的成像光谱仪，也可以用于海洋－大气碳循环的监测。

5. 并不平坦的海面

人们习惯于以海平面为基准来测量陆地的高度，其实海平面并不平，作为测高基准的海平面的含义，也不是指实际的海面高度。

海平面不平，主要由两个因素引起，一是涨潮、落潮、风暴和气压高低等因素，使海面始终不能归于平静；二是海底地形不同，海底不仅分布有巍峨的海底山脉，平缓的海底平原，而且还有许多陡峭的海底深沟。由于受海底地形的影响，一个海区的海面会低于或高于另一个海区几米甚至十几米。一般来说，海底是一座山脉的地区，海面就比其他海域高一些；海底是一个盆地的地区，海面就比其他海域低一些。例如，同是大西洋海域，波多黎各海下是一片凹地，因而这一地区的海面就比周围海面明显低；而巴西东部由于海底下有一座3500米的海岭，那里的海面就比其他地区高。因此，即使在无风的情况下，海平面也不是平的。海平面的这种高低起伏，就如同大家常见的陆地地形，因此称海平面高度的空间分布为海面地形。图7－11所示就是海面地形图模型。海面地形的探测，在地球物理、海洋大中尺度动力过程等学科研究，以及海洋灾害预报和海底油气资源勘探、开发等方面的价值是显而易见的。

图7–11 海面地形图模型

测量海面地形的遥感器是雷达高度计，它的测量精度可以达到厘米级。最具代表性的雷达高度计是美国和法国联合研制的托佩克斯/海神系列卫星(Topex/Poseidon)携带的雷达高度计，其后继型是现在正在运行的海洋观测卫星杰森（Jason－1）携带的雷达高度计。中国神舟号飞船的多模态微波遥感器具有雷达测高功能，可以用来测量海面的高度，从而得到海面地形。在后续的载人航天任务中，将进一步安排成像雷达高度计，其主要用途之一是实现对海面地形的大范围精确观测。

6．海岸带的变化
——沧海桑田

海岸带是海洋与陆地的交会地带，包括海陆交界的水域和陆域。中国大陆海岸线北起鸭绿江口，南至北仑河口，海岸线总长达18000多千米。海岸带人口聚集，开发程度较高，既是陆域经济区的核心和外海通道，又是海洋经济区的核心和海洋活动基地，起到联络海陆经济发展的枢纽作用。

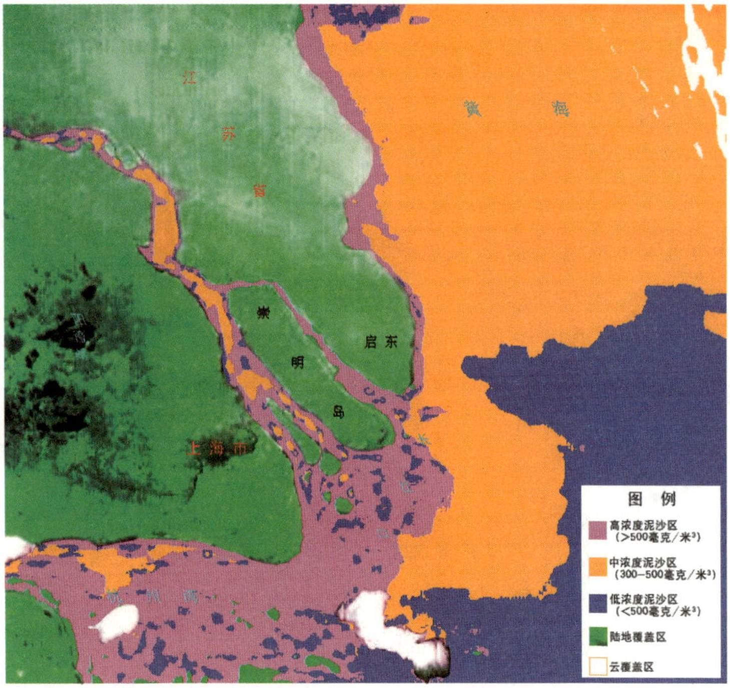

图7–12 根据神舟号飞船中分辨率成像光谱仪遥感信息制作的海岸带分类图

海岸带的潮间带蕴藏着丰富的资源，是陆海相互作用最强的地带，受人类活动的影响最大，其动力、沉积、地貌、生态环境变化最为频繁。随着沿海地区经济高速发展，工业化和城市化过程不仅改变了沿海土地利用的方式，而且使海岸带和近海资源环境状况发生了显著变化。特别是大面积的围海造田和海岸工程建设，致使大片红树林遭到破坏，海岸冲淤变化剧烈，从而造成海岸带生态环境持续恶化。因此，对海岸带资源环境进行动态监测和综合评价，对于有效实施海岸带综合管理，保护海洋环境，最终实现海岸带资源环境的可持续发展，具有重要的现实意义。

用传统的、常规的调查手段来监测海岸带的变化，已经难以适应现代社会高速发展的需求，航天遥感技术正在成为定期对海岸带资源环境变化进行快速、及时监测的有效手段。神舟号飞船中分辨率成像光谱仪的主要应用任务之一，就是对我国漫长的海岸带进行系统调查和环境监测，图 7–12 是根据神舟号飞船遥感信息制作的海岸带分类图。

运用高空间分辨率、高光谱分辨率和高时间分辨率及全天时、全天候和全频段的航天遥感技术，可以实现对河口、海岸变迁与冲淤变化，滩涂资源，海岸带生态环境变化，海岸带土地利用与土地覆盖的时空变化，以及海水悬浮泥沙浓度、叶绿素浓度、近岸海洋水质变化等监测与调查。

目前，海岸带遥感技术已经从定性遥感发展到定量遥感阶段。配合遥感数据的辐射定标与真实性检验等方法，可以较精确地给出海面温度、风、浪、海流、海潮等各种海洋物理参数。

7. 近海环流是如何形成的

海洋环流是海洋中最基本、最重要的运动形态，所有的海洋现象都与海水运动也就是环流有关。

近海环流的成因比较复杂，主要因素有两个：一是受海面风应力作用产生的海流，称作风生流；二是因海水温度和盐度变化，从而导致密度分布不均匀形成的热力学海流，称为热盐流。

中国近海海洋环流具有独特的地域特征。黄海、东海具有世界最宽的大陆架，南海是世界最大的半封闭深海盆海。三大海外侧有强洋流黑潮，与近海海水强相互作用，把大洋变化的信息带入中国近海。三大海内侧有黄河、长江、珠江的大量淡水流入海洋，由于淡水、盐水的重叠，造成巨大的浮力，使近海环流得到新的驱动力。中国近海处是世界上最重要的季风区，在季风驱动下的海洋环流，具有明显的季节和年际变异特征。

图 7-13 中国近海环流遥感应用图

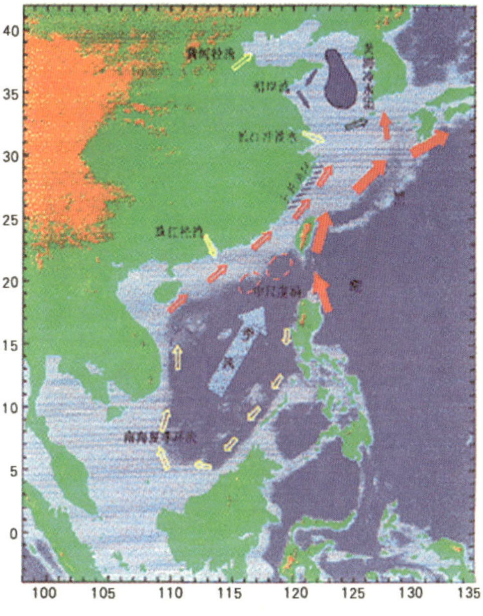

了解海洋环流现象和形成的过程，经典做法是靠调查船、浮标等进行观测，从长期观测中积累的近海环流资料去认识环流的结构。但是，由于观测方法和区域的局限，观测资料不能从整体上把握近海环流的形成和变异机理。

先进的航天遥感器有很高的空间分辨

率，能够在大范围内快速、同步进行动态观测和长期监测，可以观测到船舶、浮标不易抵达的海域。红外遥感器可以测量海表温度；微波散射计可以测量海面风场信息和海面风速；雷达高度计可以测量海面高度；微波辐射计能获得海面盐度和温度信息。将温度、盐度和风场等遥感资料与海洋环流数值模式结合，可以实现对近海环流的预测。风生流主要利用海面风速信息，热盐流主要利用温度和盐度信息。收集的丰富信息扩展了人类对海洋环流系统整体行为的认识。

神舟号飞船多模态微波遥感器在轨运行期间，成功获取了海面温度、海面风速等信息，科学家们据此处理出中国近海环流的应用资料。图 7－13 是中国近海环流遥感应用图。在后续载人航天任务中，将继续安排成像微波遥感器，可深入开展此项研究工作。

8．海洋重力场监测

确定海洋重力场是研究全球重力场非常重要的组成部分。重力场是一种比较稳定的地球物理场之一，它与观测点的位置和地球内部介质密度有关。重力场随着时间和空间的变化，可以反映地球内部物质的分布、运动和变化状态，了解地壳的变形、岩石密度的变化，揭示其运动和时变与地震、海啸等灾害

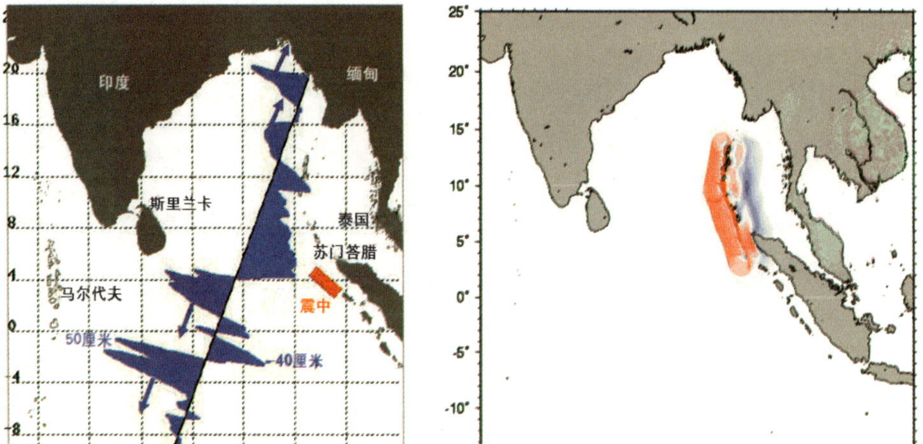

图 7－14 海洋观测卫星杰森携带的高度计监测到的海啸和波浪图像

事件之间的关系，从而有可能预测地震及海啸。

海底地震是海底地层发生断裂，部分地层出现猛然上升或下沉，由此造成从海底到海面的整个水层发生剧烈“抖动”。这种“抖动”与平常所见到的海浪完全不一样。海浪一般只在海面附近起伏，涉及的深度不大，波动的振幅随水深很快衰减。海底地震引起的海水“抖动”，则是从海底到海面整个水体的波动，所含的能量十分惊人。

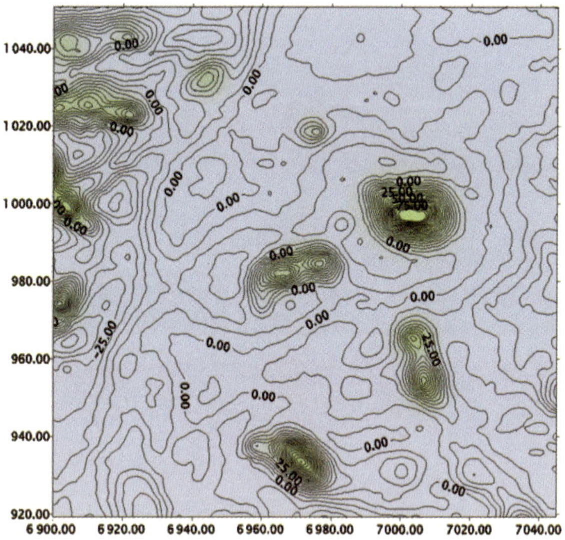

图7–15 雷达高度计反演的南海某处海洋重力场异常

海啸是一种具有强大破坏力的海浪。海啸发生的主要原因是海底地震。由地震引发的海啸一般波长很长，从几十千米到数百千米。海啸波传播速度比较快，在水深三四千米的大洋中发生地震，引起的海啸波速每小时达几十千米，有时上百千米。图 7–14 所示的是海洋观测卫星监测到的海啸和波浪图像。海啸在大洋中传播时，波高一般在 1～2 米左右，加上波长很长，所以在海上航行的人一般不易察觉到。但是，当波浪传至浅海地带或近岸时，有的波高可达二三十米，能造成非常大的破坏。实测得知，地震海啸对被冲击的海岸，每平方米的波压力可达 20 吨到 30 吨。美国比斯开湾发生的一次大海啸，拍岸海浪波压力竟达到了 90 吨／米^2。航天遥感器，如神舟号飞船多模态微波遥感器等，可以用于观测海洋重力环境异常。图 7–15 所示的是雷达高度计反演的南海某处海洋重力场异常。

9. 海洋内波
——潜艇的杀手

1963 年 4 月 10 日，美国长尾鲨号核潜艇（图 7–16）在大西洋距波士顿港口 350 千米处突然沉没，艇上 129 人无一生还。是

什么原因造成这一灾难的呢？事后对沉入海底的潜艇碎片的分析判断得出，潜艇沉没的原因是其在水中航行时，遇到了几天前由风暴潮引起的强烈内波，将其拖拽至海底，潜艇承受不了超极限的压力而破碎。那么，内波是什么？内波又是如何产生的呢？

图7-16 美国长尾鲨号核潜艇

顾名思义，内波就是发生在海洋内部的波动。海洋表面的波动出现在大气和海水分界面上。同样道理，在海洋内部，两层不同密度的流体分界面上，也会出现波动，这就是内波。

显然，内波产生的条件一是海水存在稳定的密度分层，二是存在对密度分层的扰动源。海水垂直温度与盐度的不同，造成了海水密度分布的不均匀，使得海洋存在密度分层现象。密度分层能有效阻止海水的上下对流。上层密度小、下层密度大的正密度分层，俗称“液体海底”，由上层往下层时海水浮力变大。上层密度大、下层密度小的负密度分层，俗称“海中断崖”，由上层往下层时海水浮力变小。当这两种密度分层受到一定的外力扰动后，就产生了内波。海洋内波是一种比较普遍的现象。

内波的波高，一般要比海面波高大得多，最高可达数百米。内波的波长一般有几百米，最大可达万米以上。

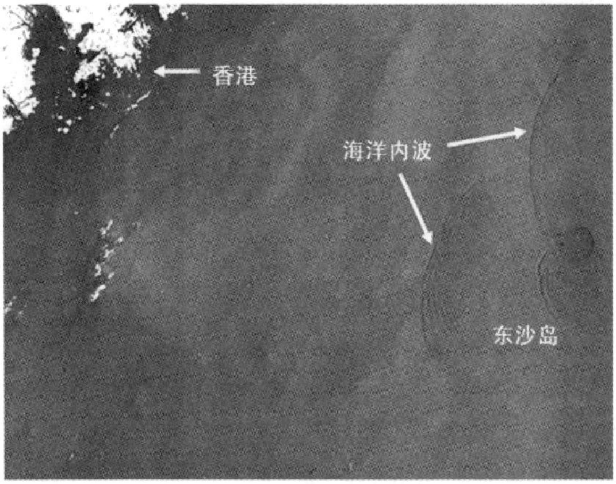

图7-17 利用航天器携带的合成孔径雷达监测到的海洋内波

海水密度分层对潜艇活动有重要的影响。当出现“液体海底”时，如果潜艇要从上层潜到下层去，会因所受的浮力增加而不能下潜，好像碰到海底一样，潜艇只能停留在“液体海底”中，军事上称为“潜坐液体海底”。由于进入液体海底内的声波会发生折射，所以在液体海底下隐藏的潜艇，能有效地躲避敌方水下声呐的搜索。与此相反，当潜艇遇到“海中断崖”

时，由于潜艇受到的浮力突然减小，此时如不及时采取措施，减轻潜艇重量，潜艇会突然急速下沉，甚至发生意外事故。

密度分层扰动产生的内波，在航天微波遥感器合成孔径雷达影像上清晰可见（图7－17）。因此，利用微波遥感手段，可以有效地监测内波的位置、波高和波长，实现对海洋分层现象的监测，进而指导潜艇对有害密度分层及内波等的躲避，避免发生意外事故。

10．江河泥沙淤积监测

江河是人类重要的交通动脉之一。日久天长，江河发生泥沙淤积是难以避免的。因此，监测河道泥沙淤积情况，及时疏通航道，是保障江河运输能力的大事。

距上海港约20千米外，是90千米宽的长江入海口，经过长期的历史演变，长江口形成了三级分汊、四口入海的地貌格局，地质和气象条件十分复杂，河底泥沙极不稳定，河床形态不断变化，“拦门沙”使得大船无法通过，锁住了长江通向大海的顺畅航道。如何拔掉长江口的“骨鲠”，是一个困扰科学界和工程界的难题。

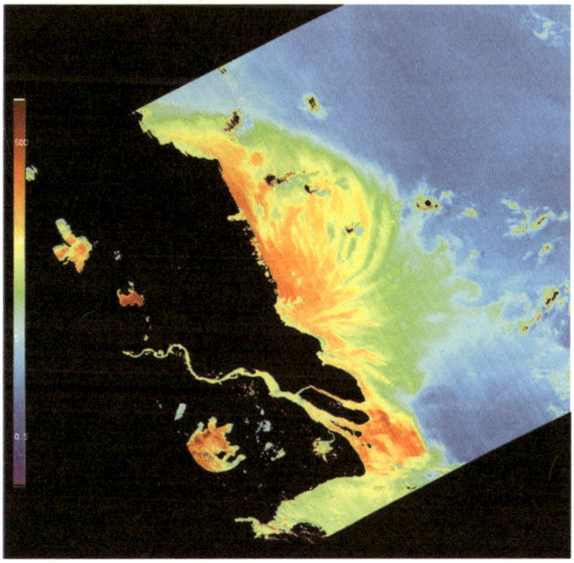

图7－18 神舟号飞船定量监测的长江口泥沙含量

20世纪90年代后期，为了使深水航道保持12.5米的目标水深，满足第三、第四代集装箱船全天候进出长江口，及第五、第六代集装箱船和10万吨级散货船及油轮可以乘潮进出长江口，开始实施一项规模浩大的长江口疏浚治理工程。2005年，长江口航道实现了10米水深全线贯通，10万吨海轮乘潮开进了上海港。

在长江口航道治理过程中，航天遥感发挥了重要作用，神舟号飞船中分辨率成像光谱仪曾经准确地获取到当年长江口的泥沙含量图像（图7－18）。在治理工程方案制定、施工建设过程中，为了了解和掌握长江口地形地貌、地质结构和泥沙淤积状态、泥沙输移路线和活动范围、悬浮泥沙浓度和泥沙锋的分布动态、气候变化、近海洋流运动规律、台风对航道内外泥沙交换及对航道淤积的影响、工程综合效益评价，以及分析和建立河口河槽演变基本模式，决策部门使用了遥感科学家提供的观测、研究成果，保证了工程的成功实施，为长江口航道整治提供了有力支撑。

11. 海冰
——泰坦尼克号悲剧的祸首

海冰包括咸水冰、河冰和冰山等。海冰可使沿海港口和航道封冻，给沿海经济及人民生命财产安全造成危害。大陆冰川或陆架洋冰滑入海中后断裂而成的巨大冰块，会漂浮在海面上，科学上把露出海面5米以上高度的巨大冰块称为冰山。冰山对海上交通造成威胁。著名电影《泰坦尼克号》讲述的是一个真实事件，

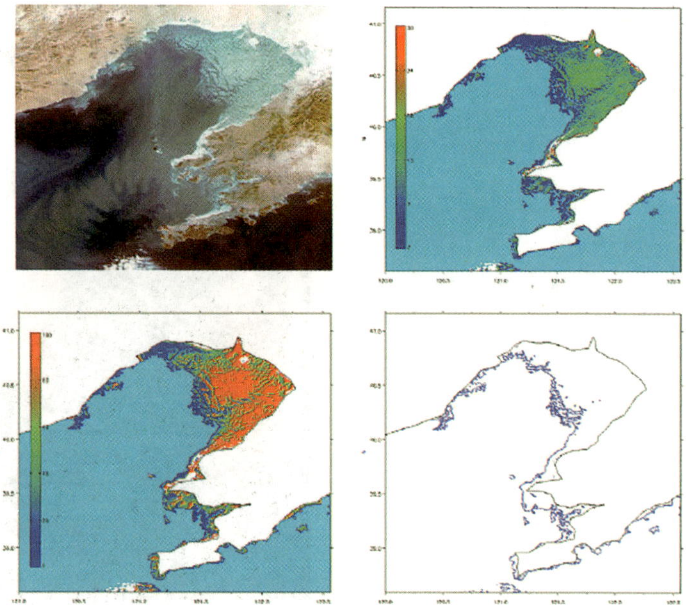

图7－19 利用空间遥感技术监测的定量化海冰图

那是1912年4月14日午夜，泰坦尼克号豪华邮轮因与冰山相撞在大西洋沉没，发生了1 500余名乘客遇难的空前悲剧。

每年冬季，我国渤海和黄海北部都有结冰现象。1969年，渤海出现了历史上罕见的“大冰害”，所有港口被冰封冻，海冰最厚处达1米多，数百艘中外船只被冰困住，寸步难行。海冰强大的冲击力曾经把我国渤海2号石油钻井平台拦腰撞断，天津港内几十艘轮船被海冰挤压损坏，许多海岸工程受到海冰破坏，经济遭受严重损失，海上贸易和石油开采受到严重威胁。上述这些例子说明，海冰也是一种巨大的自然灾害，海冰的监测与预报有着重要的应用需求。

目前，我国已形成了沿岸海洋站观测、岸基雷达观测、海上石油平台观测、海上破冰船调查、航空和航天遥感监测的点、线、面结合，立体交叉的海冰监测网络。

在众多的海冰监测手段中，航天遥感技术是最有效的，因为它能够实时提供大范围的海冰监测资料，以及海冰发生的前兆——海洋环境、气象信息，使科学家们能够开展海冰业务数值预报。2002年～2003年冬季，科学家们就成功地利用航天遥感海冰图像和反演的资料，进行了渤海海冰监测和预报。图7－19所示为利用空间遥感技术监测的定量化海冰图。

在后续载人航天任务中安排的光学、微波遥感器，都可为海冰监测和预报提供科学数据。随着航天遥感器观测能力和探测精度的进一步增强和提高，我国的海冰遥感监测和应用技术将会迈上一个新的台阶。

12．海洋初级生产力遥感监测

海洋里，大鱼吃小鱼，小鱼吃虾米，虾米吃微小的浮游生物。浮游生物又吃什么呢？浮游生物依靠自身所有的叶绿素，利用太阳光进行光合作用获得能量和生物有机物生存。

海洋初级生产力一般是指单位面积下真光层水柱中浮游生物光合作用的能力。海洋初级生产力的大小与海域的光照强度、温度、海流、水深、营养盐和溶解氧等许多因素有关，这些因

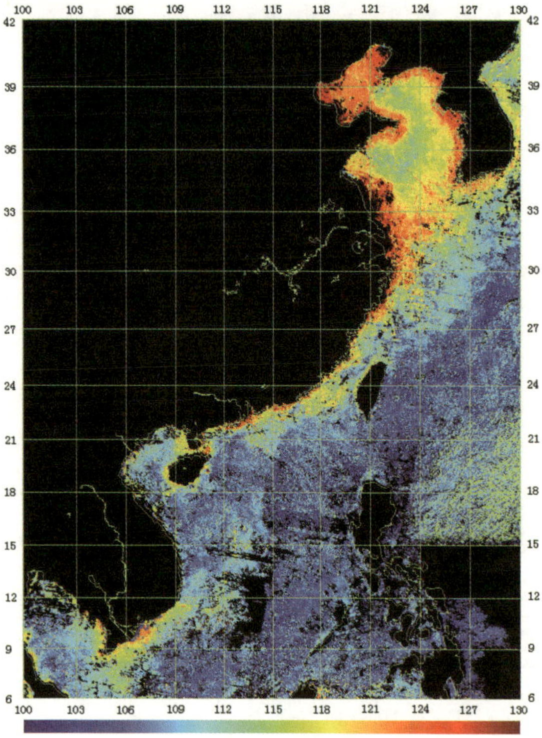

图7-20 利用遥感信息反演得到的海洋初级生产力图像

素在不同海域有很大的差别。

初级生产力既是海洋有机物的最初来源，也是海洋生态系统食物网结构与功能的基础环节，是供养和维持海洋生物资源的物质基础。海洋浮游生物的光合作用将海水中数量巨大的二氧化碳转化为颗粒有机碳（POC），驱使大气中二氧化碳向海洋转移，从而对全球气候变化起着重要的调节作用。因此，海洋初级生产力对理解海洋生态系统、海洋生物地球化学循环和全球气候变化，以及估算海洋生物资源的潜在产量等，都具有极其重要的意义。采用遥感技术进行海洋初级生产力监测，也就成了科学家们重要的研究课题。

遥感如何监测海洋初级生产力呢？海洋中浮游生物光合作用是依靠自身所含的叶绿素来进行的，测定海水中叶绿素的含量，就可以估计某海域的浮游生物量和初级生产力。海水中叶绿素的含量，可以根据海水的水色来确定。叶绿素含量增大时，水色一般由蓝色向绿色转变。

航天遥感器如神舟号飞船成像光谱仪、海洋1号卫星水色水温扫描仪等，都可以用来测量海水中的叶绿素含量。神舟号飞船成像光谱仪、微波遥感器等各类遥感器，还可以测量出其他影响海洋初级生产力的因素。通过各类遥感信息，科学家用计算机进行综合分析，就可以较为精确地获得海域的初级生产力。图7-20就是利用遥感信息反演得到的海洋初级生产力图像。

利用遥感技术测定海洋初级生产力，相比于传统的碳-14法，测定范围大，速度快，能够实现长期、连续的动态监测，因此是世界各先进航天遥感国家广泛使用的方法。

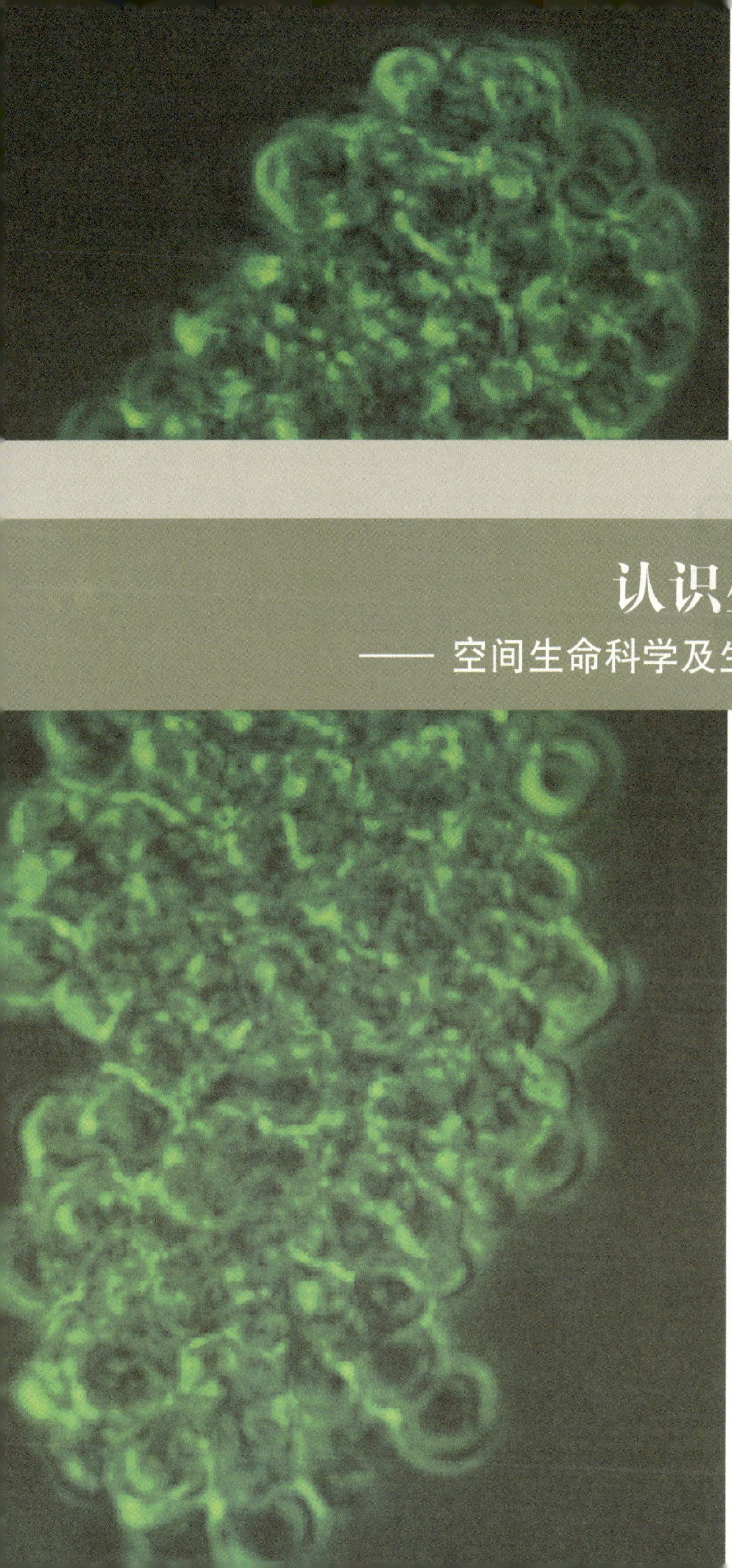

第八章

认识生命现象

—— 空间生命科学及生物技术研究

地球以外的空间，与人类生存的地球环境有很大的区别。载人航天最初面临的首要问题，就是要解决人在太空中的生存问题，因此产生了一门全新的学科——空间生命科学和生物技术。从20世纪中叶人类航天活动开始，空间生命科学和生物技术就成为空间科学研究的重大主题之一，时至今日，它仍然是科学家们锲而不舍的研究目标。

1. 迈向空间生命科学研究的第一步

在50多年的人类航天活动中，科学家们开展的空间生命科学及生物技术实验研究已经有近万次，并取得了许多重大突破。例如，航天员可以借助舱外航天服进行出舱活动，航天员可以连续数天、数月乃至更长时间在空间工作和生活，苏联航天员波利亚科夫在和平号空间站上创造了连续生活437天的纪录，美国航天员阿姆斯特朗和奥尔德林首先登上了月球。今天，中国航天员自信地迈出神舟号飞船舱门，走进太空，体现了中国航天员、科学家和工程师的杰出贡献。

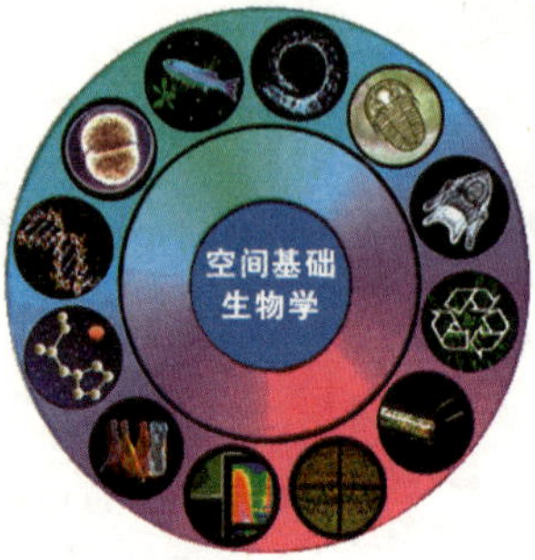

图8–1 空间基础生物学研究领域

当前，空间生命科学研究大致可分为三个方面：

第一，开展生命科学基础问题的研究，提高人类对生物世界本质、活动规律的认识，包括破解生命起源之谜（图8–1）。

第二，研究如何在严酷的太空环境中建造一个人类可以安全、自由生存和长期自给自足的空间。

第三，利用空间环境资源发展经济，特别是促进生物技术的发展。

早在20世纪60年代，我国的生物学家就认识到空间生物学实验研究的重要意义，几乎和世界科学发展同步。1960年，我国生物学家发表了题为“人造小世界”的文章。1964年7月到1966年7月两年时间内，我国发射了5枚生物探空火箭，进行了小狗、白鼠等动物和微生物空间生理、生化、细胞及亚细胞水平形态学等方面的研究，揭开了中国空间生物学实验研究的序幕（图8–2）。

从1987年开始，我国科学家利用返回式卫星搭载方式，开始进行空间生物学实验研究，先后在8颗卫星上进行了空间环境生物学效应和生物技术的探索性研究，采用了涵盖动物、植物、水生生物、微生物及细胞组织等200余种生物样品，目的在于建立空间微重力对生命现象和生物技术影响的基本认识，发展空间生物学实验技术。科学家利用最简单的种子搭载和地面培育等研究模式，研究了空间高能粒子和重粒子等强辐射条件对生物遗传基因的影响，实验材料涉及水稻、小麦、蔬菜、

图8–2 20世纪60年代，我国科学家利用生物火箭开展空间生物学实验研究（左：生物火箭发射；右：火箭返回后取出实验小鼠）

水果、花卉、药用植物、微生物菌类等数百个品种。

20世纪80年代到中国载人航天工程开始实施那段时间，我国空间生物学实验研究因为上天机会较少，科学家们只能是“就汤下面”。但是，这一阶段对于我国的空间生命科学和生物技术研究，起到了承前启后的作用，取得的研究成果为后来的神舟号飞船中的实验研究积累了物质基础和实践经验，培养了一支从事空间科学实验研究的人才队伍。

2. 神舟号飞船中的空间生命科学与生物技术研究

对于空间生命科学研究，航天器的微重力环境是最重要的条件，此外还要有控制、操作、观察、分析等技术支持，最好是让科学家们亲自到空间去直接研究。从无人参与的卫星实验，过渡到有人参与的载人飞船、空间实验室、空间站实验，是世界空间科学研究的发展规律。国际空间站也是在这种需求推动下专门建造起来的。

1992年中国载人航天工程正式立项，对于我国生命科学家来说，这是一个莫大的鼓舞，他们看到了我国也将拥有先进空间实验平台的曙光。本着提高人民生活与健康水平、促进载人航天可持续发展的目标，跟踪国际科学前沿，按照“有所为，有所不为”的原则，生命科学家们制定了我国第一个有计划的、系统的、成规模的空间生命科学与生物技术研究计划。这个研究计划覆盖了微重力生物学基础研究、空间环境生物学效应和空间生物技术三个方面30多个研究课题，采用的实验样品涵盖了动物、植物、微生物等，在生物个体、组织、细胞乃至生物大分子层面上开展广泛的研究。在载人航天工程第一步任务中，科学家们研发了一批先进的空间实验装置，为我国后续载人航天任务开展空间生命科学实验研究打下了坚实基础。

表8－1中列出了神舟号飞船上安排的空间生命科学与生物技术实验研究项目，这些项目的安排和国际上该领域的发展方向是一致的，都是围绕深化认识生命世界、了解各类生物在失重的空间环境中产生的效应，以及利用空间条件促进生物技术的发展而展开的。虽然我国载人航天工程开展的实验规模有限，但是通过这些实验，我国科学家有了自己的实践认识。

表8–1　神舟号飞船上安排的空间生命科学与生物技术实验研究项目

实验装置	研究内容
蛋白质生长实验装置	选择具有药用前景和典型结构研究意义的31种动物、植物蛋白质样品和多种结晶技术，进行微重力环境下的蛋白质晶体生长实验和晶体结构分析
空间通用生物培养箱	选择微生物、动物和植物个体以及细胞组织等27种样品，研究微重力环境对生物体在各层面上的生理效应
空间细胞反应器	针对当前严重威胁人类的疑难病症，选用4种动物细胞进行空间培养，研究微重力环境对细胞生长及其分泌物的影响
细胞电融合仪	利用生物界优势互补法则，使用细胞生物技术，分别进行动物和植物两项细胞融合实验，提高融合效率，培育新的动物和植物优良品种
连续自由流电泳仪	以生物大分子蛋白质为实验样品，进行微重力环境下分离纯化的生物技术研究，为未来的空间生物制药和相关应用探索新方法

3. 微重力环境对植物的影响

植物是地球生态系统中的重要成员，地面繁育生长的万千植物，在微重力环境下，还能像在地面上那样正常完成生命过程吗？从已经取得的实验结果中，可以探视到若干奇妙的现象。

（1）植物的重力方向感消失了

地球上所有的生物种类，都受到地球引力场的作用，因而有上下方向之分。植物直立于地上，总是茎向上、根向下生长。即使人为地将植物横放，茎仍会向上弯曲、根向下弯曲生长。植物的主根表现为顺着重力的方向生长，这称为正向重性生长；它们的地上部分逆着重力的方向生长，这称为负向重性生长（图8–3）。

图8–3 重力作用对植物生长的影响（左：正常的直立生长；右：植物放置条件无法改变其向重性）

植物在光的单侧照射下，也会表现出向光性生长。另外，植物还具有向水性、向化性等。向性运动是植物对于外界环境的适应，这种适应使植物的叶最有利于接受充足的阳光照射而进行光合作用。植物的根向土壤深处生长，既有利于植株的固定，又有利于从土壤中吸收水和养分。

植物有非常敏感的部位感受重力方向的变化，如离根尖约1.5～2.0毫米的根冠，离茎端约10毫米的一段幼嫩组织，以及其他尚未失去生长机能的节间、胚轴、花轴等。根中感受重力方向变化最敏感的部位是根冠，去除根冠，横放的根就会失去向重性弯曲生长反应。根冠的柱细胞中含有淀粉体，有人将此淀粉体称为“平衡石”，柱细胞则被称为平衡细胞。

飞船上，植物所处环境的重力场只有地面千分之一到十万分之一的水平。在这种微重力环境中，植物的生长就失去了重力方向的引导。如果没有其他因素如光照等单向外界因素的刺激，植物就会出现在随机方向上的生长。为了让植物有序生长，能够识别方向，科学家们研究设计了特殊的空间实验装置，将植物固定培养在基质中，让它能够按照合理的方式有序生长，以便完成它们的生命史（图8–4）。

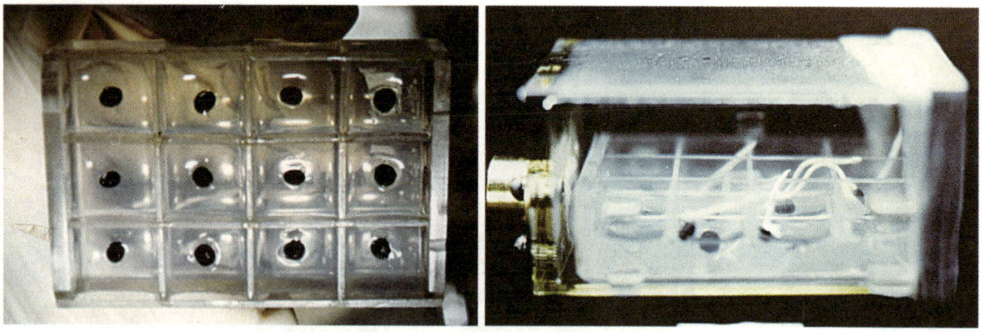

图 8-4 太空微重力条件下的种子生长实验（左：空间实验中用琼脂固定的种子；右：空间种子萌芽因没有重力引导失去方向）

（2）植物的世代交替变得困难了

地面植物完成世代交替，离不开重力场的影响。由于有地球重力，花粉很容易散落到雌蕊柱头上，完成授粉和受精过程，这是一个简单的正常繁衍过程。但是在失重或微重力环境中，问题就变得复杂了，花粉释放后，多数将悬浮在空中，难以自然落到柱头上。即使有少量落在柱头上，由于花粉萌发的集体效应，落在柱头上的花粉粒越少，花粉萌发率越低，花粉管生长也越慢。因此，植物传

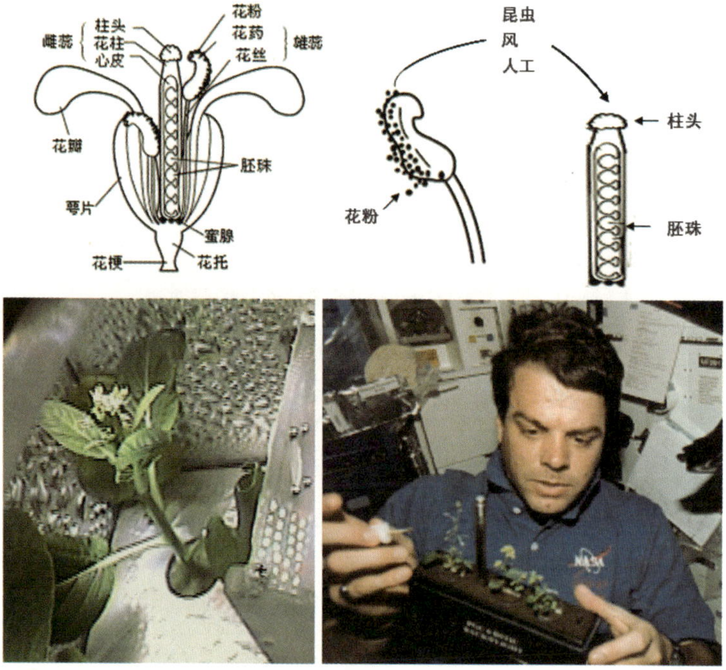

图8-5 植物世代交替空间实验

宗接代的过程就变得艰难了！

国外科学家在空间实验的植物培养箱中，增加了气流系统，观察到种子在其中能够正常发芽、生长，并能开花、结荚（图8-5）。随后，科学家用名为拟南芥的植物，在国际空间站上又进行了数次从种子到种子的生长繁育实验，进一步证明空间微重力条件下，只要栽培措施得当，植物能够结出种子，完成其发育的全过程（图8-6）。

图8-6 国际空间站上培育的植物

2006年，我国在实践8号卫星留轨舱中，对种植21天的青菜抽苔、开花和授粉情况进行了实时观察和图像记录。在我国载人航天后续任务中，科学家将继续进行这一研究。为航天员建设一个“太空农场”，实现食物的自给自足，是空间生命科学及生物技术研究的重大目标之一。可以相信，随着科学和技术的发展，经济植物在空间开花结籽的技术必将取得突破。

（3）植物的代谢产物发生变化

植物的代谢分为初生代谢和次生代谢两类，并各有其产物。初生代谢及其代谢产物包含光合作用、糖酵解和三羧酸循环及其所产生的多糖、蛋白质和核酸等。植物的次生代谢及其产物，是指随后经过的体内物质转化过程及其产生的众多产物。植物次生代谢物种类繁多，化学结构迥异。目前，超过10万种植物次生代谢产物得到了鉴定，但它们可能只占自然界中植物次生代谢产物总数的10%。次生代谢是植物重要的生命活动，与植物抗逆境、抗虫、抗病、异株相克、吸引昆虫授粉、与共生微生物相互作用等机制关系密切，对植物的生存起着重要的作用。许多植物次生代谢产物具有重要的经济价值，重要的药物和化工原料如人参皂甙、紫杉醇、长春花碱等可用于制药，花青素、紫草宁等可用于着色，香子兰醛、玫瑰油等可用于香料，除虫菊酯等可用于杀虫。

植物进入空间微重力环境后，随着整体生理和生物化学过程的变化，其次生代谢过程及产物都可能发生变化。如何对这些变化进

图8－7 空间特殊环境使植物的次生产物发生变化（左：空间环境使玫瑰花“精油”中出现了新的芳香化合物；右：人参的药用价值是它的次生产物人参皂甙）

行预防、纠正或利用，是一个重要的研究和应用领域。国外科学家发现，经过空间飞行，在玫瑰花“精油”中出现了新的有实用价值的芳香化合物，空间生长的番红花、人参，糖苷含量得到提高（图8－7）。这些成果展示了利用太空微重力资源来获取、提高、改善某些地面无法获得而人类又需要的新产品的前景。植物排出或释放的次生代谢物，还会对其他植物产生有利或不利的影响，科学上称为它感作用。这一现象对于未来构建受控生态生命支持系统(CELSS)非常重要，如果两种植物之间产生的它感作用相互抑制，就可能使生保系统平衡遭到破坏；如果它感作用促进二者互惠共生，那么就有利于生保系统的平衡调节。所以，选择适当的植物搭配，成为构建受控生态生命支持系统的基础理论问题和关键技术。

（4）生物钟周期与地面不同

“生物钟”对于现代人来说不是一个陌生的词汇，生物钟现象是由于地球自转产生昼夜变化形成的。人的生物钟现象，影响着人的情感和生理状态的周期变化（图8－8）。植物的生物钟调节着它的气孔开关、细胞分裂、光合作用、呼吸代谢、花的开闭和茎的生长等。生物钟在植物体内形成稳固的周期系统，并代代相传，如小球藻的细胞分裂在近黎明时出现高峰；菜豆的叶子白天展平有利于吸收光能，夜晚下垂有利于保温或减少蒸腾作用。生活在地球上的所有生物，其行为都因此表现出一定的节律。

当地球生物进入太空后，昼夜不再是24小时周期，神舟号飞船每90分钟就完成一次日落日出的昼夜交替。加上微重力条件，生活在飞船中的植物没有上下方向之分。那么，在空间环境中，植物还有生物钟吗？答案是：有！但与地面状态不完全相同。例如，空间向日葵的转头运动能够进行，但是转动的幅度和周期都比地面植物小很多。

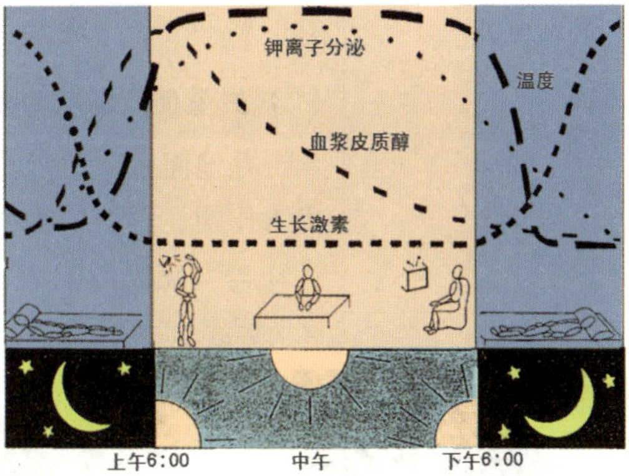

图8-8 生物钟的规律

科学家发现，其他生物也有生物节律变化的现象。例如，在空间实验中，链孢菌仍然保持有节奏地生长，但生长节律的周期变化幅度减小。观察小鼠及其在空间怀孕后返回地面出生的小鼠幼崽的生物钟变化，发现在空间环境中，小鼠的心率与体温周期性变化幅度变小；在空间孕育而返回地面出生21天后的小鼠幼崽，开始时体温与行为节律周期变化幅度较地面对照小鼠较小，体重也较轻，但随着小鼠幼崽年龄的增加，其生物钟可恢复到与地面对照小鼠相似的水平。

植物在微重力环境中的种种变化，使得未来在太空培育植物，给人类提供食物，以及建造类似于地球上的生存环境，成为一件非常困难的事。空间生命科学的许多基础理论问题还没有被人类完全认识，还需要进行大量的空间实验去探索。

其实，空间除了微重力因素外，还有其他若干影响植物生长、发育、繁衍的因素，其中空间强辐射可能带来的影响，将在后面作专题介绍。

4. 微重力环境对动物行为的影响

动物是自然生态链中不可缺少的成员，是人类的食物资源之一，也是人类的助手和伴侣，所以研究微重力环境对各类动物的影响，是空间生物学研究最多的内容之一。未来在太空构成一个和谐的、适宜人居的环境，动物是不可缺少的成员。已有的研究成果表明，微重力环境对动物的影响是多方面的。

（1）失重使运动行为发生变化

在地面上，动物的走、跑、跳、爬、滑、游、飞等，都要用力作功，作功主要是为了克服重力。进入宇宙空间后，动物运动需要克服的重力降到地面的千分之一甚至趋近于零。那么，动物如何运动呢？

图8–9 航天员在太空飞行中呈漂浮状态

在空间，一般来讲，动物的运动会变得迟缓，动作协调性差。由于动物体内主管本体感觉的内耳前庭系统缺乏重力的定向刺激，动物表现出部分与前庭系统失灵有关的运动病。如鱼类表现出转圈反应、螺旋运动、异常的向上或向下俯冲等；一些树栖的无尾类动物和壁虎表现出跳伞动作；四足非树栖动物表现出尾巴旋转和身体异常移动，试图抓住其他物体以固定自己的身体；有些蛇类会利用它们的尾巴和身体进行打结；鸽子和鹌鹑表现出异常的飞行滚动，但如果遮住它们的眼睛，则表现出有规律的转圈运动。人到了太空，则可以任意漂浮（图8－9）。

动物在失重时的运动异常表现，仍然还是肌肉支配的。肌肉有随意肌和不随意肌两种类型，随意肌指承担重力、控制姿态和位置的肌肉；不随意肌的运动是自动的反应，如泵动血液在全身循环的心肌，使眼虹膜运动和使食物在消化系统内通过的平滑肌。正是因为不随意肌的反应，在空间失重的情况下，眼球才能依旧运动，摄取进入体内的食物才能正常通过消化道。在太空中，肌肉不需要承担地球重力的负荷，肌肉就会萎缩或者减小，进而丧失其力量，由此产生的太空“肌肉萎缩症”，需要特殊的训练来弥补。人类及动物在航天飞行中产生的生理反应包括空间运动病、骨质丢失、骨骼肌萎缩、心血管功能降低和免疫功能下降等。

(2) 动物的生殖行为成为难事

人类和高等动物的生殖行为无可讳言地与“性行为”直接相关联。人在太空中进行性活动以及完成生殖过程，对于人类长期的宇宙飞行和太空移民是至关重要的，因为它是人类繁衍生息的关键环节。设想在地球轨道上建立一座“太空旅馆”，供人们休息甚至度蜜月，那可能吗？

从地面的概念理解，太空生殖行为的性活动是“艰难的”。首先是在微重力状态下，人或动物即使轻轻接触一下，也可能会被弹开。其次是温度障碍，在微重力条件下，身体更容易出汗，太空中又没有空气对流，在这种情况下，温度升高，潮热的气体将会紧贴身体表面，如同身上裹着一块难受的毯子。第三是太空运动病，在太空中活动经常会产生类似晕车的感觉，性行为显然会导致“晕车”症状。此外，微重力条件下通常会出现低血压，因而可能会改变生殖器官的状态。怎么解决这些问题呢？有科学家提出制造一个可以旋转产生人造重力的太空船或太空站，并且要使用太空性爱专用连体双套服装。连体双套服装这一概念是指可以连两套于一体的用于微重力下进行性行为的内衣（图8－10）。

一般认为，微重力对胎儿的早期孕育不会有什么问题。但怀孕26周后，重力将对生长于母腹中的胎儿发育产生至关重要的影响，这对于进行长期空间生活的怀孕妇女来说，就是一个麻烦的问题了。太空胚胎需要面对的另一麻烦是太空环境中的辐射。辐射和微重力会对胚胎产生叠加的负效应，因而在太空中怀孕是“非常危险的”。但是，从更长远的观点考虑，人们也许会认识到，无论人类还是高等动物，进入长期的宇宙空间生活后，其后代可能会产生“太空异形”，面貌发生不同于祖先的改变。

图8–10 太空性爱专用连体双套服装

5．微生物也会感受到空间特殊性

微生物形体微小，构造简单，肉眼看不见，而又无处不在（图8－11），它们在空间特殊环境中会有什么样的变化呢？已有的实验证明，在太空，小小的微生物也会感受到环境的特殊性，产生一系列生理、代谢和遗传上的变化。微生物种类繁多，不同种类的微生物，在空间条件下的命运也不尽相同。美国在阿波罗系列飞行中，发现飞船中嗜氧微生物的数量普遍增加，而厌氧微生物的数量和种类均减少。在阿波罗飞船和天空实验室中，都发现真菌的数量越来越少。我国科学家利用返回式卫星和神舟号飞船进行的多次实验研究也发现，一些细菌和放线菌在空间的生长速度加快；芽孢杆菌提前产生芽孢，伴胞晶体提前释放；微生物的突变频率增加等。

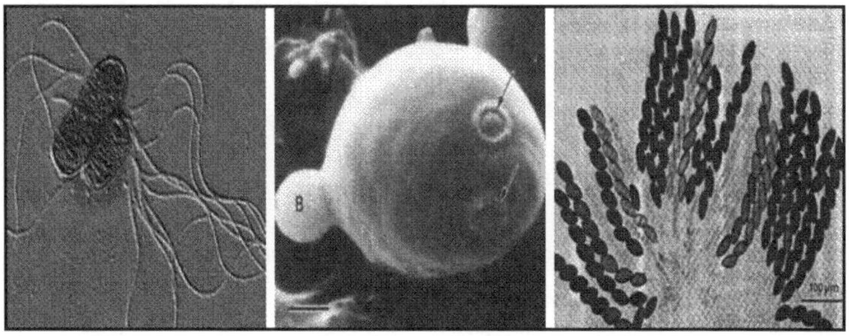

图 8–11 几种典型微生物的形态

微生物与人类健康息息相关。在空间，微生物的致病性和耐药性有何变化？航天员们会不会更容易受到感染？科学家多次考察得到的答案确实令人担忧。俄罗斯的研究表明，在密闭微重力环境中，一些微生物的致病性增强，由原来非致病菌变为条件致病菌。美国科学家发现，在模拟微重力环境下，著名的胃肠道致病菌——沙门氏菌的毒性增强；而一些病原菌，如脑膜炎奈瑟氏球菌，对抗生素的耐药性增加，感染后将更难以治愈。还有研究表明，在太空飞行中，噬菌体的活性增强，而噬菌体的活性与微生物的致病性是相关的。显然，通过更多的空间实验，全面地了解微生物在空间环境中的各种变化，以便制定策略，阻止或减缓微生物的有害变化，利用有益的变化，是人类安全、有效地进行长期空间飞行，探索和开发太空的重要保障。

6. 人如何在太空长期生存

在外层空间的严酷环境中，人还能长期生存吗？如何维持航天员最基本的生存需求？这是人类梦想飞出地球首先要解决的问题，必然涉及到环境控制与生命保障系统，简称环控生保系统。在半个世纪的航天实践中，科学家们研究了许多种环控生保方案。

如今的航天员，已经能够在空间滞留几天、几十天乃至半年、一年。他们所需的食物、饮水和随时都需要呼吸的氧气是如何解决的呢？如果空间飞行持续时间短，航天员人数较少，几个人所需要的一切生活必需物品，都可以在发射时一次性从地面上带去。因此，飞船要用较大的体积和质量来携带航天员的生活必需品，当前中国的神舟号飞船就是采用这种方式。和平号空间站、国际空间站长期留在空间，为了给航天员提供生活保障用品，一般采用定期发射货运飞船来补充必需品，这种方式的环控生保系统，称做补给式环控生保系统。显然，这种环控生保系统只需考虑建造一个环境温度、湿度、空气压力和成分受到精确控制的密闭生活空间，其他生活必需品由地面运来。但是仅依靠地面携带或补给生活必需品，是无法维持人的更长期空间生存的。于是，一种再生式环控生保系统方案被提了出来。

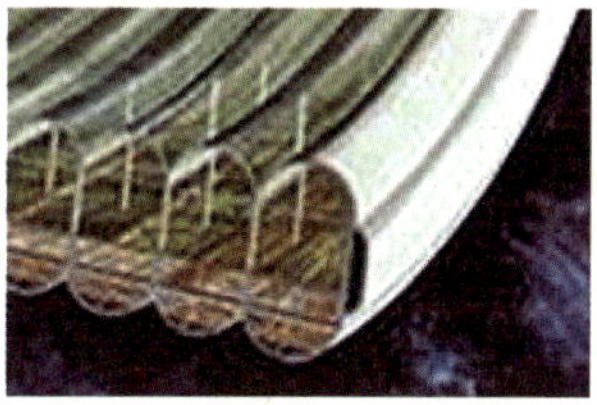

图 8–12 科学家设想的未来太空生命保障系统

利用化学或物理方法在空间进行氧气制备，解决呼吸需要的氧气问题；把废水、废液包括人体排泄的汗和小便，都重新收集起来，经过净化再生后再利用，甚至作为航天员的饮用水。这就是再生式环控生保系统，这种方案已经部分实现，有些技术已经相对成熟并逐渐得到应用。但是，它仍无法保障更长时间的太空飞行和地外永久居留的食物供应问题。

科学家们总有数不尽的奇思妙想，对未来的太空生命保障系统也提出了种种设想（图 8–12）。受到地球自然生物环境的启发，他们提出了一个理想的“受控生态生命保障系统”概念（图 8–13）。生物世界是一个奇妙的世界，地球上的生物链和谐地保持着一个合理的动态平衡。那么，人类为什么不可以在

图8-13 未来的空间受控生态生命保障系统

航天器上，在未来的月球站或火星站上，人工构建一个“小地球”呢！理想和现实有多远的距离？受控生态生命保障系统如何实现？这成为科学家探索的目标，也是人类航天应用技术中的前沿。科学家们正为实现这一目标而不懈地努力着。

那么，受控生态生命保障系统到底能不能实现呢？科学家们自信地说：“那是完全可能的！”理论上认为，在外太空，一个密闭的人、动物、植物和微生物的共居系统中，只要有光能的驱动，有可能做到氧气、水和食物等物质的平衡循环。绿色植物利用光能，吸收二氧化碳和水，生产出碳水化合物和其他一系列有机物，如最基本的糖、蛋白质和脂肪等，并释放出氧气，作为人和动物赖以生存的食物、氧气；动物则为人提供动物性食物，人和动物的代谢排泄物、呼出的二氧化碳供植物所需；微生物在这个系统中可以分解植物残留物、人和动物排泄物，净化水，达到物质的循环再利用。

但是，在空间，人、动物、植物和微生物会有什么响应？能否与在地球上一样做到生态平衡？在有限的空间中，选择什么样的动物、植物和微生物，才能做到有效的搭配和高效率的物质循环，并满足生活在其中的人的生存需要？这是科学家需要思考的问题。一个动态的复杂生态系统，需要人们对系统中的每一个成员、每一个环境因素的供、受关系有精确的认识和掌握。美国曾经在沙漠上建立过一个大型封闭系统“生物圈 2 号”（图 8–14），在里面种上精心挑选的 3 500 种植物，放养了猪、羊、鸡等 300 种动物，以及昆虫、微生物，然后把人这个重要成员也放进去，断绝外界的任何供给，看那个系统内的所有成员能否正常生存下来。遗憾的是，该实验以失败告终。这也说明，要将生命长期融入太空，绝非简单的事情。

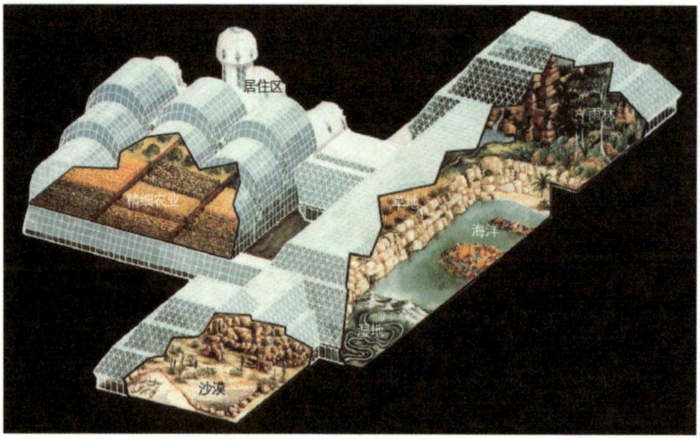

图8–14 美国建造的“生物圈 2 号”模型

7. 探索受控生态生命保障系统

在未来长期的星际旅行中，构建以生物为基础的受控生态生命保障系统是可能的，国际上多年的研究，已经在组成系统的单元部件级上，找到了一些可行的实现方法。例如，用藻类反应器进行封闭系统中气体的再生，这项技术已经在俄罗斯的BIOS-3实验中实现，同时藻类反应器还可以进行部分食物的生产和部分水的净化。再如，利用高等植物进行植物性食物的生产和部分气体的再生，美国、俄罗斯已经在系统中实现了60%的供给。还有，利用微生物特有的分解能力来完成循环过程中的废物处理，变废为宝，已经有比较成熟的技术。对于部分微生物不可降解的废物，还可以采用物理、化学方法来完成整个循环。

为了适应航天器内狭小空间的限制，科学家们还想到了矮化植株和提高产出效率的办法，我国科学家已经开发出了许多适宜的矮化品种。供人生存的食物选择，当然应保障营养和易于空间培殖。除了植物性食物以外，还需要动物性食物的补充，水生动物如鱼、螺等，由于适应性好，培养条件简单，正被科学家们进行重点研究。另外一些植食性的动物，如山羊、蚕等，也是可以考虑的成员，目前正在进行实验研究。为了节省能源，封闭系统中的光源可以采用效率较高的发光二极管（LED）。也许未来的航天器，还可以实现太阳光的自然利用。

我国科学家也非常重视受控生态生命保障系统的研究，在基本构建单元、生物种群和个体的空间生物学效应等基础研究方面，已经取得了若干有重要意义的结果；对各类生物群体在未来受控生态生命保障系统中的作用，也有了基础性的认识。

（1）植物的中心地位

在空间自循环生态系统中，植物将如同在地球上一样，处于物质循环和能量流的中心位置，发挥着举足轻重的作用。植物是太空中的生产者，又是太空中的环境净化者。植物保障了人在太空中对环境和食品的需求，与人、动物和微生物一起构成系统中碳、氧和水分的循环，是一个适用的受控生态生命保障系统不可缺少的组成部分（图8－15）。

在太空中培育出能够正常生长发育、繁衍后代的植物种群，满足人类在太空对食品和氧气的需求，就需要使植物具有和地面相同的甚至更高的生物量。研究表明，能够保障一个航天员生存所需的持续生产的植物种植面积，至少需要10米^2。如果光能不足的话，甚至需要50米^2。这对于空间有限的载人航天器来讲，无疑是一个非常苛刻且很难实现的条件。

空间微重力、辐射等环境以及物质能源供应的局限性，都可能对植物生物量的积累造成影响。为了研究植物在太空环境下物质和能量的转化进程，使植物在空间自循环生存环境中长期稳定地生长发育，科学家们研制了多种空间植物生长系统，在空间飞行中研究植物的生长发育过程。如现在应用于国际空间站的生物量制造系统，曾工作在和平号空间站上的太空温室等，都进行过空间植物光合作用和气体交换测定等多项研究。同时，科学家也在地面建立模拟密闭植物生长系统，研究光照、营养、气体供应等多种培养条件对植物生物量的影响，进行大量的植物筛选，以期在太空最小的空间和能耗下，实现最大的植物栽培，满足人对物质和能量的需求。我国科学家在返回式卫星和神舟号飞船上，选用石刁柏、胡萝卜等植物开展了多次实验，研究其在空间的光合作用特性，取得了重要的研究成果。

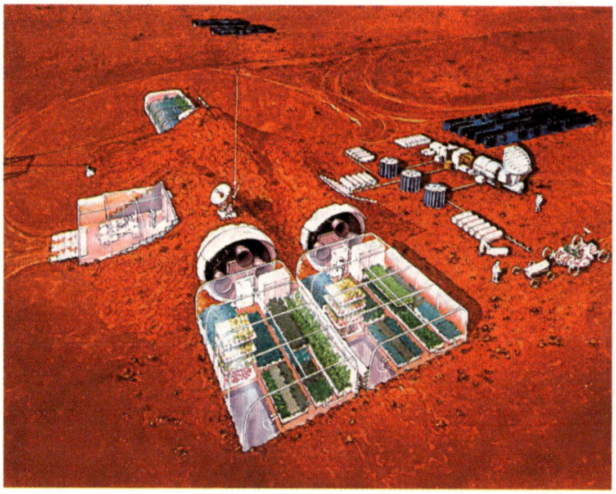

图8–15 设想中的太空植物园

（2）微生物的重要作用

在自然界中，微生物既是分解者又是合成者，它们能将有机物分解成无机物，还可以利用无机物化合或光能合成自身细胞而进入食物链，在自然环境生态平衡中起着极为重要的作用。微生物研究，已成为各国空间生物学研究的一个重要方面。图8－16

展示了国际空间站上，各国都在开展微生物空间实验的场景。

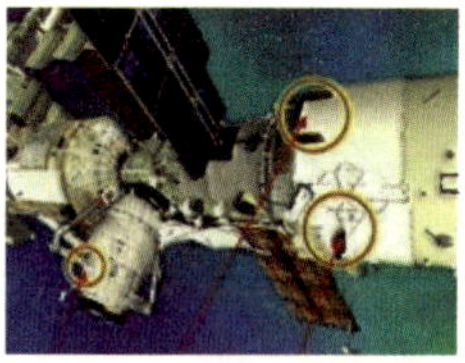

图 8–16 国际空间站上，各国都在开展微生物空间实验

从一般意义上讲，在受控生态生命保障系统中，植物是生产者，动物和人是消费者，而微生物要扮演分解者和生产者双重角色。一方面，微生物可以分解人和动物的排泄物、凋落和废弃的植物，将其转化成人和动植物可以利用的物质，如食物和肥料；利用微生物的一些酶组成固定化酶生物反应器，将不可食用的纤维素转化为可食用的单糖；通过紫色非硫细菌的光异养生长，可以净化空间生活废水中的硫化物，并获得单细胞蛋白。另一方面，自养微生物和光合细菌可以同化气体和水中的二氧化碳，合成有机碳化合物，进而组成生物体本身。国外航天实验室的专家认为，进行光合作用的螺旋藻是用作空间自循环生存系统中食品来源的良好材料，因为它们利用光能同化二氧化碳，释放出氧气。因此，螺旋藻不仅可以作为营养丰富的食品，还能转化废物，维持自循环系统中的气体平衡。酵母菌是空间自循环生存系统中最佳的食品选材，因为这类微生物可以利用多种废物、废水生产营养丰富的蛋白质。

欧空局曾设计建立了一个主要由微生物组成的自循环生存系统，由液化室（梭状芽孢菌）、光异养室（紫细菌）、消化室（氨氧化菌、亚硝酸盐氧化菌）和光合室（蓝细菌）4个微生物小间和1个消费者（老鼠）小间组成，经过16周的实验，证明该系统是可行的。

（3）生命保障系统中动物的多重作用

在生态系统中，生产者、消费者和分解者组成一个物质循环和能量流动的大系统。首先，动物作为消费者，提高了生态系统中物质的循环效率和效益。有动物的参与，植物性废物很快就转化为动物粪便，粪便很快就可以由分解者分解为植物可以直接利用的成分。动物的参与，显然加快了生态系统中物质的循环和能量流动。其次，在空间生态生命保障系统中，动物作为消费者的同时，还可以提供动物性食物，丰富航天员食谱，使航天员营养全面。动物性食物在人类的饮食中占据着重要位置，它所提供的动物性高热量和高营养的蛋白质、脂肪等，是普通的植物性食物无法比拟的。高能量的动物性食物在生态系统中传递，将有助于促进物质循环和能量的流动。

在生态系统中，植物作为生产者，沿食物链“生产者→消费者→分解者”流动。食物链体现了各种生物通过物质流动和能量传递建立起来的错综复杂和普遍作用的相互联系，这种联系就像一张无形的网，把所有的生物联系在一起，使它们彼此之间都具有某种直接或间接的关系。当其中任何一种因素发生变动时，都会有多种生物因素对其产生制约作用，进而促使系统尽快恢复稳定。所以食物关系是生态系统中一种重要的调节机制，动物则是食物关系中的主要因素。从这里也可以看出，空间生态系统中的动物，是受控生态生命保障系统能够稳定运行的一个重要因素。

8. 移居太空的奇思妙想

人口剧增，地球上有限的资源被过度使用，地球和人类生存环境持续恶化，不可预知的天外来客的袭击（巨型流星体的撞击）等，无不让地球人类时刻担忧。早在载人航天起步和发展时期，一些科学家就提出一个大胆的设想，即开辟人类第四生存环境，建立地外生存基地，实现太空移民。密闭生态循环系统的设计、建造与实现与否，成了能否实现人类幻想的决定性因素。许多科学家根据自己的灵感，设计出了一幅幅充满奇思妙想的太空移民基地蓝图（图8−17）。

人类登上月球已经40年。在中国的探月规划中，三步走的计划也已经迈出了第一步。在月球探测设想中，一些国外科学家不但绘制了月球基地蓝图，而且进行了基地选址。

火星有着与地球比较接近的环境，存在稀薄的大气，有四季分明的气候。有人认为，火星移民似乎是有希望的。移民火星最大的难题，是如何在火星上建造长期生存的火星基地。因为从火星返回地球，必须等到地球与火星之间到达一定的相对位置，这个等待时间大约为450天。因此，在火星建造一座让航天员生活居住长达至少15个月的“火星别墅”，是火星移民的首要

图8–17 科学家的灵感——形形色色的太空移民蓝图（左：美国科学家月球基地构想；中：设想中的火星别墅；右：能容纳百万人的奥尼尔3 号岛太空城）

问题。尽管有科学家提出先期派遣一支机器人团队去建设火星站，然后再派人登陆火星，但是航天员长时间的生活补给如何维持，是一个难以解决的问题。在火星建设火星站，显然是一项浩大的综合性工程，其中密闭生态循环系统将是工程的核心。

路漫漫其修远兮，吾将上下而求索。这就是人类的执着精神。各国科学家们在幻想建设地外太空城的同时，也把眼光聚焦在生命现象的微观世界上，重新检查自身认知的缺陷，以弥补不足，然后勇往直前。

9. 空间生物技术的利用与控制

空间生命科学研究的目的，其实不仅仅是认识空间和建立一个未来的空间生存环境，更重要、更具有现实意义的目的是，利用生物技术解决地球人类生活和健康中面临的问题。正是基于这一目的，20 世纪，伴随着分子生物学的诞生，生物学中的一个分支——生物技术也迅速崛起。从弗莱明1928 年发现青霉素，班廷和麦克劳德发现胰岛素，库南德等人开创心脏导管插入术，默里和托马斯开启器官移植技术，到蛋白质组学、转基因工程和克隆技术（图8–18）等，生物技术正改变着人类乃至生命世界的秩序。21 世纪，人类将迎来一个崭新的生物工程时代，一些预防、诊断、治疗疑难绝症的生物药品会相继出现，同时保健食品、转基因食品、试管婴儿、克隆、生物芯片、生物计算机等，也已成为人们熟悉的词汇，而空间生

图 8–18 家喻户晓的克隆羊“多利”

物技术与微重力生物学，将成为 21 世纪空间生命科学的两朵并蒂莲花。

在空间，由重力引起的对流消失，不同密度的物体因失重而不再升降，水珠可以悬浮在空中，生命物质的结构出现异常。例如，在失重环境中，维持生物活体的钙会流失，航天员因此出现骨质疏松，体液和血液涌向上肢和头部，发生脑部充血和水肿等。

研究奇妙的微重力生物现象，掌握微重力条件下的生命规律，可以利用其正面影响发展生物技术，服务于人类健康，提高人类生活质量；探索抗御微重力负面影响的方法和对策，可以保障进入太空的人类健康、安全和正常地生活。例如，蛋白质结晶技术是研究生物大分子结构，进行药物设计，服务制药产业的一项高技术。微重力环境下，重力对流消失，有助于减少蛋白质结晶过程中流体扰动的影响，从而有望提高蛋白质晶体的生长质量，还可以探索出在地面难以结晶的特殊蛋白质（如膜蛋白、糖蛋白等）结晶的新概念和新方法。

另外，微重力环境下重力对流消失，将改变生命物质分离的动力学过程，基于密度差异的分离技术将不再适用。科学家有望利用其物理、化学性质，实现特殊生命物质的分离。

但是，目前人类对微重力环境影响生命过程和生物学现象的规律还知之甚少。在空间，重力对流消失使得细胞或机体的物质输运、营养供应发生重大改变，不但直接影响细胞的生长、代谢、黏附等过程，还使得地面上很多常规的生物技术方法（如细胞和组织培养等）无法应用。例如，在空间进行细胞和组织培养，尤其是培养三维、立体生长的细胞和组织，为了保障细胞和组织获得充足的养分，通常需要采用强迫对流方式为其提供足够的营养物质（图 8–19），但这又导致了微重力环境与液体流动对细胞生物学过程（包括增殖、分化、凋亡、聚集、黏附等）的影响交织在一起，难以区分和控制。所以，空间生物技术是一项需要探索、实践与研究、认知的全新课题。我国载人航天工程系统地开展了空间生物技术的实验研究，取得了一些重要成果，为其持续发展奠定了良好基础。

图 8−19 空间细胞培养中的营养物质输运示意图

(1) 空间细胞培养技术与应用研究

细胞培养技术有两个科学目标，一是生物制药，利用某种特定细胞在生长、繁殖过程中的代谢分泌产物，研发预防和治疗某些疑难疾病的特效药物。二是从细胞学角度认识生命过程，乃至探索人造生物器官、生物部件，调控生物正常生长过程和再生过程等，服务于现代医学中的组织修复治疗，提高人类的健康水平。

在地面研究中发现，从人体组织中分离的离体正常细胞只能二维、平面地生长为细胞单层，具有“接触抑制性”。换句话说，在地面上，离体细胞只能二维、平面地生长，很难实现体外培养一个可供使用的生物组织器官，这限制了生物技术组织工程的实用化发展。而在空间实验中发现，微重力环境下，细胞生长的“接触抑制性”趋于消失。通过设计合理的空间生物反应器，有望在空间生长出三维、立体的离体细胞和组织器官，从而提供用于组织修复的工程化组织和用于药物筛选的肿瘤模式组织。图 8−20 即为在模拟微重力效应条件下生长的人肝癌细胞团块。人的身体由 100 多万亿个细胞组成，这些细胞构成了各种组织，组织进一步形成了各种器官。1885 年，W · 鲁克斯（W.Roux）用温生理盐水在体外培养分离的鸡胚组织存活数月，开创了组织细胞培养的先河。近年来，国际上正在兴起一门新的学科——组织工程，它标志着医学将走出器官移植的范畴，步入制造组织器官的新时代。

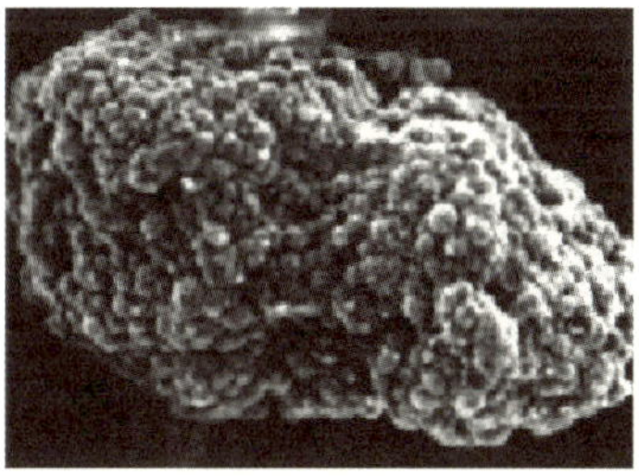

图 8−20 模拟微重力效应条件下生长的人肝癌细胞团块

就像苹果总是从树上往下掉那样，由于地球引力的作用，通常进行组织细胞培养时，培养

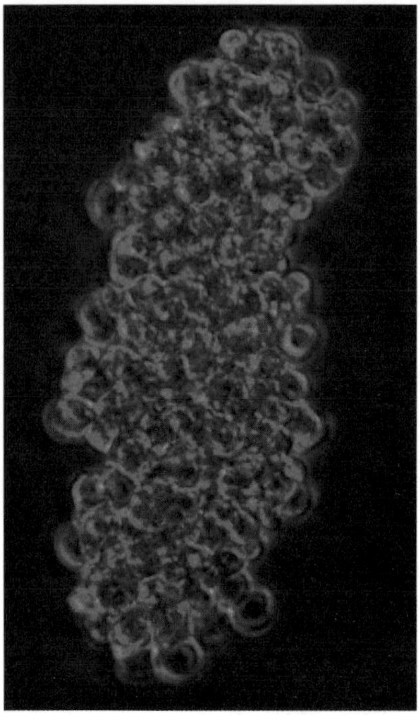

图8-21 神舟号飞船上培养的NK92 细胞团块

物往往会自然沉降到培养器皿的底部，在二维方向上贴壁生长。然而，人体内组织细胞相互间的关系是三维的或立体的，单层或二维细胞培养技术很难获得与人体内真实状况相似或相同的组织细胞，无法实现由离体细胞重建组织这一构想。

组织工程也称“再生医学”或“人体零部件加工厂”，是运用生命科学和工程学的原理与技术，研究、开发组织器官的生物替代物，用于修复、重建和改善因病变或损伤而丧失或衰竭的组织器官的功能，其核心是动物细胞三维培养技术。

在太空，由于重力变得很微弱，大大小小不同的组织细胞可以均匀悬浮，在三维方向自由生长，不会因为密度的不同导致不同的沉降速度，影响彼此间的接触与沟通。20 世纪 80 年代末，美国研究人员开创了微重力组织工程，迄今已对广泛类群的细胞开展了空间研究，并取得了可喜的进展。2007 年，以色列科学家采用三维培养技术研制出世界上第一颗会搏动的“微型心脏”。由此可见，细胞三维培养与组织工程正在不断绽放出灿烂的花朵。

我国科学家在神舟号飞船上对 4 种细胞进行了培养，着重于细胞分泌产物的药用价值研究和细胞组织培养技术研究。由实验结果可以看出，NK92 细胞在空间生长得又快又好，能集聚成较地面更大的团块（图8-21）。此外，我国科学家还利用地面微重力效应模拟装置建立了软骨、骨和肝组织等的三维培养模型。

可以预见，哺乳动物细胞和组织三维培养体系的成功建立，将为人类组织细胞移植提供丰富的材料，摆脱依赖人类机体移植的种种限制。有朝一日，如果你失去了耳朵，不用担心，科学家可以帮你重新长出一只耳朵；肝脏坏了，也可给你安装一个通过移植肝细胞和合成纤维制造的“新器官”；糖尿病患者无需再频繁地注射胰岛素，因为他们有了可用的生物替代“胰腺”……这不是幻想，而是在科学家的努力下正在逐步成为现实。

（2）利用生物工程技术创造新物种

在圣经的《旧约全书》中有一段上帝创造世界的描述：“……第六天创造了男人、女人、各种农作物和家畜；第七天上帝累了，就休息了一天，没有再创造什么东西。”利用现代生物工程技术，今天的人类胜过了“上帝”，人类有能力创造新的物种，这是生物工程技术表现出来的巨大潜力。我国科学家在神舟号飞船上进行的细胞融合实验，就是实现这一伟大奇迹的尝试。

细胞融合可以自发产生，也可以采用物理、化学方法诱导产生。自发融合的最明显例子，就是动物或植物的精、卵细胞融合产生受精卵，这是生物界的自然繁衍过程。体细胞融合也称为体细胞杂交，是指细胞不经过有性阶段，在一定外界条件作用下融合，创造杂种的过程，这是现代高科技创造的奇迹，也是细胞工程发展的前沿学科。体细胞融合，更多的是通过人工诱导方法产生，主要方法包括盐类法(如$NaNO_3$)、pH−高钙法、水溶性多聚体PEG法和电融合法。

细胞电融合是通过电脉冲处理动物或植物细胞促成细胞融合。电融合的优点是不像用化学方法诱导以后，必须将多余的诱导剂洗去。在无菌条件下进行电融合后的细胞，可以直接转入培养。但是，由于杂种细胞的融合得率很低，使得这项技术在生产上的应用潜力难以发挥。

导致目前细胞电融合得率低的主要原因是：第一，两亲本细胞的密度差异，使得这些细胞在同一种介质中难以充分混合，异种细胞接触并融合的几率大大减少；第二，植物细胞中存在着可沿重力方向移动的淀粉体，细胞的重心往往不是细胞的中心；第三，在地面重力环境中，由于存在着对流，细胞破膜的瞬间，细胞内甚至液泡中的电解质会发生部分外泄，从而降低融合细胞的活力；第四，在地面重力环境中，细胞融合需要较高的融合电压，较高电压会造成细胞损伤，降低融合细胞的活力。上述多种原因都与地面重力场影响有关，可以设想，在微重力环境中进行细胞电融合，可能会提高细胞的融合得率，同时提高融合细胞的活力。

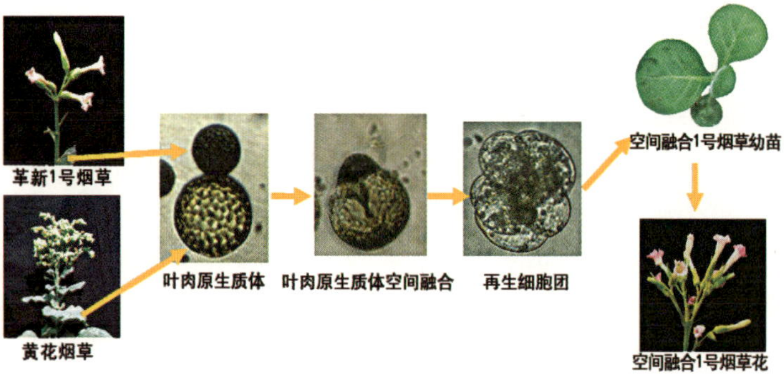

图8-22 神舟号飞船电融合实验及其培养的再生植株

我国科学家在神舟号飞船上分别进行了动物细胞和植物细胞两项电融合实验。图8－22所示为采用黄花烟草和革新1号烟草为实验材料的植物细胞融合实验，实验中获得的杂种细胞数量比地面对照组提高了5～10倍，杂种细胞活力比地面对照组提高了近40%；获得的烟草融合细胞返回地面培育出再生植株，已经繁育了几代，并表现出了一些新的特性。

细胞融合技术目前还处于探索阶段，它在人类对抗疾病，寻求新的物种资源，以及未来载人航天空间生物繁育培养等方面都有重大的应用前景。

（3）在空间生长生物大分子晶体

生命体主要是由核酸、蛋白质等生物大分子构成的。核酸含有携带遗传信息的基因，由基因编码的蛋白质则是生物体完成几乎所有功能不可缺少的。这些生物大分子执行的生物功能，都与其特定的三维分子结构密切相关。当前，绝大多数生物大分子的三维结构，是用X射线晶体衍射方法解析出来的。生物大分子具有特殊的结构性质，其测定方法的第一个步骤是需要生长出具有较高质量的、可供测试的蛋白质晶体，这也是最困难的一步。

生物大分子晶体生长是一个复杂的动态过程，受多种物理、化学和生物学因素的影响。其中，重力驱使的沉降和对流等现象，也会影响晶体生长的质量。在航天器上，重力只有地面的千分之几甚至更低，在这样的环境中，生长蛋白质等生物大分子晶体时，溶质分子的流动和沉降变得非常微弱乃至没有，因而不再产生重力导致的晶体堆集，而且在生长晶体的周围形成的溶质贫乏层也能稳定地存在，这样，生物大分子晶体就能够在合适的环境里生长。另外，溶液中浮力对流的消失，还可以使杂质分子进入晶体的机会减少，使得生长晶体的质量提高。因此，微重力环境为生长质量较高的蛋白质晶体创造了理想条件。

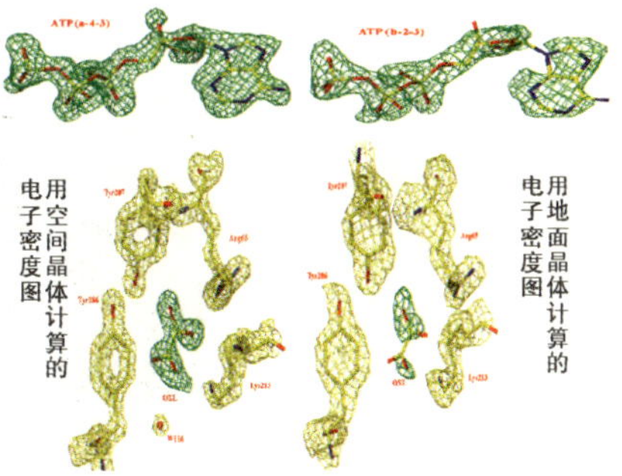

图 8－23　经神舟号飞船结晶实验的磷酸丙酮酸羧基酶（PCK）蛋白质的结构分析图

我国科学家先后研制了两代空间蛋白质晶体生长实验装置，成功进行了5次空间蛋白质结晶实验。在神舟号飞船上对多种蛋白质进行的实验中，近1/3的蛋白质长出了质量优于地面生长的晶体。用其中一些蛋白质晶体与国外科学家合作开展了结构比较研究，采用计算出来的蛋白质分子电子密度图，能够提供更精确和更多的蛋白质分子结构信息（图 8－23）。

(4) 空间生物制品分离和纯化技术

就像谷麦加工厂使用筛子筛出掺杂其中的沙石，以获得干净纯洁的米面一样，大量的生物技术工程，必然会涉及到一个最终有用产品的提取问题。在空间，无论是细胞培养，还是其他生物反应过程，为了获取最终的产物，都需要进行分离纯化处理，通常纯度越高，质量越好。

随着生物制药的迅速发展，人们期望得到纯度更高、产量更大的生物制品，如蛋白质、氨基酸、多肽、核酸以及各种细胞等。通常在地面制备这些物质，大多采用沉淀、透析、色谱及电泳等分离纯化方法。其中，电泳方法广泛应用于科学研究、工农业生产、医药卫生等许多领域。

什么是电泳呢？电泳是指混悬于溶液中的各种带电粒子，在外加直流电场的作用下，按照“同性相斥，异性相吸”的原理，向着与自身所带电荷相反的电极移动的现象。物质不同，在电场中的迁移速度就不一样，就像不同的人游泳有快有慢。

电泳技术又分为常用的静态电泳技术和连续自由流动电泳技术。前者适用于制备微量或少量物质；后者具有进样、分离、产物收集可连续进行的特点，且分离对象的范围广（如蛋白质和活细胞），对分离产物的机械损伤小，设备操作简单，可实

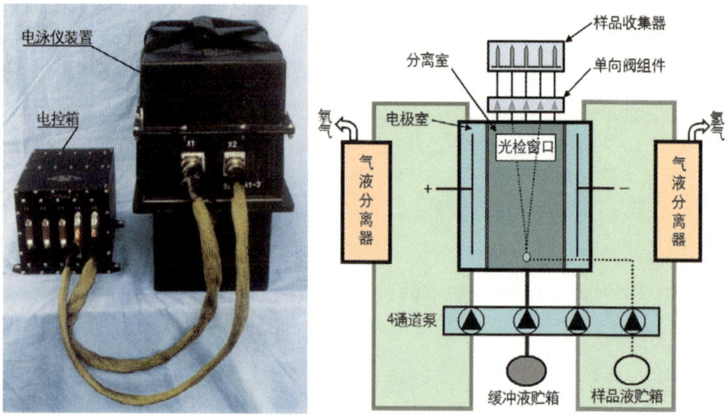

图 8-24 神舟号飞船上的连续自由流动电泳仪（左）及其原理图（右）

现大批量分离、自动化控制。但是，在连续自由流动电泳过程中，地球重力场的干扰是无法剔除的因素，当外加电场在液体介质中产热不均，造成温度分布不均匀时，会引起对流；被分离对象成分和浓度不同时，会造成密度不均匀，从而引发沉降。为了减少这种影响，生产中只好减少样品量，降低浓度，这又大大降低了产物的产量；为了降低热对流的影响，外加电场强度不能太大，这样分离的速度就会受到限制，生产效率不能提高。

在微重力环境下，由于重力作用基本消失，自由流动电泳分离方法正好凸显出它的优势。这一特点，引起国内外科学家的广泛重视。20 世纪 70 年代开始，美国和苏联先后利用探空火箭、失重飞机、卫星、飞船和航天飞机，进行了 30 多次电泳分离实验，取得了许多重要成果。在神舟 4 号飞船上，我国科学家利用自己研制的小型连续自由流动电泳仪（图 8-24）进行了细胞色素 C 和血红蛋白的分离实验，其空间分辨率比地面对照组提高了 2 倍多。虽然和美国的装置相比，我国科学家研制的电泳仪显得有些“小气”，但实验的成功却标志着我国具备了这项先进技术的研发能力，为我国未来空间生物学与生物技术的实验研究，乃至空间生物技术产业化奠定了基础。

10. 空间辐射生物学研究

辐射是一种空间普遍存在的自然现象。那些能量较低的电磁辐射，如可见光、部分紫外光、红外光以及无线电波等，已经在广泛领域内被人类利用，成为人类生活中的一部分，典型的例子就是遥感技术。能量更高或更强的辐射，也在不断地被人类认识，其中部分已被人类有控制地利用，如钴的放射性同位素钴-60（^{60}Co）放出的γ射线用于癌症的放射治疗，X光机用于人类疾病诊断等。其实，地球上居住的人类，长期受到每年约为0.35雷姆的很低剂量的辐射，加上一些疾病诊断和医疗的需要，每个人一生中都会受到各种辐射的照射。近年来，中外科学家的一些研究发现，剂量很低的辐射，可以诱发生物机体产生所谓的“刺激性反应”或“适应性反应”，即对生物机体有刺激作用。有人认为，这种低剂量辐射可能刺激DNA修复一些酶的活性。后来进一步观察到这种低剂量辐射会减少对细胞的损伤，甚至提高整个动物免疫能力等现象，也就是说辐射在某些时候也可能是有利的。但是，无论是社会公众还是科学家，基本上大多数认为辐射是有害的，应该尽量减少受到的辐射。

人类进入太空，建立所谓的第四生存环境时，情况就完全不一样了。太空的强辐射环境是地面无法相比的，失去地球大气层和磁场的保护，各种高能带电粒子（如电子、质子）和不带电粒子（如中子），以及更重的离子，远比地面强烈得多，它们会给直接暴露在空间的任何生物体造成致命的伤害。

除了太空中的这些辐射外，当这些辐射穿过航天器舱壁、大气层，或抵达月球或火星表面时，还会因与粒子撞击产生次

图8-25 为了保障在暴露空间中不受辐射伤害，航天员出舱活动时需要穿舱外航天服

级辐射，如中子、γ射线、X射线等。次级辐射对人体的危害，绝不小于直接的太空辐射。

在迄今为止的人类航天活动中，每一个细小的设计或空间活动，总是把抵御辐射作为重要因素加以考虑。航天器设计、制造要有防辐射加固，航天员出舱要有专门的航天服（图8－25），任何有关生物学的实验研究，也必须要有保障生物体不被辐射伤害的保护措施等。但是，这些有限的局部措施，对于人类认识空间辐射和未来建立大规模的空间生存基地是远远不够的，还需要有更深入的认知和更加切实可行的方案。只有在正确认识的科学指导下，才可能提出防止空间辐射对地球生物和人体产生影响或伤害的手段。寻找和采取一切可能的预防和治疗辐射损伤的有效措施，这是空间辐射生物学研究的主要目标。

那么，空间辐射对生物的危害到底有多大？人们一直在努力去解答这一问题，科学家把病毒、细菌孢子、植物种子、昆虫卵乃至小白鼠等放到航天器上，送到空间去进行实验，目的就是想得到更真实、更准确的答案。在几十年的研究中，科学家已经初步证实，重离子辐射可以引致细菌噬菌体、植物种子、昆虫卵、线虫卵等生长发育不正常，甚至出现畸形、突变。动物实验也证明动物会受到损伤。但是人们关心的不仅是一般性的结论，而更重视定量的特别是对人体的作用结果。譬如说，空间辐射对人会不会产生致癌效应……

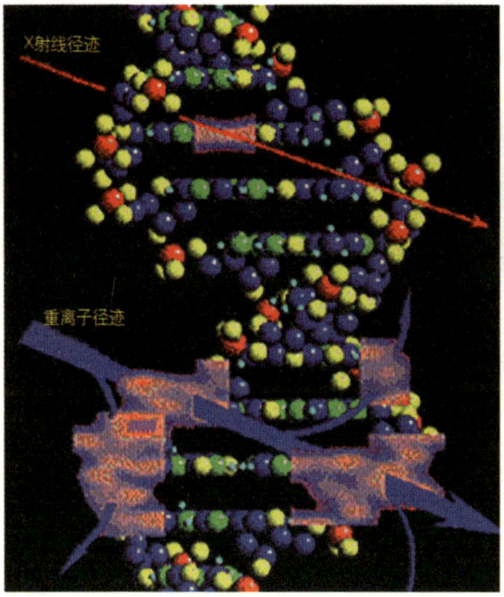

图8－26 X射线和重离子辐射照射DNA分子时的不同作用

根据日本广岛、长崎原子弹爆炸受害存活者及全球核工业意外事故的观测数据，人们认为电离辐射可以杀死细胞，引起细胞乃至生物机体的突变、癌变。研究还表明，高能量的粒子或射线照射到生物体的细胞时，会损伤细胞内的脱氧核糖核酸（DNA）分子，引起DNA分子一条链的断裂，断裂位置比较分散。

太空辐射中的高能质子及其他带电粒子，特别是重离子能量更大，照射到细胞时，会造成DNA分子两条链同时断裂或密集性断裂。DNA双链断裂很难修复，如果出现误修复或不修复，就会导致基因的改变。采用X射线和重离子辐射照射DNA分子的实验，证明了这种单链断裂和双链断裂的明显区别(图8-26)。

近年来，美国航空航天局在布鲁克海文国家实验室建立了太空辐射生物学实验室，利用模拟太空辐射粒子类型和能量的粒子加速器，研究各种类型辐射对人体健康的影响(图8-27)。俄罗斯、欧洲、日本等正在开展类似的研究，我国科学家在返回式卫星和神舟号飞船上，也开展了相关实验。人们希望通过这些研究，能够真正了解低剂量、高电离度的带电粒子对细胞、组织乃至哺乳动物会有多大的伤害，特别是对经历长期太空航行以及在太空居留的人员，可能会产生多大的伤害。

图8-27 太空辐射生物学实验室中用于生物学效应研究的模拟粒子束装置

辐射不仅仅会对动物产生辐射伤害，对植物、微生物等一切生物种群都会有影响。从20世纪90年代中期开始，媒体常常会出现关于“航天育种”或“太空育种”的报道。种子上天回来后会发生什么变化，是什么原因引起这些变化，一直是学术界颇具争议的问题。有争论就说明我们的认识还有缺陷，需要去研究，去认识它的本质和机理。

航天育种思路的来源，也许要追溯到第二次世界大战后开始发展起来的辐射育种。辐射育种是人工使用γ射线、X射线或其他辐射源处理植物种子，通过电离辐射诱发植物的遗传变异，按照人类的需要从这些种子的后代中选育出新的优良品种。进入航天时代，人们关心的是，复杂的太空强辐射环境是不是也可以有这种效果呢？

早在20世纪六七十年代的太空探索初期，科学家们就研究了植物种子经历太空飞行后的变化。科学家观察到它们返回地面后，生长发育异常和细胞核内染色体畸变频率增加，被太空辐射粒子击中的种子，变化更为明显。

植物种子一直是我国返回式卫星、神舟号飞船的常客。20多年来，不少研究人员对经历过太空旅行的植物种子进行田间

图 8－28 航天育种育成的水稻新品种华航 1 号

种植和繁育，发现它们后代的许多性状，如个子高矮、果实大小、生长到成熟的时间周期等都发生了变化，经过多代观察、选择，发现有些性状的变化是可以遗传的，即可以从这一代传到下一代。经过育种专家们有意识地根据需要去选择，就可以从中选育出所需的优良品种，于是出现了“航天育种”或“太空育种”的说法。图 8－28 所示即为我国航天育种产生的水稻新品种华航 1 号。

科学家们在研究中还发现，经过航天返回的种子，虽然培育出的植物和它们的后代发生了形形色色的性状变化，但是其变化没有清楚的统计规律可言，大都是随机性的。例如，有由高变矮的植株，也有由矮变高的植株；结籽类植物有籽料增多的，也有减少的，甚至有结不出种子的；果实类植物，有果实变大的，也有变小的；花卉类有花色变艳的，也有变暗的，表现千差万别。

太空具有诸多与地球上完全不同的环境因素，除强烈的太空辐射外，还有微重力、高真空、弱磁场等。太空辐射，特别是质子和重离子，是公认的有效的诱变因子，也就是说它们会引起种子后代遗传性状的变化，科学家们称之为“诱发突变”。那么，还会不会有其他因素会诱发突变呢？如何更深刻地认识航天育种引起变异的机理，找出人们能够控制的规律来呢？这些正是众多热衷于太空育种的科学家孜孜不倦和执着追求的目标。航天育种专家在进行空间实验的同时，也采用粒子加速器模拟太空辐射，应用回转器模拟重力变化，用零磁空间实验室模拟太空弱地磁环境等各种方法来处理种子，希望明确各个因素在太空诱变中的作用。显然，太空育种不单纯是育种问题，更深层次上，它还是科学家研究空间特殊环境对生物影响的一个重要手段。

在人类持续的航天技术发展中，也许人们最终能够揭示其中的奥秘，为开拓人类第四生存环境，建立一方太空乐土找到一个最佳的方案。

11. 空间研究实验设备与技术

和地面一样，在航天器上进行科学实验，需要有一套实现实验目的的实验设备。由于航天器上狭小的空间以及太空的微重力、强辐射等特殊环境，通常无法把地面的实验系统照搬到天上去，这就给工程师们提出了建立独特的空间实验设备系统的苛刻要求，这在空间生命科学及生物技术实验中表现得尤为突出。

首先，要保障生物实验样品在整个空间实验过程中的生物活性，为生物样品提供基本的生命保障条件，满足生物实验的要求。其次，实验仪器要能够经受得起飞船发射或回收时的振动、冲击和加速度等恶劣的力学环境条件，满足航天设备的各项要求。第三，要考虑空间实验进程的可操作性，特别是在无人操作的情况下，如何通过自动测控技术去完成各项实验任务。即使是有人操作，也要考虑到在人的行动非常受限的情况

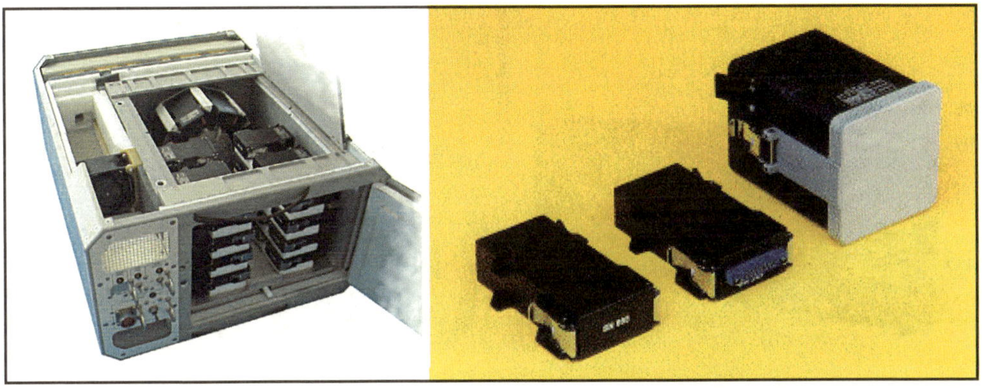

图 8–29 EADS Astrium 公司研制的生物实验装置（左：装置整体；右：各类培养单元插件）

下，如何完成在地面实验室中都认为是非常精细的生物学实验。因此，空间生物学实验设备的设计、制造技术，一直是航天工程中的一项前沿技术，需要丰富的航天工程经验和深厚的生物学专业知识，通常需要科学家和工程师共同来完成。例如，用于制造设备的材料，会不会影响实验生物样品的生命活性，构建的生命活体实验空间，能不能在实验时间内满足生命体存活的环境条件和发育生长过程，包括空气成分、营养成分、光照条件、温湿度环境、辐射环境以及预期的生命体生长发育状态等。在实验过程中，特别是无人照料的空间实验，还需要设备对实验过程中生命体的变化、实验环境条件变化进行自动监测，以获取相关实验参数，包括实时照相、摄像监视、温度湿度气体成分变化、光照变化等检测。所有这些，使得一套先进的生命科学与生物技术实验装置的设计制造过程变得非常烦

图8－30 我国研发的部分生命科学实验装置（左上：两代蛋白质结晶装置；左下：神舟号飞船通用生物培养箱；右上：空间细胞电融合仪；右下：高等植物培养箱）

琐，每一步都需要有科学家配合进行大量的试验验证，这就是所谓的地基研究以及相容性实验、匹配实验、整合实验、生物材料筛选实验、操作演练实验等一系列研究实验过程。

世界上开展空间科学实验的国家，都把先进的实验设备制造技术视为该领域研究水平的标志，应用最先进的技术成果设计出各式各样的实验装置。图8－29所示为EADS Astrium公司研制的生物实验装置。我国科学家从20世纪60年代开始空间科学实验以来，已经研制出数十台使用于生物学效应研究、生物技术研究的实验装置（图8－30）。特别是载人航天工程启动后，配合空间生物学研究，先后研制了10余套设备，出色地完成了空间实验任务。

随着有人参与的空间科学实验技术的发展，中国载人航天工程后续任务的空间实验室和空间站建成后，必将有更大规模的空间科学实验，需要有更加先进、完善的实验系统。所以，开发具有功能专业化、结构模块化、接口标准化、过程可视化、控制多样化和管理网络化的空间科学实验设备与技术，成为我国工程师努力的方向，一批新颖的先进实验设备，也正在悄然问世。

12. 生命起源及空间生命科学的未来

地球上生命的起源，一直是一个待解之谜。通过考古分析、科学假设和模拟实验，科学家正在逐渐把生命起源过程的片段连接起来。

一般认为，生命起源与太阳系和地球的形成及其环境有密切的关系，生命属于自然界，并起源于自然界。在高温和强辐射条件下，无机物如氮气、氢气、甲烷、氨气、二氧化碳等合成简单的有机物，如氨基酸、嘌呤、嘧啶等，然后再聚合成生物大分子物质，如多肽、多聚核苷酸等，由此，生命起源迈出了重要的第一步。这个过程已经部分被实验所证实。随后，将是跨越生物大分子转变为原始生命体的大鸿沟，特别是要具有自我复制能力的生命遗传功能。最早出现的原始生命，可能类似于现存的古细菌，如嗜热古菌。虽然科学家对这一问题已经进行了长期的研究，但是谜团仍没有完全解开。

宇宙空间有着无数星球，它们处于不同的发育期，有的比地球早，有的比地球晚。随着天文学和空间技术的发展，对于它们的深入探索已经成为可能，科学家已经开始探寻地球外的生命。60 多年来，科学家在地球外已经发现近百种有机分子，如氨基酸、乙醇、嘌呤、嘧啶等。科学家还观察到火星的极冠、木星的卫星——木卫二可能有冰存在。且不说直接发现地球外高级生命体，即所谓的“外星人”或“外星生物”，即使是发现地球外生命的蛛丝马迹，对研究地球生命的起源、发展，都会有重要的启示和有力的旁证。对地球外生命的探寻是无限的，生命从何处来，向何处去？随着研究的进一步深入，人们的认识也将越来越清晰。

从20 世纪60 年代至今，我国科学家对空间生命科学的研究已经走过了40 多年的历程。目前，人类对中短期进入空间的影响已有所了解。未来20 年，我国科学家将与国外同行一起，进一步研究揭示空间环境对人类的长期影响，解决人类在空间长期生存问题，改善人类的生活质量，为人类的健康服务。

第九章

铸炼材料品格

—— 空间材料科学研究

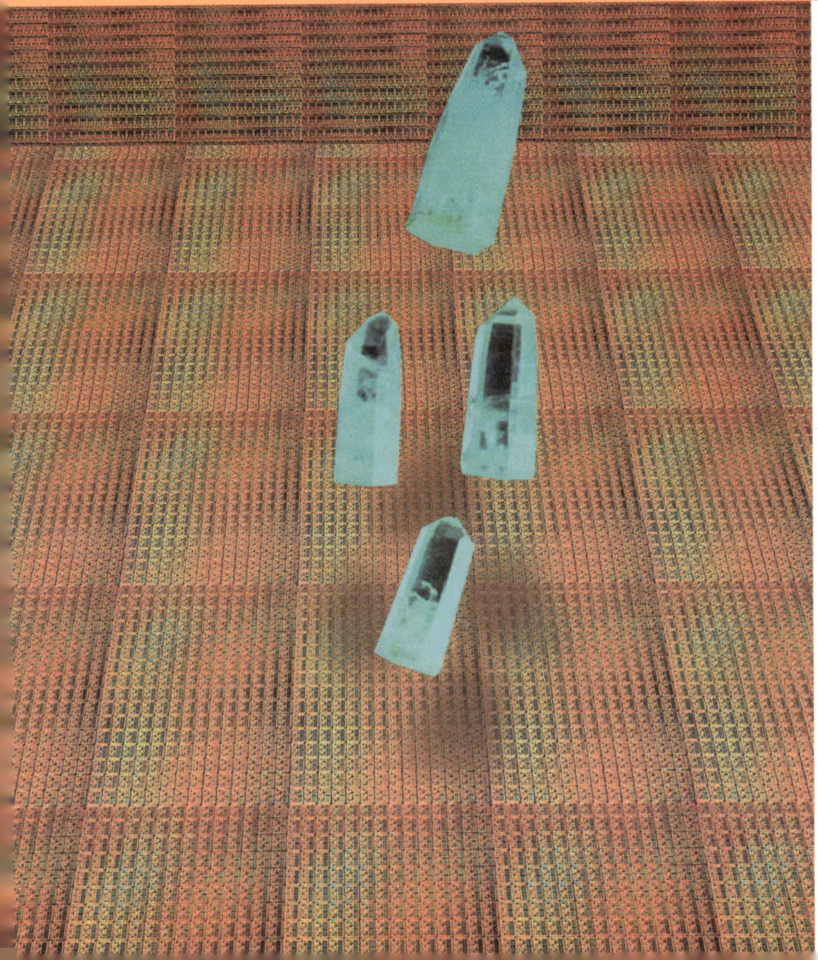

材料科学是人类在文明发展的历史长河中，认识、获取和使用物质材料的智慧积淀，它是人类能力的体现，也是人类社会文明程度的重要标志。在航天时代，科学家力求通过微重力环境中的材料科学研究，审视已有的科学认知，弥补以往认知的缺陷，从而提高材料研究的水平。因此，随着航天技术的发展，当代材料科学研究的又一个前沿领域——空间材料科学应运而生。

1. 推进人类文明的材料科学

近代考古学把人类的发展进程划分为石器时代—铜器时代—铁器时代……为什么这样划分呢？因为人能够使用工具，进而制造工具，改进工具，发明新的工具。提高生产效率是文明进步的标志，这个过程产生的基础是人类对材料的认识。传说中女娲补天，用的是五彩石头，这个传说记载了一个使用石质材料的远古时代；燧人氏钻木取火，记载了用木材摩擦发热生火的故事，标志着人类结束了茹毛饮血的蛮荒时代；有巢氏指导人们用泥土和木材搭建居所以避风挡雨，从而形成了稳定的族群社会；高陶氏从火烧的泥巴变得坚硬、结实中得到启迪，从此人类开始烧制陶器，制造出储存水和食物的器具，使人类真正进入了文明发展时代；火药、指南针、造纸术、印刷术这些伟大的创造发明，为现代文明的发展奠定了坚实基础。

20 世纪 20 年代，在北京房山周口店发现了第一个完整的北京人头盖骨（图 9–1），这一发现震惊了世界。就是在那个地方，还考古发现了距今 18 000 年前的晚期智人活动遗址。我国考古学家裴文中发现了一件具有人工打击痕迹的石块，从而揭示了一个远古文明的起源——石器时代。那些用石头制造的砍砸器、刮削器、尖状器、石锤、石砧等大大小小和不同形状的石器，说明我们的祖先已经进化到了相当智慧的阶段，已经掌握了熟练的石器制作技术。

图 9－1 周口店出土的山顶洞人头盖骨和石器工具

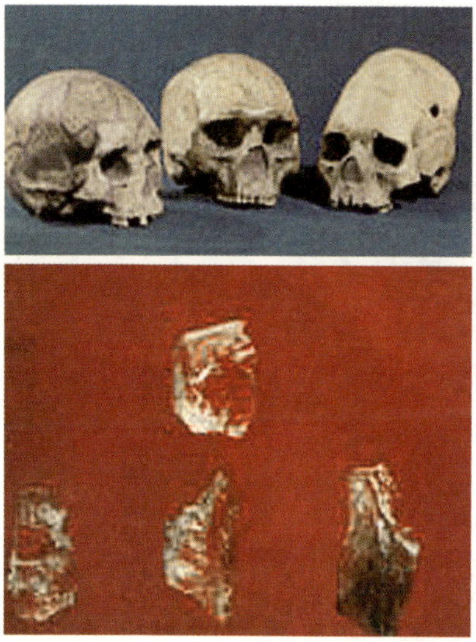

有据可考的人类青铜器时代，可以追溯到 4 000 年前。在中华文明发展史上，早在 3 200 年前的商代，就有了精湛的青铜制品，气势宏伟的司母戊鼎，精美绝伦的四羊方尊，大气磅礴的战国编钟（图 9–2）。

铁器时代让人类进入一个崭新的文明发展阶段。其实铁器时代并非单纯地指铁这种材料的广泛应用，而是指能够冶铁和制造铁器。在人类的文明进程中，智慧的人类总是在不断地发现新的

图9－2 中国古代铸造技术（左：司母戊鼎；右：编钟）

材料，以此来丰富和扩展自身的创造力。一种新材料的问世，往往又带来新的文明诞生。

黄金是不久前还充当等值货币的贵金属材料，但早在3 000多年前，黄金就被先民们制成祭器和饰物，让人不可思议。古罗马暴君为了独占从未见过的从黏土中提炼出的“银杯”，不惜杀人灭迹，使这种今天应用最广泛的金属铝，滞后1 000多年才重新走进人类的文明视野；人类对银和锡的真正认识，则是在他们摧毁了马其顿国王亚历山大那强大的兵团之后；最普通的金属铅，曾一度充当过英国王室的隐蔽杀手，直到18世纪，它还让那些勇敢的北极探险者永无归路，因为他们的食品盒是铅制的，铅中毒让他们长眠北极冰原……

工业革命开始以后，人们对自然的认识，对物质的了解，摆脱了宗教神学的束缚，开始以唯物的认识观去认识世界，即今天我们所说的“科学研究”。我国著名科学家王大珩先生有句精妙的话：“什么是科学，科学就是用斗去量，讲的是对事物量和质的精确认识。”工业革命开始了“斗量”的先锋时代，众多的科学先贤和科研机构辈出，掀起了西方工业革命浪潮，开启了一个新的钢铁时代。其中一位杰出的代表是化学家门捷列夫，他通过对当时已知的63种化学元素的分析，发现了这些元素的性质与原子量的关系，提出了元素周期律。门捷列夫依据这个规律，大胆预言了十几种未知元素的存在和它们的性质，这成为今天人们研究物质和探索新材料的重要依据之一。

2. 辉煌的硅时代

18世纪之后的100多年间，科学获得大发展，数学、物理学、化学、生物学、天文学等众多基础科学和工程学、机械制造以及检测应用技术，都取得了超越过去几千年的伟大突破。20世纪50年代，人类迎来一个新的文明时代——硅时代。

为什么说是硅时代而不是其他呢？首先是因为20世纪中期以后，以硅基半导体材料为基础的电子产品，开创了人类自动化、信息化的时代。在此之前，当人们还靠写信通消息的时候，根本无法想像今天几乎人手一部手机，可以随时通话的景象。第二个原因是，在物质世界中，硅材料是分布最广泛的元素之一。例如，构成地球的固体物质，无论是岩石还是土壤，都富含硅元素。然而人们真正深刻地认识到硅的品质和特性，还是在20世纪中期。20世纪中期以后，硅被人们广泛开发和利用，成为若干高技术领域乃至普通民众生活中不可缺少的重要材料。

硅元素作为门捷列夫元素周期表中一个连中学生都熟悉的成员，为什么能够成为一个文明时代的象征呢？如果我们沿着文明轨迹回溯，会发现玻璃的使用已经有了漫长的历史，玻璃的主要成分就是硅和氧。玻璃是非晶体结构的硅氧化物，最早见于火山喷发物中。玻璃除了可以美化生活外，还创造了科学，因为玻璃为人们提供了制造显微镜、望远镜、气压计、温度计、真空瓶、曲颈瓶等多种科学仪器的材料，推动了人们对大自然的探索。没有玻璃，物理学、化学、医学、矿物学、工程学、地质学等诸多学科的发展速度都会大大减慢。

图9－3 硅时代的标志：布满微电子器件的硅片

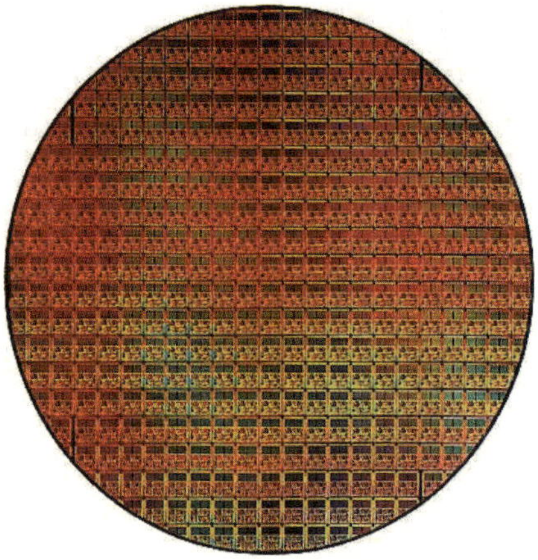

20世纪40年代通信技术、自动控制技术的飞跃发展和计算机的问世，彻底改变了人类的科学发展进程。半导体、晶体管、集成电路等应用技术也相继被开发出来，为20世纪的科学发展推波助澜。科学迅速发展的最明显例证是，人们最初看到的装满一个大厅的计算机

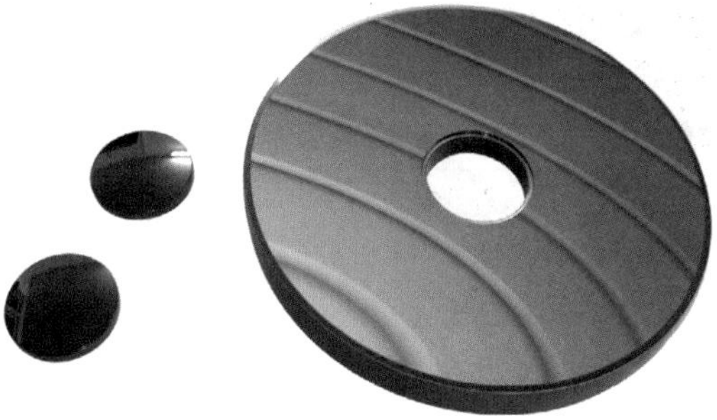

图9－4 采用国产碳化硅材料制作的各类光学部件

变小了，变成今天的笔记本和掌上电脑。这些惊人巨变，源于制造计算机的材料产生了革命性的飞跃。从机械开关到电子管和半导体，从简单的、小规模的集成电路到超大规模的集成和系统集成，制造这些元器件的材料性能越来越好，制造出来的产品功能越来越强。其中，硅单晶半导体材料表现出了超越其他各种材料特性的品质，使之成为一个划时代的标志（图9－3）。

航天器由几十万乃至上百万个零部件组成，其中的电子器件五花八门。单就航天器上的计算机而言，其中涉及硅材料的产品就不胜枚举。所有航天遥感观测的传感器和镜头等，无论是玻璃制作的，还是碳化硅制作的（图9－4），最终都离不开硅材料；所有的光敏感器件、图像成像器件、存储器件，乃至传输设备、控制设备，都少不了含硅材料；提供能源的太阳能电池，飞船外壳防热材料，也都属于硅家族。

如果要列出航天器上用硅或含硅材料制造的产品，那将是一张让人惊讶的清单。因此，硅当之无愧地成为这个文明时代的标志，硅也创造了一个神奇而辉煌的人类进军太空的文明时代。

3．神奇的纳米材料

随着材料科学的发展，一些让人匪夷所思的新型材料开始走进我们的生活，其中纳米材料、超导材料就是典型的例子。

纳米是一个长度单位，又称毫微米。1 纳米等于十亿分之一米，相当于头发粗细的万分之一。在现代材料科学领域中，纳米成了一个充满神奇色彩的时髦名词，被媒体炒得妇孺皆知。那么纳米材料到底是什么东西，它为何如此被世人看重呢？

纳米材料是一种由几十个到上千个原子、分子“组合”起来的纳米粒子或“人工分子”型材料。这种人工分子往往具有人们意想不到的性质，但是，如果让它以通常的方式长大聚集成块状材料，原有的奇特性质就会消失。科学家们发现，在这

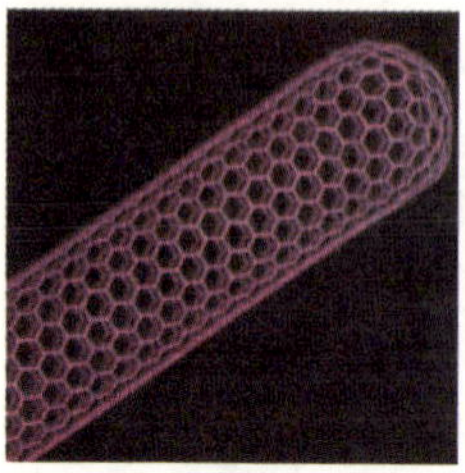
图 9-5 碳纳米管

个崭新的世界里，纳米材料、纳米结构的物理和化学特性既不同于微观的原子、分子，也不同于宏观物体。

纳米材料与其相同元素的大块粗晶粒材料相比，其熔点、磁性、导电性、发光性等各方面性能都会产生神奇的重大变化，具有传统材料所不具备的奇异或反常的物理、化学特性。例如，纳米材料的表面与大块物体的表面不同，具有很高的活性，可望成为新一代高效催化剂和贮气材料；所有金属纳米材料对光的反射率都很低，可以作为高效率的光热、光电转换材料，将太阳能转变为热能、电能；金属纳米材料还可以应用于红外敏感元件和红外隐身技术中。

纳米材料与相同元素的大块材料相比，熔点显著降低，用它来制作微电子线路时，其元件基片不必采用耐高温的陶瓷材料，可以用塑料在较低的温度下制成大功率半导体管的基片。利用磁性纳米材料具有高矫顽力的特性，可以制作高存储密度的磁记录磁粉，应用于磁带、磁盘、磁卡以及磁性钥匙中。纳米材料比传统粗晶粒金属的韧性和硬度要高十几倍，可以用来制造穿甲弹、坦克、高尔夫球杆等高强度产品。利用纳米材料物理改性现象，可以使导电的金属在纳米态时变成绝缘体，使绝缘材料在纳米态时变成导电体。利用纳米材料宏观的量子隧道效应，可以研发量子共振隧穿晶体管等新一代器件……纳米材料在超导电性、介电性能、声学特性以及化学性能等方面的用途，就更是数不胜数，难以枚举。

由于纳米材料具有诸多奇异的特性，因此启迪了科学家和工程师们的奇思妙想，若干神奇之梦像神话故事般成为惊世奇谈。例如，已经制成的碳纳米管（图 9-5），像是由石墨中一层或若干层碳原子卷曲而成的笼状“纤维”，内空外圆，呈管状，直径只有几到几十纳米，比重只有钢的 1/6，而强度却是钢的 100 倍。碳纳米管具有轻而柔软和结实的特性，是制作防弹背心和未来宇宙天梯的最佳材料。纳米陶瓷材料可以用来制造汽车、飞机的发动机（图 9-6）。

图 9-6 纳米陶瓷管

有科学家设想用透明、疏油、疏水的纳米材料作为办公大楼的表面涂层，这样一幢漂亮的大厦就可以永葆新艳。把这种材料

放到织物纤维中，做成的衣服不沾尘污、透气而又防雨。如果用一种在光照下能够迅速改变颜色的氧化物纳米材料来做商业广告牌，或者是青春少女的时髦靓装，这个世界就更加多姿多彩了。

纳米材料的这些巨大神通，使它成为当今世界科学家都极为关注的研究热点。炙手可热的纳米材料，有可能接替硅催生人类文明的又一个新时代。

一种崭新技术的实现，往往需要崭新的材料支持，而对一种崭新材料的认识，又需要崭新的研究和实验技术来支持。人们对纳米材料的认识与应用相辅相成，关于纳米材料组装技术的研究，是当今材料科学的前沿课题。在微电子制造技术领域，有些纳米技术已经有了突破性的进展，但是在纳米医学、纳米药剂方面，大部分领域还都处于研究探索阶段，没有形成批量产品。我国科学家在相关纳米材料开发领域也在辛勤耕耘，特别是我国载人航天工程，创造了一个微重力环境下的理想空间实验研究平台，为基于原子物理学和分子工程学的纳米材料研究提供了最佳条件。相信在不久的将来，纳米材料会给人类文明带来一个更加灿烂的新时代。

4. 有趣的超导现象

20 世纪初，科学家发现金属的电阻与它所处的温度有关：温度高时，电阻增大；温度低时，电阻减小。科学家还总结出一个金属电阻与温度之间关系的公式。有一位叫昂尼斯的荷兰物理学家想检验一下这个公式是否正确，于是他用水银来作实验。当他把水银冷却到 −40℃时，亮晶晶的液体水银像“结冰”一样变成了固体。他把这种固体拉成细丝，并继续降低温度，同时测量不同温度下的电阻。这时，一个奇迹出现了，当温度达到 −269℃时，水银丝的电阻突然变成了零。后来，科学家们把这一轰动世界的奇妙现象称做超导，超导现象也吸引了许多科学家去研究它。因为 −269℃出现的超导现象，无法在地球正常环境温度下应用，所以科学家们又提出了新的思路：到底哪些材料具有超导特性？有没有能够在常温下呈现超导特性并供人类应用的材料——高温超导材料？20世纪80年代后期，高温超导研究取得了突破性的飞跃，从而形成了世界范围内的竞赛。1986年~1987年间，一个个新的超导材料被发现，超导转变温度也由-269℃、-240℃、-230℃、-200℃节节攀升……中国、美国和日本的科学家，相继制成了可以在液氮温度（-196℃）下工作的高温超导体。这些斐然成就，使人们感到超导应用指日可待，并为此兴奋不已。

在高温超导物理和材料研究中，我国曾处于世界前列。中国的载人航天工程，则为材料科学研究提供了新的机遇。

5. 材料科学家的困惑

科学研究是认识未知世界的活动。近代科学数百年的发展历程说明，人类认知是一个螺旋式渐进的发展过程。一个新的认知推动新的技术出现，新的技术又为新的认知探索创造条件。涉及面广的材料科学也不例外。当我们今天已经触及纳米、高温超导这些新鲜事物时，并不是说我们对于那些过去发现并已经广泛服务于人类的认知就那么完美和无懈可击。那些过去已经成为规律、定律的认知，往往被后世打破，这在科学发展的道路上屡见不鲜。

人类对任何事物、任何自然现象的认识，都会受到一定历史背景、一定环境条件等若干相关因素的制约。科学上的许多规律和定律，大都是在地球这个特定的环境中产生的，其中一个特殊因素就是引力场。如图9-7所示的沙沉水下正是地球引力场（或称重力场）的结果。以材料科学来说，千百年来，人类关于材料的生产和科学实践都是在地球重力场中进行的。大家知道，大多数材料的获得，都会经历一个从液态到固态的凝固过程，如钢铁冶金等。在重力

图9-7 沙沉水下，使得河流清澈见底，风景如画

场中，重力所导致的浮力对流、沉降及流体静压，都不可避免地对所制备材料的内部结构产生影响。比如，有的材料在凝固过程中会分离成类似水和油两种互不相溶的液体（难混熔合金的液相分离现象），有的则会形成类似水和沙的液固混合体（如复合材料）。

不同比重的组分，必然导致这类材料的熔体在凝固过程中发生分层或偏析现象，难以形成组分均匀的材料。此外，重力场还会掩盖表面张力等次级效应，妨碍人们对于材料制备、材料加工、材料内部结构和性能之间关系的准确理解和认识，不利于建立相关的基础理论，获得无缺陷的优质高性能材料。由于在地面上没有办法真正摆脱重力场作用的影响，这成为长期困惑科学家的棘手问题。当载人航天把人类文明推向太空时，开启新的科学认知大门的金钥匙出现了，空间飞行器中的微重力环境，正好可以为我所用，使科学家去揭开深层次的科学奥秘。

在航天时代，科学家力求通过微重力环境中的材料科学研究，审视已有的科学认知，弥补以往认知的缺陷，从而提高材料研究的水平。因此，随着航天技术的发展，当代材料科学研究的又一个前沿领域——空间材料科学应运而生。

6. 特殊环境中孕育的新学科

空间材料科学是微重力科学领域的一门新兴分支学科，它研究微重力条件下材料的制备原理和方法，以及微重力环境对于加工材料组分、结构和物性的影响。近年来，科学家的兴趣集中在三个方面：第一是利用空间微重力环境，制备在地面至今难以获得而应用价值极高、性能极优的材料，如高度完整的理想晶体、复合材料、难混合金以及其他特殊材料，图 9－8 所示即为我国在神舟号飞船上制备的新材料。第二是深入了解空间材料制备和晶体生长的特点，揭示重力对材料凝固等过程的影响及其规律，为改进地面生产工艺，开发新材料、新工艺提供理论指导，为在空间开发和生产新型材料奠定基础。第三是

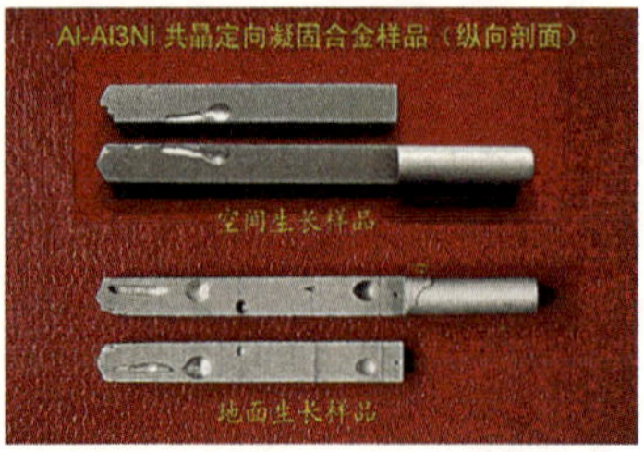

图 9－8　在神舟号飞船上制备的新材料

利用空间微重力实验条件，排除重力的干扰，揭示材料制备过程中的基本规律。如对微重力条件下材料凝固过程及物理、化学过程中各种物理现象和规律的研究，材料高温热物性的测量以及残余加速度对上述过程的影响等。这些基础性研究不但对未来空间材料制备具有指导意义，而且可以为地面材料工艺技术的改善提供科学依据。

空间科学实验具有不同于地面实验研究的特征和方法，在空间微重力环境下，重力引起的各种效应基本消失，表面张力和扩散成为主要控制因素。利用这种环境，可以制备出地面难以获得、缺陷很少、内部组成分布非常均匀的各种材料，可以研究微重力条件下物质传输和物质间相互作用等现象的规律和机理，测量一些在地面难以准确测量的材料热物理性质，如扩散系数、黏度、表面张力等。通过空间实验，还有望发现一些根本无法预料的新现象。这些问题和现象涉及材料科学和工程学的方方面面，构成了空间材料科学研究的主要内容。开展这些研究，有利于人们加深对材料科学中一些基本过程的本质认识，开发出高性能的新材料和新工艺。

为了能够有效利用空间实验的机会，提高实验效率，建立定量或半定量描述微重力环境中液相合金对流、热传导和扩散的运动方程，建立凝固过程中成核长大的唯象方程，进行数值求解或计算机动态模拟，对检验和发展冶金学的有关理论，建立正确的物理数学模型，都具有十分重要的意义。因此，配合空间实验进行大量的地面预先研究和数值模拟，也是科学家们必须使用的研究方法。

7. 崎岖的创新历程

1961 年 4 月 12 日，人类第一位航天员加加林乘坐苏联东方号飞船，完成了首次太空飞行，开创了载人航天的先河，为人类在空间从事材料科学实验探索了一条道路。随后，各国科学家开展了大量的空间材料科学实验研究。苏联于 1969 年在联盟

6 号飞船上完成了空间微重力条件下的焊接和合金熔化凝固实验，开创了人类空间冶金史。在此后的40多年中，苏联/俄罗斯、美国、中国、欧空局和日本等国家和组织，都根据各自的空间技术和航天运载能力，分别利用空间站、航天飞机、载人飞船、科学试验卫星和探空火箭等，就金属和合金、复合材料、光电子材料、陶瓷和玻璃、纳米材料、生物材料等，进行了上千次的空间实验研究。图9－9所示为欧空局的空间多样品材料科学实验装置。凭借这些空间实验，人类开始对空间环境有了实质性的认识：

1）在微重力环境下，能消除浮力引起的对流，可实现纯扩散输运，这是研究晶体生长的理想环境。在这种环境下，可以生长出比地面尺寸更大，且结构更完整的单晶。

2）在地面上被重力掩盖的现象，如马朗戈尼对流、固－液界面反应及润湿性等，对材料制备有重要的影响。

3）空间材料科学实验是发展和完善现有材料科学理论的一种不可缺少的重要手段。

在空间材料科学研究的早期，人们普遍认为，在空间失重状态下，重力引起的多种干扰均已消除，一切与流体相关的物理过程皆由纯扩散来控制，所以人们把材料科学中在地面难以解决的许多问题，诸如因浮力对流而在晶体中产生的生长条纹、化学成分的偏离、比重差而引起的不互溶液体或液体与固体的分离等，都寄希望于在空间研究中找到解决的途径。同时人们还认为，材料产品的空间商业应用很快就能实现，因而偏重于空间材料制备工艺的实验研究。

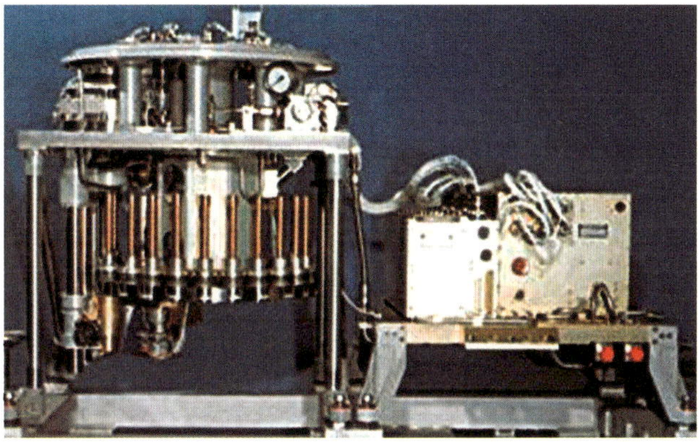

图9－9 空间多样品材料科学实验装置（欧空局）

然而，空间实验结果启示我们，并非所有的实验结果都能与预期设想相符。崎岖的创新历程促使科学家们回过头来，深入探索空间材料制备过程中的微重力物理问题，从而使现阶段的空间材料科学研究转向以探索科学规律为主，研究对象主要是半导体光电子材料、超导体、玻璃与陶瓷、金属合金、复合材料等。

我国科学家自20世纪80年代开始从事空间材料的制备研究，在取得许多成果的同时，也积累了丰富的实践经验，建造了不少实验设施，使得空间材料科学研究更加务实而稳健，成为材料科学研究的前沿阵地。

8. 璀璨的科技之星

有人评价刚过去的20世纪时说，那是开创人类电子信息化的伟大时代。半导体、集成电路、大规模集成电路技术的发明和发展，成为20世纪中后期最璀璨的科技之星。它的发展速度几乎是一年一换代，走过了体积大、质量大、耗能高的电子管时代，小型化的半导体晶体管时代，集成电路时代直至超大规模系统集成的微电子学时代……使计算机、电视机、手机、游戏机、传真机等众多电子产品进入千家万户，成为人们生活中不可或缺的产品。也正是在这个电子信息化时代，人类制造出了载人飞船、航天飞机、和平号空间站、国际空间站这样的人造天体；我国神舟号飞船才能在短暂的几年间，一艘接一艘地飞向太空。

在制造那些成百上千种电子器件的材料中，有一颗耀眼的明星，这就是制造半导体集成电路主要材料之一的砷化镓单晶。砷化镓单晶属于二元半导体光电子材料，用它来制造太阳能电池，效率比用硅单晶要高很多。更重要的是，它是发展超高频通信元器件的功臣。

制造砷化镓单晶这种材料，不是一件容易的事。地面上生长的砷化镓单晶的质量，并不令人满意，因此，科学家们开始考虑利用空间微重力环境生长高质量的砷化镓单晶，进而设法改进地面的晶体生长工艺条件，在地面生长高质量的砷化镓单晶。这项工作，美国、俄罗斯和其他许多国家的科学家都在不断探索。

20世纪80年代中叶，我国著名半导体材料学家林兰英院士（图9-10），首倡利用中国人自己的航天器，独立自主地开展空间材料科学研究。1987年，她领导的研究小组成功地采用熔体

图 9-10　我国著名半导体材料学家林兰英院士

再结晶方法，在国际上首次从熔体中生长出了第一根砷化镓单晶棒。

林兰英的后继者们沿着她开拓的道路，利用我国神舟号飞船和返回式卫星，一步一个脚印向科学高峰攀登。2001 年，对我国的材料科学界来说，是一个值得纪念的里程碑。这一年，我国科学家用空间生长的半绝缘砷化镓单晶，制作出了低噪声场效应晶体管和模拟开关集成电路，这种器件和电路的电学性能全面超过了用地面生长的材料所做的相同器件和电路，特别是用空间材料制作的低噪声场效应晶体管，噪声仅为 0.78 分贝，而用地面材料制作的相同器件的噪声都在 1.0 分贝以上。我国科学家在国际学术会议讲坛上介绍了这一研究结果，受到了国际同行的高度重视。这一事例再次证明，利用空间微重力环境，可以生长出比地面条件下质量更好的半导体材料，同时也说明我国微重力材料科学研究，已经达到了比较高的水准。

9. 摘自九天的宝石

对于全息照相，也许人们还所见不多，但它不是一个新名词，20 世纪五六十年代就被收入了《现代汉语词典》。全息照片的特点在于它对物体的成像是三维的，在不同的角度，可以看到物体的不同侧面。而普通照片是三维物体的二维影像，只记录了光的强度信息。全息成像是利用相干光获得的，不仅记录了光的强度信息，也记录了光的相位信息，这就是“全息”的含意。全息图的视觉效果非常逼真，和观看实物时很相近。

全息照相还有一个特点，就是信息容量大、存储信息的密度高、噪声低、分辨率高和保真度好。要想得到好的全息图，存储介质的性质和质量是很重要的因素。这种存储介质需要一

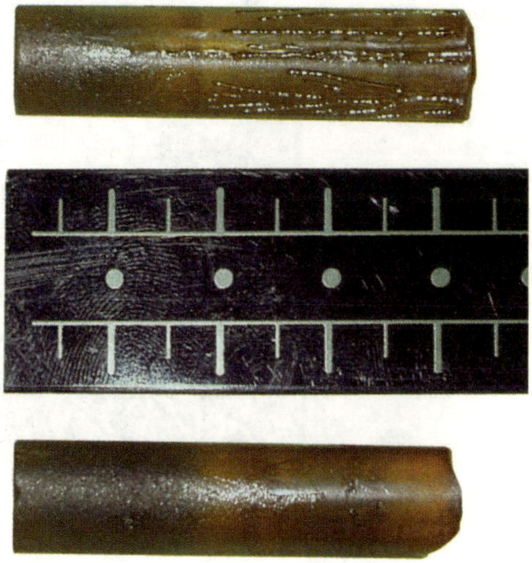

图 9-11　在地面（上方）和神舟 3 号飞船（下方）制备的掺铈硅酸铋晶体

类特殊材料，例如掺铁铌酸锂晶体或者是硅酸铋晶体。1 厘米^3 的掺铁铌酸锂晶体，能够存储500幅高分辨率的全息图。硅酸铋晶体比铌酸锂晶体全息存储的响应时间更快，性能更好。采用掺入杂质（如氧化铈）的办法，还能提高硅酸铋晶体的全息存储性能，但掺杂易引起晶体宏观和微观的缺陷。为了探索高品质的掺铈硅酸铋单晶制备技术，我国科学家在神舟号飞船上进行了生长掺铈硅酸铋单晶实验：掺铈硅酸铋材料在空间加热熔化后，在其熔点（895℃）温度以下渐渐冷却，结晶成单晶棒（图9-11）。

对这个来自空间的产品，人们用肉眼就能观察出晶体外观上的明显特点。空间生长的掺铈硅酸铋晶体，由于熔体和铂金容器壁没有发生粘连，所以外观光滑，内部结构更加完整，晶体的微观缺陷密度比同样条件下在地面生长的晶体少得多。地面生长的晶体由于熔体和铂金容器壁有粘连，所以表面有凹坑，导致晶体内部应力大，微观缺陷多。空间生长的晶体棒经过切割、打磨和抛光，会发出宝石般的光泽，对科学家来说，这真可谓是“摘自九天的宝石”！

10. 太空中的水晶宫

自然界为人类提供了许多有用的晶体材料，如食盐、冰糖、水晶、方解石等，都是人们常见的晶体材料。但是，许多具有特殊应用价值的晶体，大家却不一定熟悉，晶体的各种形态就更不为人所知。晶体有四方体、六方体、柱状、盘状等不同形态。雪花也是晶体，其外形却类似六瓣梅花，看起来晶莹剔透，美丽绝伦。

高科技的发展，使得人们不满足于大自然的馈赠。科学家们根据需要，用人工方法来生长不同类型、不同用途的晶体，已经成为一门学科。用人工水晶、人造宝石等晶体制造的珠宝和首饰，早已开始装点人们的生活。高科技领域的应用需求，更促使人工晶体的生长技术突飞猛进，造就出许多人间奇迹。当你走进材料科学家的实验室，那个晶体世界五彩斑斓，令人陶醉。

人们对自然界的结晶现象并不陌生。海水经过太阳照射，会形成结晶盐；天然洞穴中的石花、石笋、石钟乳千姿百态，让人惊叹大自然的鬼斧神工，那也是一种自然结晶体。人们从长期的观察和认知中，也就学会了一门新技术，这就是模仿自然界晶体的形成原理，人工生长晶体。每一项发明创造都是源于人类社会、生产活动的需求，人工生长晶体当然也是因为那些“水晶”材料有着非同一般的应用价值，所以它们才成为科学家研究的前沿课题。

20 世纪 60 年代，激光技术和超声技术走进高科技领域，成为光电子信息时代的一个重要组成部分。激光具有单色性好、相干性高、方向性强等诸多优点，用它作通信的信息载体，可以获得更高的传输速度，更大的传输容量，更好的抗干扰性和保密性。另外，激光是物理学中基于“受激辐射”原理产生的强光，能量集中。把激光聚焦，可以充当外科医生的手术刀，用这种手术刀为病人做手术，位置精确，伤口小不流血，使病人无痛。当激光能量足够大时，可以变成无坚不摧的激光武器（图9－12）。所以，在激光概念刚诞生时，有人称它为“死光”。

如何产生激光，是另一个高技术问题。在激光产生和激光应用的高技术领域，同样需要有相应的材料及用这种材料制成的器件，其中就有上面提到的人工晶体。

α－碘酸锂晶体是人工制造的晶体，它可以在不高的温度范围内从水溶液中培育出来。α－碘酸锂晶体呈六方棱柱外形，与水晶一样清澈透明。它是激光非线性器件中不可缺少的“宝贝”，被广泛用于制作激光频率变换器件和超声传感器。在地面制造α－碘酸锂晶体时，由于重力对流引起的生长扇形问题，造成其抗光损伤阈值偏低，不能应用于大功率激光器。为了提高晶体的损伤阈值，我国科学家从20 世纪 80 年代就开始了太空中的“水晶宫”建造工作，并从太空“水晶宫”生

图9－12 美国开发的天基激光武器

图9－13 太空生长的α－碘酸锂单晶

长出许多α－碘酸锂单晶（图9－13）。科学家用光学显微镜、X射线形貌术和同步辐射X射线荧光等多种方法，研究这种晶体的组分、结构和物性，取得了重要的研究成果。科学家们发现，在空间微重力条件下生长的α－碘酸锂单晶体，其结构完美性优于地面“出生”的“孪生兄弟”，因此是激光非线性器件和超声应用器件的优良材料。

11. 秘境夺奇的金属玻璃球

金属玻璃是20世纪60年代开始发展起来的一种新型非晶材料，具有相应成分晶态材料所不具备的优异物理、化学特性，如高电阻率、强抗腐蚀性及极好的韧性等。如何获得金属玻璃，是材料科学中的一个难题。因为任何金属材料都需要从液态转变为固态的冷却过程，而在常规冷却条件下，金属合金熔体在凝固过程中总有结晶的倾向，形成晶态结构的固体，这不是科学家希望获得的金属玻璃。

人们已经认识和掌握的金属玻璃制造方法，通常是采用熔体急冷和原子沉积等。但是，熔体急冷技术受导热条件的限制，而原子沉积方法又受到沉积速率的制约，这些方法只能获得金属玻璃薄带或细丝，无法制备出三维块状金属玻璃，因此限制了金属玻璃的应用。

后来，科学家采用反向思维方式，首先从金属结晶过程中去寻找解决问题的答案。他们发现，结晶就是不断形成晶核与晶核不断长大的过程，而形核又有均匀形核和非均匀形核两种现象。液态内部没有任何外来杂质颗粒，完全由液态物质的原子产生的形核叫做均匀形核；非均匀形核则总是从异物开始，比如悬浮于液体中的杂质颗粒、熔体表面的氧化膜及坩埚内壁等，这些外在条件对形核起到催化作用。

了解了金属结晶的过程，控制金属玻璃的形成办法就有了，那就是尽可能消除和避免产生非均匀的形核过程，采取的办法就是既要寻找低均匀形核率的新合金体系，又要消除和避免非均匀形核。我国科学家在神舟号飞船上进行了一次成功的实验，实现了制作金属玻璃的夙愿。他们把不同大小的钯镍铜磷合金块真空封装在坩埚内，然后再将坩埚真空封装在防震动、抗冲击的石英安瓿内；通过预先设定的程序，使钯镍铜磷合金样品在空间经过加热、保温、冷却的熔化－凝固过程，获得了直径为3.04毫米、2.34毫米、1.57毫米和1.02毫米的钯镍铜磷合金小球（图9－14）。这些小球表面明亮光滑，犹如光彩夺目的珍珠。用X射线衍射和扫描电镜显微观察它们的形貌，证明它们确实是长程无序结构的金属玻璃，而且各类小球最大与最小直径之差仅为0.01毫米，与地面同样条件制备的材料相比，质量要好得多。

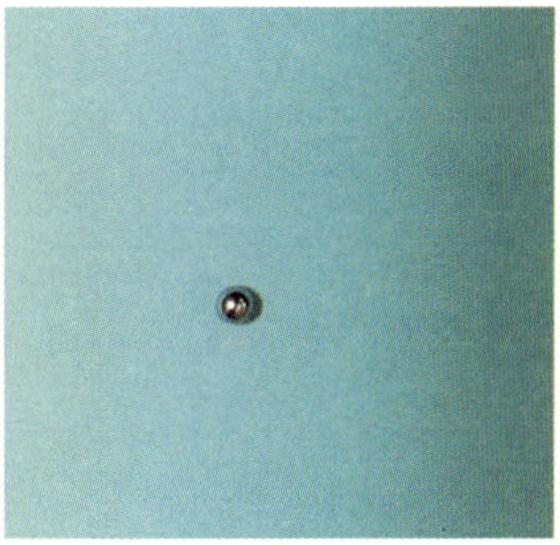

图9－14 空间凝固的直径为2.34毫米的钯镍铜磷合金小球

12. 液态金属的润湿奥秘

在材料制造过程中，润湿性影响材料的品质。科学家们费尽心机，想搞清楚这种现象的机理。什么是润湿性呢？不妨从日常生活中来看一看：当一滴墨水滴在纸上时，墨水会很快扩散开来，纸被润湿一片；一滴雨水落在荷叶上时，水却收缩成一个圆圆的水珠，人们把这类现象统称为润湿性。墨水滴在纸上，墨对于纸是润湿的；雨水滴在荷叶上，雨水对于荷叶是不润湿的。为了说明这个问题，我们把纸和荷叶称为固体基片材料，把墨水和雨水称为研究润湿性的液体材料。

材料润湿性的度量，科学家用接触角来表征，接触角是液滴和固体基片之间的接触部位的一个几何夹角（图9－15）。从前面举的例子中，已经看到润湿性与固体和液体材料界面间的相互作用有很大关系。在材料科学领域中，液态金属在固态金

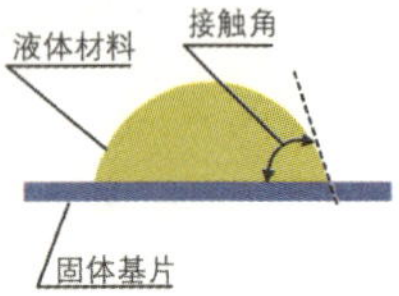

图9－15 液／固接触角示意图

属基片上的润湿性能也是同样道理。

这个看似简单的问题，却有着非常复杂的机理，对该问题的研究，一直是材料科学领域中的前沿课题。空间中是否还会有这种润湿现象？重力对润湿性有没有影响？润湿界面间的相互作用如何进行？它对空间材料冶炼、凝固结晶、复合材料的合成以及焊接等方面到底有哪些影响？这些都是人们感兴趣的问题。

我国科学家在卫星和神舟号飞船上都进行过这项研究。他们采用液态银铜锡合金，进行了在固态铁基片上的润湿性实验，有了重要发现（图9－16）。比如在微重力环境中，银铜锡合金与铁基片间的接触角为59°，而在重力环境中，相同温度条件下的接触角却为30°，远小于微重力环境中的接触角。这表明，由于重力作用，改变了熔滴的几何形貌，使接触角变小了。

那么液／固界面反应是否受重力影响呢？过去没有人回答过这个问题。我国科学家通过对天地相同条件下的实验样品进行电子显微镜显微观察和形貌分析发现，在空间实验中，熔滴表面未见到明显的铁相出现；银铜锡合金与铁基片之间的液／固界面处，却发现了许多近圆形的黑色小颗粒，与铁基片相连，经检测确认，这些黑色小颗粒是不含银、铜和锡的纯铁。而在地面实验中发现，熔滴表面出现有规则形状的铁相，液／固界面处的银铜锡合金向固态铁基片中扩散，不存在黑色小颗粒的纯铁。这种天－地实验样品的显著差异，从正反两个方面说明，润湿性现象存在着重力驱动对流和由重力引起的浮沉效应。地面实验由于重力作用，液态银铜锡合金在固态铁基片润湿铺展时，在液／固界面上会发生原子相互作用，液态银铜锡合金会向固态铁基片中扩散，固态的铁也会有部分熔入液态银铜锡合金中。空间实验由于没有或者基本没有重力作用，只存在缓慢的纯扩散过程，使熔解的铁依然存留在界面上。

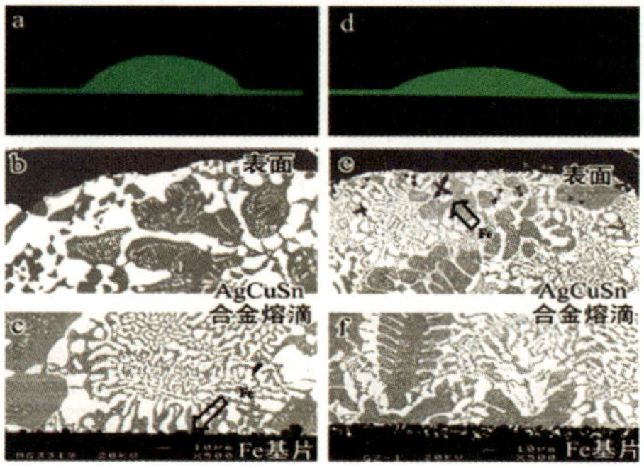

图9－16 空间微重力和地面重力环境中银铜锡合金与铁基片之间的液体与固体界面及表面形貌(a,b,c 微重力环境中；d,e,f 重力环境中)

13. 神舟号飞船上的材料工厂

我国的空间材料实验研究，和世界先进航天大国相比，尽管历史不长，实验次数也较少，但从20世纪80年代中后期到现在的20多年时间里，取得的成就却引起了国际同行专家的广泛关注。特别是在神舟2号、神舟3号飞船上，我国科学家采用自行研制的空间实验装置，进行了多种材料的空间晶体生长实验及合金凝固实验，并对空间获得的材料进行了全面的测量与分析，与地面相同条件下得到的材料进行了比较，得到了许多重要的研究成果。因此，当人们看到那些琳琅满目的实验样品时，风趣地说："神舟号飞船真是个科学家的材料工厂！"图9-17展示了神舟号飞船上制得的部分材料；表9-1中则列出了神舟号飞船开展的主要空间材料实验。

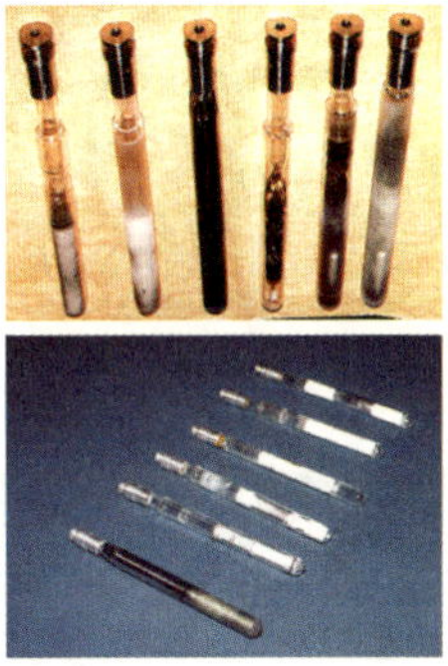

图9-17 神舟号飞船上制得的部分材料

大家知道，一般金属材料都要几百乃至上千摄氏度的温度才能熔化。神舟号飞船上空间有限，能源有限，上面那些材料是如何在飞船上熔炼出来的呢？这就需要了解工程师们为科学

表9-1 神舟号飞船开展的主要空间材料实验

实验装置	研究内容	实验材料
多工位材料炉	单晶生长研究	1. 二元半导体光电子材料锑化镓(GaSb)单晶生长
		2. 掺锰(Mn)锑化镓(GaSb)单晶生长
		3. 三元半导体光电子材料碲锌镉(CdZnTe)单晶生长
		4. 掺锗(Ge)碲锌镉(CdZnTe)单晶生长
		5. 氧化物光学晶体硅酸铋（BiSiO）单晶生长
		6. 掺铈(Ce)硅酸铋(BiSiO)单晶生长
	金属与合金的凝固研究	1. 铝－镁硅（Al-Mg_2Si）共晶合金定向生长
		2. 铝－铝镍(Al-Al_3Ni)共晶合金定向凝固研究
		3. 铝－铋(Al-Bi)偏晶合金凝固研究
		4. 复合材料凝固行为研究(Al-Bi)/Al/(Al-WC-17Ni)
		5. 钯镍铜磷（$Pd_{40}Ni_{10}Cu_{30}P_{20}$）凝固形成非晶合金
		6. 钕铁铝钴（$Nd_{60}Fe_{20}Al_{10}Co_{10}$）凝固形成块体亚稳材料
	润湿性及固／液界面交互作用研究	1. 银－锡／铁基(Ag-Sn/Fe)
		2. 铜－银／铁基(Cu-Ag/Fe)
		3. 银－锡／镍基(Ag-Sn/Ni)
		4. 铜－锡／镍基(Cu-Sn/Ni)
晶体生长观察装置		氧化物晶体四硼酸锂（$Li_2B_4O_7$）和铌酸钾（$KNbO_3$），晶体生长动力学和重力对流消失后各种次级效应对晶体生长的影响研究

图 9–18　神舟号飞船上的多工位材料炉

家设计的先进科学实验装置。

早在 1969 年，苏联就研制了一种叫“火神”的材料实验炉，在联盟号飞船上进行了金属焊接和合金熔化、结晶实验。美国、欧空局、日本、加拿大等，先后研制了数十种空间实验装置。我国从 20 世纪 80 年代开始空间实验以来，也研制了各种各样的空间高温冶炼实验装置。神舟号飞船上使用的多工位材料炉应当属于第二代或第三代，它体积小，质量小，功耗低，功能强，可以称得上是世界先进的空间材料实验装置之一（图 9–18）。多工位材料炉安装在神舟号飞船上，每次能够完成多个实验样品的实验，其内部最高温度达到 1000℃，能把一个指头粗细、10 厘米长的金属棒熔化，而外表面的温度还不到 40℃。它消耗的功率平均只有 70 瓦，也就是说，只有一支灯泡的耗电量。这样的高效率当然依赖于高科技的加热、保温和控制技术，以及多方面的精巧设计，体现了我国工程师的高超技艺。

图 9–19　神舟号飞船上的晶体生长观察装置

神舟 2 号飞船上还有一个不到 10 千克的黑盒子，它貌不惊人，却本领奇特。它不仅能够把熔点超过 1 000℃ 的材料熔化，而且能够让科学家在地面上看到熔化了的材料熔液流动的形态，可以研究各种次级效应对晶体生长的影响，这就是我国自行研制的带有显微摄像专利技术的晶体生长观察装置。该装置外形如图 9–19 所示，传回地面的图像如图 9–20 所示。

图 9–20　晶体生长观察装置传回地面的图像

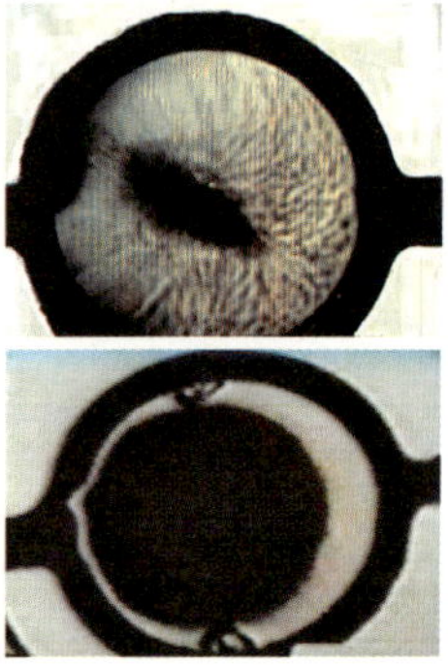

利用这种实验装置，科学家们能够看到高温熔液内溶质扩散区在 2 毫米范围内的形貌，发现在表面张力梯度的作用下，溶质微晶以抛物线形态由中心区域流向坩埚边缘。

在材料的熔化和凝固过程中，通常需要采用容器装载材料。那么容器对制备的材料有影响吗？答案是肯定的！无论是在天上还是地面，这种影响都是存在的。在科学研究中，这种影响有时是科学家不希望发生的，因为容器壁的物质可以被熔化的材料溶解，改变熔化材料（研究对象）的成分。同时，材料与容器之间的贴壁效应，也会干扰液态材料的运动规律，影响实验研究结果。

既然空间处于失重状态，能够让物质漂浮起来，那么能不能够不使用容器装载材料，让被研究材料在没有容器的状态下熔化和结晶呢？这是科学家们的奇思妙想。

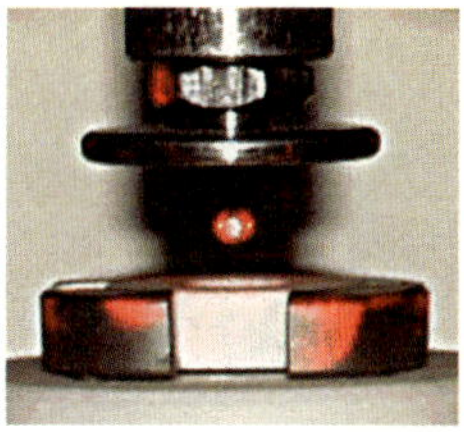

图 9–21 空间无容器科学实验装置

有科学依据的幻想，通过探索与实践，就会变成创造与发明。无容器冶炼在世界上经过多年的探索研究，目前能够实现的方式有很多种，如电磁悬浮、静电悬浮、磁悬浮、声悬浮、落管等。德国人研制的TEMPUS，采用电磁悬浮方式研究导体（金属）材料，在航天飞机上进行过实验。日本宇宙开发事业团计划在国际空间站上建立长期使用的静电悬浮式材料实验平台。

我国科学家也在进行空间无容器冶炼实验装置的研制，并进入工程设计阶段，将在中国载人航天工程后续任务中使用。图9–21所示为我国空间无容器科学实验装置，这种装置研制成功后，将为我国空间材料科学研究提供新的实验手段。

14. 航天时代对材料的新要求

载人航天已经成为21世纪带动人类科技发展的巨大动力，载人航天需要一个国家经济、文化、科技、人才等综合实力的支持。材料是人类社会文明程度的标志，载人航天要向更高的水平发展，要实现星际航行，开拓新的宇宙空间，发展材料科学研究是很重要的。

人类已有的能力，从未来的发展目标来看，显得还很初级。以航天器的能源系统来说，今天的载人航天器，包括国际空间站，使用最先进的能源系统是太阳能电池。但是成熟的硅太阳能电池转换效率不到20%，先进的砷化镓电池转换效率也不到30%，我们是不是能找到更高转换效率的材料呢？

国际空间站上伸展的桁架非常壮观（图9–22）。将来，如果需要更长的太空桁架，我们能不能找到质量小、刚度和强度更好的建筑材料呢？我们有没有能够让“太空建筑工人”在空间进行组装、焊接的材料和技术呢？

图 9-22 航天员们正在通过出舱作业，把奋进号航天飞机运送来的桁架安装到国际空间站上

载人飞船和航天飞机返回大气层是最危险的时刻。飞船穿越大气层时，与大气发生摩擦，其外表面产生高达上千摄氏度的高温，可能造成毁灭性的灾难。哥伦比亚号航天飞机的惨剧（图 9-23），至今让人们记忆犹新，也让人关心今后是否还会有更好、更坚实、更耐高温的涂层和材料。人类何时才能造出有如现在的飞机、汽车、轮船那样出行自由和安全可靠的航天器呢？载人航天需要有新材料的发明与创造！只有找到更好的材料，人类的载人航天才会可持续发展，宇宙远航之梦才会实现。因此，我们说：材料是人类发展宇航事业的重要条件之一。

美国、俄罗斯、欧空局、日本、加拿大、巴西共同建造的国际空间站，自 1998 年开始以来，至今已经组装了大部分，即将完成组装。组装完成后的国际空间站质量将达到近 400 吨，面积比一个足球场还要大，由 7 个舱连结而成，可容纳 6 名航天员及任务专家长期在上面生活和工作。

国际空间站的造价是 1000 亿美元，建造过程历时十几年。俄罗斯还计划在国际空间站停止使用之后，自己再建一个新的空间站。为什么要建造国际空间站？它的建造者们说：为了进行空间科学研究。花如此高的代价进行空间科学研究，可见空

图 9－23 哥伦比亚号航天飞机失事

间科学研究是何等重要。空间材料科学实验研究，是空间科学研究的重要内容之一，因为国际空间站可以提供更多的电能、较大的空间和载荷质量开展材料科学研究。

我国也要建设空间实验室和空间站，并且已进入实施阶段。我国的空间实验室，将为空间材料科学研究提供更好的平台。今后，预计在近 10～15 年间，空间材料科学仍将以基础研究为主，努力提高空间实验研究的能力，同时，围绕国家经济建设、国防建设中的重要任务，配合载人航天、探月计划、火星探测等重大项目，开展空间实验研究，促进学科发展。图 9－24 所示为我国神舟 3 号飞船带回的材料炉。

当中国的空间实验室、空间站上天后，将能在空间实验加工不同类型的材料，包括高熔点和较大尺寸的材料；可以对材料加工过程进行实时观察、检测和诊断；科学家在地面对材料加工过程可以进行实时控制，任务专家可以在空间参与材料实验和加工过程，更换实验样品，进行设备维护，并将实验样品及相关数据、图像资料的载体带回地面，供科学家进行分析和研究。

图 9-24 研究和技术人员正在检查神舟 3 号飞船带回的材料炉

在条件允许的情况下，科学家还会将空间材料科学研究的成果，直接转化为材料的空间生产或制造；利用对太空环境下材料加工过程的认识，制造获取在地面无法得到的新材料，特别是那些具有重大科学价值和使用价值的关键材料，或因地面资源枯竭而匮乏的材料。

科学无限，认知无限。空间材料科学将随着载人航天技术的进步得到更大的发展，也必将为人类的文明、进步与发展作出巨大贡献！

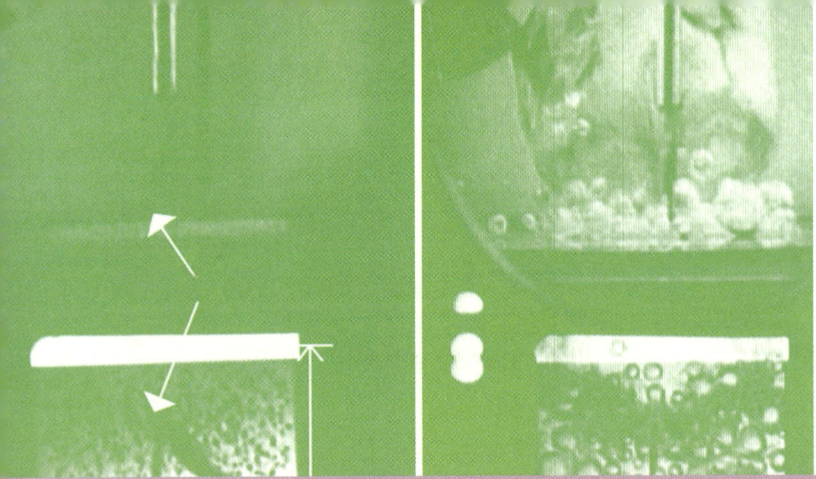

第十章

流动的物质世界

—— 微重力流体物理学研究

自然界中的一切物质，都有其特定的运动规律。人类不停地研究和认识物质运动规律，以便更好地利用物质资源，造福于自身。

航天技术诞生后，太空成了人类活动的新领域，人类的目光也随之延伸到太空，探索、研究太空环境下的物质运动规律，为开发、利用太空资源创造条件。

1. 流体物理学

众所周知，一般物质有三种存在的形态：固态、液态和气态。固态物质具有确定的形状和体积，液态物质具有确定的体积而形状由容器决定，气态物质则充满整个容器。物质在自然界中以什么形态存在，取决于该物质所处环境的温度和压力等因素。我们平时看见某一物质的形态，是在地球重力场和自然环境温度范围内的一种形态。如果改变它的环境条件，它的形态就会改变。比如我们通常所见的水，在一个大气压下，当温度达到0℃时，它就会结成固态的冰；当温度达到100℃时，它就变成气态的水蒸气。

即使是坚硬的钢铁，也有变成液态或气态的温度，这就是物理学上所说的熔点和沸点。当一种固态物质被加热到它的熔点温度时，它就变成液体；当液体物质被加热到它的沸点温度时，它就开始变成气体。不同物质的熔点和沸点差异很大，比如铁，我们通常看到的是固体形态，但在炼铁炉中，温度高达1 535℃以上时，我们就看到了铁水奔流。假如再把铁水温度提高到2 800℃以上，那么铁水也会变成漂浮的“蒸气”，那时的铁不再坚硬，也不会再铁水奔流。

可以流动的物质统称为流体，其特征是在很小的外力作用下，物质就会变形（流动）。所有的液体和气体都属于流体范围。一般来说，重力对固体本身不会有什么影响，只对流体的行为有影响。所以，研究重力对物质的影响，只有它们具有流体特征时才能表现出来。单独的固体颗粒没有流动性质，但当它们分散到其他流体介质中时，整个体系仍具有流动特性，只不过这时的流体已不是单一的均相了，它们的流动行为表现得更复杂，如图10-1所示的水面浮冰。还有给人类生存带来巨大灾害

图10-1 南极水面的浮冰

图 10–2 自然界中泥沙沉积的河流

的一些自然现象，如泥石流、沙尘暴等。图 10－2 为泥沙沉积的河流。

鉴于流体有自身特殊的运动规律，近代物理学中出现了一个专门研究流体及其与力相互作用特性的学科——流体物理学。

传统的流体物理学研究，是在地球重力场这个环境中认识流体运动规律的。当人类实现航天后，微重力环境出现在我们所从事的航天活动中。无论是航天器的建造、运行，还是在航天器中开展科学实验，或者是载人航天器上的生态保障等诸多问题，都会直接或者间接涉及流体物理学若干应用和基础理论问题。所以，微重力环境下的流体物理学研究，成了微重力科学的前沿学科。

微重力流体物理学研究在空间科学实验与应用技术研究中占有特殊的地位，它不仅自成体系，而且在材料科学、生命科学和生物工程、生物医学以及基础物理学等实验研究领域，都有直接相关的指导意义。同时它也为航天器上的流体管理、防火安全保障等应用技术提供理论支持，所以被科学家们称为“基础的基础科学研究”。

知识链接

我国开展的空间流体物理学实验

中国载人航天工程以和平利用太空，促进人类科学与技术发展为宗旨，始终把科学研究作为航天应用的重点。在其第一步任务和第二步任务以及后续中长期发展规划中，都安排了适当规模的微重力流体物理学研究内容。在第一步任务中，研发了通用流体实验装置，在空间进行了液滴马朗戈尼(Marangoni)迁移实验，采用油酸甘油脂-硅油体系，对不同雷诺(Reynolds)数，在不同温度梯度场下的液滴迁移现象进行了观测，取得了完整的实验图像记录。

中国利用卫星、和平号空间站等飞行平台和失重飞机、气球落舱、微重力落塔等实验方式，同步开展了气液两相流实验、液桥实验、表面张力实验、燃烧实验等一大批研究课题。例如，1996年在实践5号卫星上进行了多层流体实验；1999年在和平号空间站上进行了气液两相流流型实验，在高空气球上进行了燃烧实验，在失重飞机上进行了气液两相流实验；2006年在实践8号卫星上进行了池沸腾传热实验、液相中扩散传质过程实验、颗粒物质运动行为实验、电气组部件着火前期特性、热毛细对流表面位形及体积效应实验和材料闷烧实验等，都取得了重要进展。

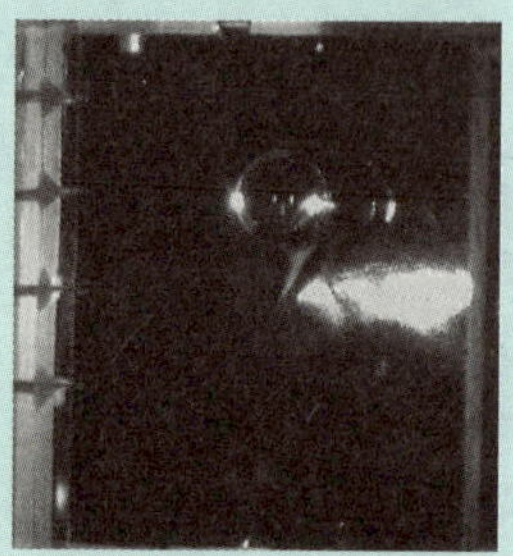
空间微重力环境下的液滴热毛细迁移

在中国载人航天工程第二步任务和后续中长期发展规划中，面向载人航天可持续发展、国家经济建设和提升国家先进科学技术整体水平，将在对流与扩散、多相流与传热传质、复杂流体动力学、生物材料流体力学和微重力燃烧学等多个领域部署数十项研究课题，为未来空间开发和应用打下坚实的基础。

2. 微重力流体现象

重力的属性是由牛顿在300多年前首先描述的，今天我们都已熟知。重力就是任何两个有质量物体间的吸引力，引力的大小与两个物体的质量乘积成正比，与距离的平方成反比。当其中一个质量很大时（如地球），对另一个的吸引力就很明显。

在地面附近，一个物体由重力引起的朝向地心的加速度称为重力加速度，或1g。这个加速度的大小为9.8米/秒^2。地球引力场在地球各个地方并不是完全一样的，所以在不同纬度，不同地理海拔高度的地区，相同物质的重量是不一样的。但这个差别很小，一般可以忽略不计。

在空间微重力环境中，重力影响只有1g重力的千分之一到十万分之一的微量级，在这种情况下，物质的运动规律与地面相比会发生变化。那么，在微重力环境中，流体运动是怎样的一种状态呢？

在微重力环境下，基本上失去了重力作用，被高温熔化的两种或多种金属元素构成的液态合金中，各种金属元素的不同比重可以忽略，所以各种成分金属原子相互之间可以均匀混合，这对于制备高质量的金属合金、半导体材料是一个绝好的条件。但是有一利也有一弊，有些时候，微重力对流体运动的负面影响同样不能忽视。例如，生物学家在空间进行一项细胞培养，或者蛋白质晶体生长实验时，在失去或基本失去重力作用后，培养液不再像地面上那样与细胞亲密结合，细胞可能由于得不到营养而死亡，也可能由于黏附的气泡阻断营养供给而死亡。

工作在飞船上的航天员需要饮水。在无重力的情况下，水不需要用杯子盛放，因为液体的表面张力，可以使水形成一个球漂浮在空中，航天员可以用筷子“夹住”（实际上是靠下面所说的浸润性黏住）那个水球，把它送进嘴里。但是，这种情况只能停留在理论上，真正用这种方法饮水是行不通的，因为一旦有大量的水像断线的珍珠漂浮在航天器舱内，它们不会下落，又很难清除，水珠接触到各种仪器设备，就会影响仪器的正常运行。万一水珠被航天员吸入呼吸道，还会使航天员窒息，出现生命危险。实际上，航天员在太空需要借助专门设计的装置，把水导入嘴中完成饮水过程。除了饮水，航天员进食、洗澡、大小便等一切在地面看来十分简单的事，到了太空都不简单，需要科学家和工程师提出解决的办法（图10-3）。

图10-3 在太空失重条件下，洗浴需要特制的设备

人的肌体70%是由液体组成的。生活在太空的航天员，肌体内的体液和血液循环系统也会受到微重力的影响，产生与地面大不相同的反应。例如，因为血液失去重力作用，航天员上肢、头部会充血。长期的太空旅行，会使人正常的生理机能发生变化，返回地面后短时间内无法站起来（图10-4）……

多年来，人们在重力场中已经形成了许多传统的物理概念，建立起牢固的理论体系。但是，在空间微重力条件下，以

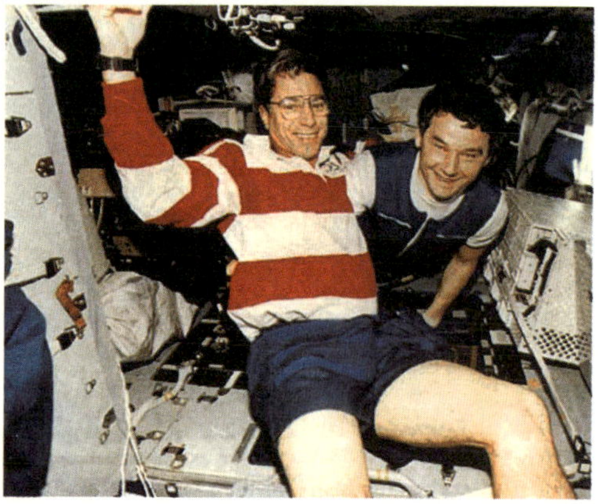

图10–4 航天员返回地面后，短期内无法站立

前掌握的科学知识和物理规律可能已不再完全适用了。以司空见惯的燃烧现象为例，在地面重力环境中，点燃的蜡烛会熊熊燃烧；而在空间微重力条件下，燃烧的条件、过程和规律都变得复杂了。如果在飞船上不小心发生火灾，那会变得非常可怕。再如，在地面装有油、水、气和沙粒的试管中，沙粒总是会下沉，而油滴总是会上浮，气体因为最轻总是会在最上层；而在空间微重力环境中，沙粒既不下沉，油滴也不上浮，气体夹杂其中，相互可以实现均匀混合。在航天器的燃料箱或者气液管路系统中，这是一个要命的问题，因为气液的均匀混合和不易分离，会给这些系统的正常工作带来麻烦，推进剂燃料会因为气体阻断产生断流熄火，温控系统管路会因为堵塞阻断热量正常交换而失控。所以在微重力环境中，很多物理概念包括流体中的自然对流、沉降（沉淀）效应、浸润现象、热交换规律、摩擦等物理过程，都与地面上大不相同。航天器的燃料系统、温控系统等重要设备，都是依靠液态或气态物质工作的，其结构与工作模式设计，都要考虑物质在微重力条件下的特殊运动规律，以免造成灾难性的事故。

流体物质运动规律，在没有重力场干扰下，还有很多特性

知识链接

失重现象

人们可以在电梯里得到一些失重体验。当电梯在向下加速时，人会有一种悬空的感觉。如果电梯以重力加速度向下坠落，人就会漂浮起来。这时放开手里拿的一个苹果，它也会在附近漂浮。如果用磅秤去称体重，因为秤盘上毫无压力，读数必然为零，也就是失去了“重量”。在地面进行微重力模拟实验的落塔，就是在一个高耸的塔中，任物体在塔中自由下落，产生一个模拟的微重力环境。

加速下降电梯中的失重

没有被人们掌握。如果能够利用空间这个剔除了重力干扰的实验环境，去揭示那些被掩盖的运动规律，深化对事物本质的认识，人类在航天事业中将会更有作为。

3. 液体的天然形状

我们通常都认为液体并没有固定的形状，把液体放到什么样的容器中，它就会自动充满那个容器的底部。即使是水滴，把它放在不同的固体表面上，或者悬挂在固体下方（如水龙头下悬挂着的水滴），它也会呈现出不同的形状。

液体一般都不能长时间在空中悬浮，必须要用一定的固体来限制它的空间或者作支撑，否则就会下落到地面上。事实上，液体也是有它固定的形状的，只是因为地球重力的作用，才使它失去固有的天然形状。

图10–5 微重力下的水球

液体的天然形状应该是球形。在太空的微重力环境下，液体总是缩成一个玲珑剔透的球悬浮在空中（图10－5）。由于重力作用减弱到非常微小，悬浮在空中的球形水珠不会落下来。但是，如果有微小的外力作用，如空气流动等影响，水珠就会四处飘动。为了不让它乱动，我们可以用一只金属环来控制它，使它静静地悬在空中，这在地面上很难做到。

为什么液体的天然形状是球形呢？很早以前人们就想像，整个液体表面好比一张绷紧的弹性薄膜，其中存在着一种方向与液面相切的特殊张力，叫做表面张力，这种张力有使液面尽量收缩的倾向，就像被拉紧的橡皮膜所具有的收缩倾向一样。由于这种表面张力的存在，如图10－6 所示，我们在液面上任意一点划一条假想直线，直线左边的表面张力将有把直线拉向

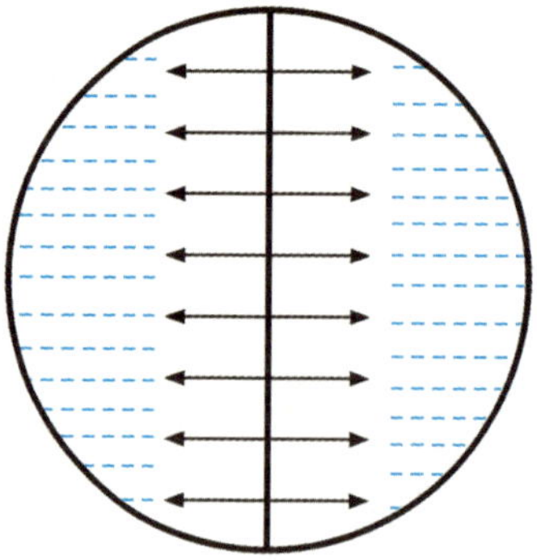

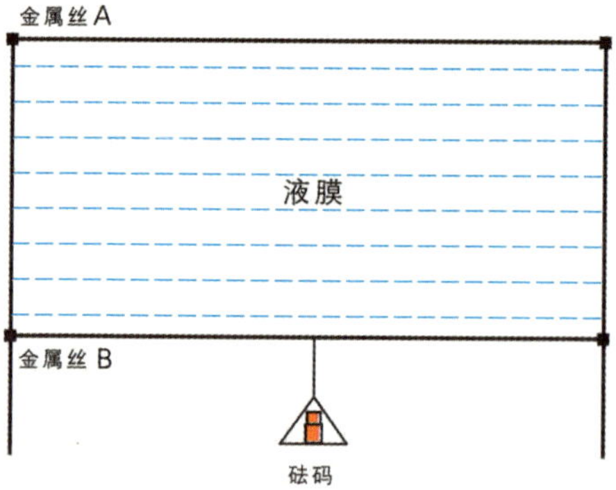

图10–6 作用于液面任一假想线两边的力（左）

图10–7 液膜表面张力测量实验示意图（右）

左边的趋势，而直线右边的表面张力则有把直线拉向右边的趋势，它们构成一对作用力和反作用力，其大小由直线的长度决定。

一个简单的实验可以使我们观察到表面张力的存在。如图10–7所示，用两条金属丝做成一个长方形小框，将金属丝A固定，金属丝B可以上下移动。当小框上形成液膜时，因为液膜的表面张力，金属丝B有向上移动的倾向。在金属丝B的下端悬挂质量适当的砝码，依靠砝码所受的重力去平衡金属丝B受到的表面张力，液膜就维持平衡。这时，砝码所受的重力就是所测得的液膜总的表面张力。因为液膜有两面，所以金属丝上所加砝码所受的重力，应该是液体表面张力的两倍。定义单位长度上的表面张力为表面张力系数，那么再除以金属丝A或金属丝B的长度，就是液体的表面张力系数。

在上面的实验中，将金属丝B向下移动形成液膜时，外力必须对抗表面张力作功，这个功会转换成表面能，储存于所形成的液膜表面。表面能与表面积的大小有关，具有自发降低到最小值的倾向。对液体来说，表面能的降低只有通过缩小表面积的途径来实现。我们从几何学中了解到，在体积相同的物体中，球形具有最小的表面积，相同体积的液体，只有球形才具有最小的表面能。因此，在微重力条件下，悬浮的液体总是呈球形。

在地面上，由于重力的作用，除表面能之外，还存在其他形式的能量，液体的形状也就无法保持为球形。当然，微重力条件下，如果液体与其他固体接触而具有了其他形式的能量，其形状也会随之发生改变。

4. 水往高处流

人们常说：人往高处走，水往低处流。但在日常生活中，却不乏水往高处流的例子。

水的流向取决于水受力的方向。地面上的水受到地球引力作用，才会向低处流，这是司空见惯的现象。但是，假如水受到的力除了向下的重力外，还有向上的力，而且这两个力的合力又是向上的话，那么水就会按照合作用力的方向流动了。比如，抽水机中的水可以向上流；涨潮是因为月球对海水有吸引力，会使海水涌向岸边；将一支细的吸管插入水中，会看到水从吸管中上升了一定高度，而且吸管越细，水上升的高度越高。液体在吸管中上升还是下降，与固体和液体之间的浸润性有关。

浸润是指液体与固体接触时，液体会附着在固体表面的现象。不浸润则是指液体与固体接触时，液体不能附着在固体表面上。液体与固体是否浸润，由组成固体和液体物质的分子之间相互作用的特性决定。例如，水能浸润玻璃，所以水滴在玻璃表面就会铺展开来；水与石蜡不相浸润，所以在石蜡表面，水滴收缩成球形水珠，很容易滚动。插入水中的吸管，内壁被水浸润，管中液面就上升；如果水不浸润吸管内壁，液体在管中就会下降。浸润液体在细管里升高的现象和不浸润液体在细管里降低的现象叫做毛细现象，能够产生明显毛细现象的管叫做毛细管。

图10–8 粗细不同的毛细管中，液体上升的高度不同

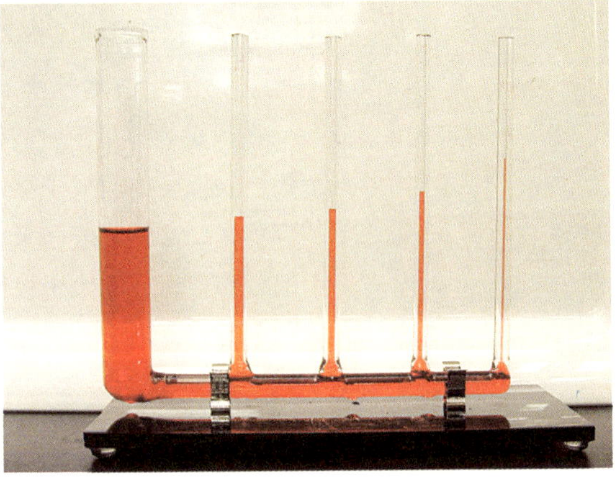

水在细管中上升的高度还与毛细管的粗细有关系，当管越细时，水在管中上升的高度就越高（图10–8）。那么，水在毛细管中能够上升到什么高度呢？通过流体静力学可以计算出来，水在内直径为1毫米的玻璃毛细管中上升的高度不过3厘米，而在内直径为1/10毫米的毛细管中将上升30厘米。如果我们

把内直径较粗的玻璃管插进水中时，就几乎观察不到毛细现象。

在失重环境中，重力作用没有了，流体静压力梯度也就消失了，水在管中的上升就不仅局限于很细的毛细管了。德国物理学家斯坦奇（Stange）等人在微重力条件下作过一个实验，他们使用的液体材料是一种氟液（型号FC-77），圆管材料为树脂玻璃。对比情况是，在地面重力条件下，液体在圆管中几乎没有上升。这是因为毛细力与重力作用相互抵消，虽然毛细力是向上的，但向下的重力阻止了液体上升。在微重力条件下，圆管中的液面不断上升，4.6秒之后，液体在圆管中就上升了70～80毫米。之所以出现这么大的差别，是因为在微重力条件下，重力作用消失，毛细作用就明显显现出来了（图10-9）。

图10-9 微重力条件下的毛细现象（斯坦奇实验）

5. 不同环境下容器中液体的形状

在地面上，一般情况下，重力大于表面张力的作用，所以重力成为影响液体形状的主要因素。容器中无论是哪种液体，也不管液体的量有多少，由于重力作用，只要液体没有充满整个容器，那么液体就会乖乖地呆在容器的底部。

在微重力环境中，液体的形状又会是什么样的呢？由于重力消失，表面张力就成了决定液体形状的主导因素。在未充满液体的容器中，必须靠表面张力来约束液体。也就是说，液体在容器中的分布，主要取决于液体和容器材料间的浸润性。浸润性液体倾向于与容器内壁的接触面积最大化，而非浸润性液体则尽量减小与容器内壁的接触面积。

在含有内角的方形容器中，内角可以提供更好的接触，在微重力环境中，用一个方形容器来盛液体，液体在方形容器中的分布与液体和容器材料之间的接触角有关，接触角与液体和固体之间的浸润性有关。接触角是液体面与固体面之间的夹角，接触角越小说明浸润性越好，接触角越大说明浸润性越差。如果接触角大于54.73°（立方体的棱和空间对角线之间的夹角），那么液体将会在立方体的一角形成一个单一的球滴；如果接触角介于54.73°和45°（棱和面对角线之间的夹角）之间，液体在各个角处都会形成凹的球滴；如果接触角小于45°，那么液体就会渗入到所有的棱上，棱上几乎形成圆柱面，与各角内的近球面相连接，形成一个有趣的形状（图10-10）。

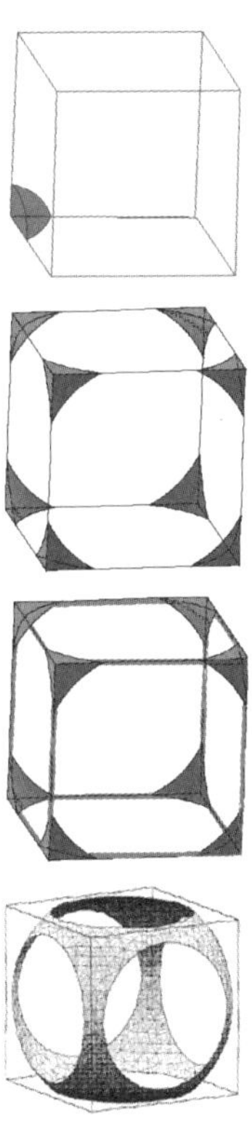

图10-10 微重力环境下容器中的液体形状

由于液体在微重力环境下具有与地面不同的特性，因此，在空间技术应用中，如何将液体存放在容器中，如何在管道中输送液体，都需要采用与地面完全不同的处理办法。比如在地面上，存储箱中的液体可以从下方流出，较轻的气体则充满液体上方的空间，当大部分液体流出后，可能只会有少量液体黏附在容器内壁。在微重力条件下，如果存储箱没有进行特殊设计，由于气体和液体不存在重量上的差别，气体和液体会混合在一起，排放液体时，就可能夹带有气体，而且还可能有相当数量的液体附着在容器内壁上，无法从存储箱中排出去。因此，在设计太空容器时，需要考虑液体表面张力的作用。例如，航天器的液体推进剂贮箱需要采用表面张力贮箱，以便提高推进剂的排放效率，有效去除液体中的空气。

6. 太空中的气泡和液滴

图10-11 地面上水中浮起的气泡

大自然中，流动的河水里充满丰富的气泡，为水生植物和鱼类等提供了良好的氧气环境。天然泉水中，也会有美丽的气泡从水底徐徐升起。显而易见，这是由于气泡中气体的密度小于水的密度，在水中受到浮力的作用使然（图10-11）。如果在水中混入少量比水轻的油滴，油滴也会受到浮力的作用向上移动。换言之，我们可以说，凡是比水“轻”的物质(即密度小于水的物质)，只要它不是和水溶融相混，都可以因浮力作用向上溢出水面。所以，在地面上，水中的气体很容易分离出来，油和水会也分层，轻的在上，重的在下。

在微重力环境中，情况就完全不同了。空间飞行器中，一个大的保持很好的球体形状的液体球，可以稳定地呆在平板上。如果周围环境温度等条件控制得好，还可以在球形水滴中稳定地悬浮一个空气气泡，气泡不会因为浮力作用很快逃逸。这种有趣的现象，在地面是无法看到的。但是，在微重力环境下，除了浮力作用之外，还会有其他因素的影响，如某些对流现象，所以气泡也不会一直稳定地停留在水球中，而是会因为其他外力因素的作用而运动。

在微重力环境中，由于浮力消失，使得我们有可能在太空中去做一些地球上难以做到的事情，太空制药就是其中之一。在地面上，由于重力作用，制药过程中所需的培养物会产生沉淀，处在沉淀中的微生物也会因为缺少氧气而死亡。而在微重力环境中，培养物不会因为重力作用产生沉淀，液体中也会稳定地含有大量的气泡，这为微生物提供了充足的氧气，从而使得其生长速度比地面快得多，可以提高制药的效率和药物的纯度。

人们还希望利用微重力环境去制备一些新型工业材料，例如，用一些密度相差很大的材料来合成高性能的合金。二元半导体砷化镓具有重大应用价值，但合成砷化镓的两种元素都很怪异，镓的熔点只有29.78℃，沸点却高达2 403℃，砷的熔点在28个大气压下为817℃，可是在常压下温度达到613℃时，就会直接升华为气体。在地面上要把它们组合起来，气液关系十分复杂，再加上重力影响，要获得成分均匀的高质量晶体，实在是太难！但是在微重力环境中，由于重力影响消失，重力对流和物质沉降现象消失了，合成高质量的砷化镓单晶可能就容易得多了。

另外，如锌－铅、铝－锂、锌－铝等，都是有着极宝贵特殊用途的合金材料。在地面上制备这些材料，也会由于密度相差太大，难以获得优质合金。微重力环境中，密度的影响微乎其微，它们就有可能均匀混合，从而制造出高性能的合金材料来。例如，锌的密度是铝的2.6倍，在地面上不能制造质量小而且刚性强的铝锌合金。1983年，在哥伦比亚号航天飞机上，美国却成功地制造出了铝锌合金。这种合金轻且硬，多孔质，结构坚固，是制造飞机、火箭的良好材料，也有可能作为焊接用合金和超导磁铁的线圈材料。

7. 微重力条件下的对流

对流是流体中常见的物理现象。例如，水被加热时，容器底部受热的水温度会先升高，由于水受热膨胀，密度会变低。在重力条件下，这部分受热膨胀的水会由于浮力的作用向上流动，而其他部位温度较低的水会流过来，补充这部分流走的水，从而形成对流。

产生对流的原因有很多，上面说的那种对流，从本质上讲是由于密度差异引起的浮力对流。除此之外，液体表面张力的不同也会导致对流。

对大部分液体而言，表面张力是随温度的增加而减小的。这样，温度低的地方，表面张力大，就会牵动流体从表面张力小(温度较高)的地方流过来，流走的这部分流体，又会由其他部位的流体流过来补充。

表面张力的不均匀分布，可以由温度的不均匀分布引起，也可以由溶质浓度的不均匀分布引起。由与流体界面垂直的外加温度梯度引起的对流叫做马朗戈尼对流，由与流体界面平行的外加温度梯度产生的对流则称为热毛细对流。

液体的表面张力为温度的函数，对大部分液体而言，表面张力随温度的增加而减小。液体一般由表面张力低(高温)的地方，流向表面张力高(低温)的地方。这种现象是由意大利物理学家马朗戈尼于1855年发现的，所以称为马朗戈尼效应(图10-12)。

为了能够看到马朗戈尼对流，最好有较大尺度的自由面。在地面，由重力驱动的浮力对流通常远远大于马朗戈尼效应，因此，只有在观察小尺度的流体时，表面张力驱动的对流才可

图10-12 马朗戈尼效应示意图

能起主导作用。由于这个原因，在地面上精确研究马朗戈尼效应就比较困难。

在微重力条件下，密度的差别不会产生重力沉降或浮力引起的上浮，从而极大地削弱了浮力对流的作用。在这种情况下，表面张力引起的对流，这个在地面上被看作次级效应的因素，就变得非常突出和重要了。微重力条件下允许扩大实验的尺度，使细致的观察成为可能。因此，对马朗戈尼效应进行精细研究的可行方法，就是在微重力条件下进行实验。

认识微重力条件和地面条件下对流情况的不同，对解决很多相关问题有很大的作用。例如，在地面上，液体和气体中的温度传递主要靠浮力对流的作用，而在微重力条件下，浮力对流消失，使得温度的传递变得十分复杂。因此，研究微重力条件下表面张力引起的马朗戈尼效应，对认识流体的流动、迁移、热质输运等问题，都具有重要的价值。

8. 气泡运动和马朗戈尼迁移

在微重力环境下，液滴可以保持球形，水中的气泡也不会受到浮力作用而溢出。事实上，在太空实验中，我们仍然可以观察到气泡在水中运动。这说明，将重力引起的浮力作用排除之后，还有其他力的作用，使得气泡不会安安稳稳地呆在水中。那又是什么力在起作用呢？

图10–13 自然界中的露珠

通常所说的“水面”，其实可以看作是水和空气接触的表面。同样，水中的气泡与水接触，也有一个接触表面，在这种表面上，存在着与表面平行的表面张力。日常生活中我们看到的许多现象，如小昆虫能够“站”在水面上，露珠趋向于收缩成球形（图10–13），油滴在水面上形成一层薄薄的油层等，都是表面张力在起作用。

在微重力条件下，浮力作用几乎

消失，气泡不会由于浮力的作用向上运动。在这种情况下，马朗戈尼效应就成为引起液体以及液体中气泡运动的主要因素。当液体所处的环境温度发生变化，形成由高到低的温度梯度，使气泡表面温度不均匀时，气泡表面附近的液体就会在表面张力的作用下，由高温端向低温端流动，从而驱动气泡向高温端迁移。这样，表面张力就像是一把“桨”在划水，带着气泡在水中游动，这就是气泡在水中的马朗戈尼迁移（图10–14，图10–15）。

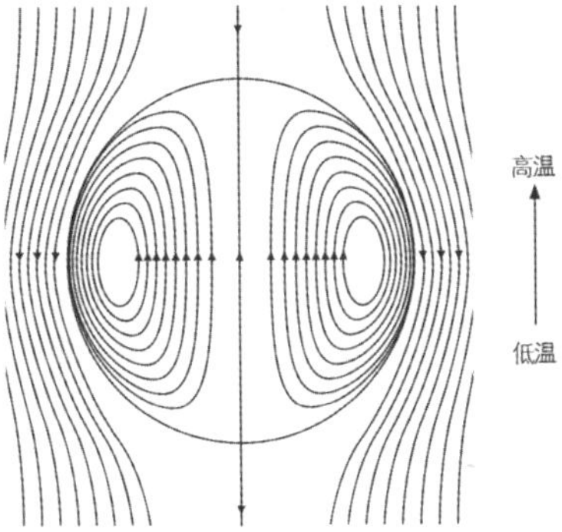

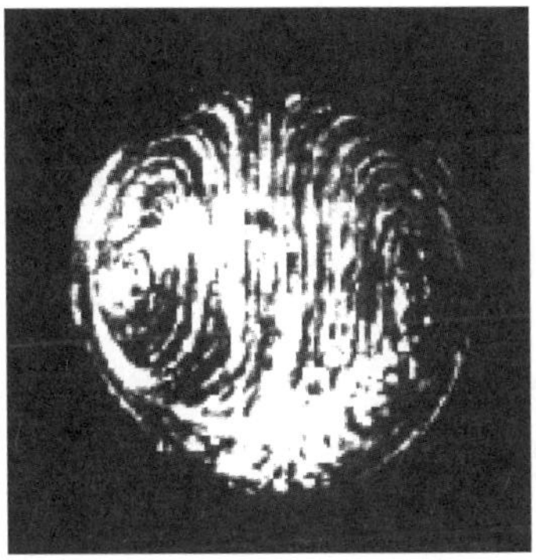

图10–14 液滴迁移中的液滴内外流体运动示意图（左）

图10–15 马朗戈尼迁移过程中液滴内部流体运动图（右）

马朗戈尼迁移对空间材料的制备有很大影响。例如，在微重力环境下制备合金材料时，在金属材料熔化阶段，合金组分均以液体和液滴的形式存在，液滴的马朗戈尼迁移现象显然不利于合金材料内部组分的均匀化。但是，这种特殊的迁移现象，又为有效排出气泡和液滴杂质提供了可能。所以，研究气泡／液滴马朗戈尼迁移，成为空间科学和工程的一个结合点，引起了科学家的重视。

随着现代工业的发展，气泡／液滴马朗戈尼迁移及其相互作用的重要性，在地面材料加工工艺中也体现了出来，这正是从早期微重力流体科学实验研究中得到的认知和启发。例如，在化工生产中，经常利用萃取、吸收等操作来提纯产品，如果在这些操作设备里加入某种添加剂，就有可能引发马朗戈尼对流，加快萃取、吸收的速度，从而降低生产成本，这种手段称为“传质强化”。

当然，这一领域还有很多亟待解决的问题，包括非线性相互作用、非对称性、群体效应等，还需要进一步开展大量的基础性研究，用以指导我们的生产活动，提高生产效率。

9. 流体力学中的液桥实验

提拉法是制备单晶体的方法之一。所谓提拉法，就是通过提升提拉杆，使晶体一面生长，一面由熔体中被慢慢地拉出来。这是从熔体中生长晶体常用的方法，所以晶体生产厂把单晶生产俗称为“拉单晶”（图10－16）。

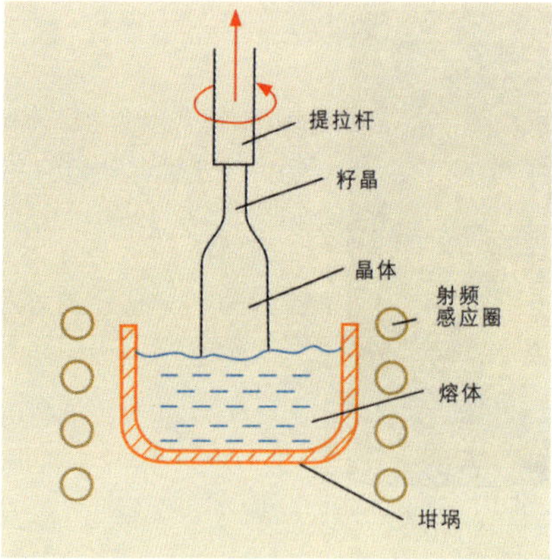

图10－16 提拉法制备单晶示意图

在新的晶体生长出来之前，籽晶上面是温度较低的提拉杆，下方是一个液体柱，再下面是高温的熔融材料，其中有一段像是连接液态和固态晶体的桥梁，称为液桥。从流体角度来看，液桥是研究拉单晶时的对流、液柱形状和稳定性等影响单晶质量的一个简单而又合适的模型。

实验中，要形成液桥是件很简单的事。我们在拇指与食指之间浸上一滴水，并稍微张开，使得其中的水形成柱状，就是一个简单的液桥。

在地面上，液桥的形态会受到重力的影响。以一个简单的液桥模型来看，在有重力条件下，液桥形状像一个葫芦瓶。如果液桥是偏歪的，液桥两端面不与地面平行，那么液桥就成了一个歪肚葫芦；在没有重力条件下，液桥形状像一个枕头（图10－17）。

在重力环境中，液桥下方总是会有更多的液体，使得下方要比上方显得更“胖”；当液桥两端面与地面不平行时，液桥还会变得左右不对称。正因为如此，在地面形成液桥的液体体积不能太大，上下两个面之间的距离也必须很近，否则桥就会

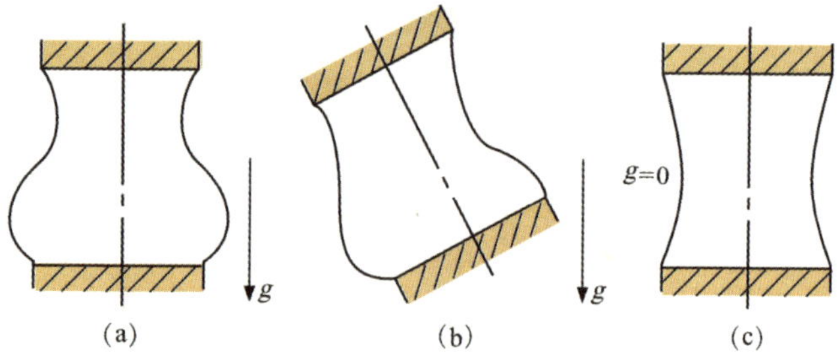

图10－17 不同环境下的液桥形状

断开。

在微重力条件下，重力影响消失或者很弱，可以形成更大、更长的液桥，使得对液桥各种性质的研究变得更加容易。那么，微重力条件下的液桥，为什么液柱面会呈圆弧形态的枕头状呢？这就是前面介绍过的表面张力作用的结果。由于表面张力的存在，液体界面在微重力条件下将趋向于球形。从液桥形态的比较中，我们不难验证微重力条件下浮力对流消失等种种有利因素，为制备更好、更大的单晶材料提供了有利条件。

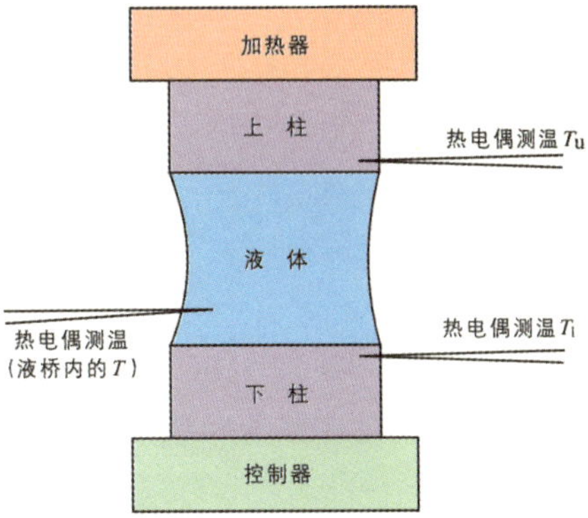

图10–18 热毛细对流的液桥实验模型

在微重力条件下，热毛细对流依然存在，特别是在拉单晶过程中，液桥中必然存在温度差，因此热毛细对流的效应会显得比较突出。在晶体生长过程中，如果温度发生振荡，就会影响到结晶过程，从而影响到生长晶体的质量。所以，对热毛细对流振荡过程的研究，既具有理论方面的重要意义，也具有重要的应用价值。图 10－18 所示为热毛细对流的液桥实验模型。

20 世纪 70 年代以来，科学家就在研究热毛细对流，包括从定常流向振荡流的过渡，以及振荡流的特征等。一些相关实验发现了热毛细对流的许多振荡特征，但科学家在解释其机理时众说纷纭，目前还很难有判断性的实验来证实哪一种机理是唯一正确的。科研人员的进一步研究，将会帮助解决这一问题，从而在相关的理论上有所突破，为制备更大、更好的单晶提供物理基础。

10. 变幻莫测的气液两相流现象

瓦特发明蒸汽机的故事被人们一代一代地讲述着，几乎人人耳熟能详。不过，如今我们却遇到了瓦特时代没有遇到过的难题——如何在太空中把水烧开？

所谓烧开水，就是让水沸腾，也就是将液体水加热，在内部加热面上气化形成气泡，同时伴有大量热传递的现象。从日常生活中的烧开水到核反应堆内部的热传递，以及航天器热管理等高技术领域，都广泛存在沸腾现象。

一般在远离临界状态条件下，水蒸气和液态水的密度存在巨大差异，而且液态水密度也往往随温度的增加而减小。烧开水时，热水壶里水的温度，开始时往往低于水在环境压力下的饱和温度，即所谓的“过冷沸腾”。在地面重力环境中，靠近热水壶底面的水温度逐渐升高，密度不断降低，会形成自然对流，即热水上升，冷水下降，从而带走热水壶底面附近的热水，降低壶底面温度。当热水壶底面温度超过某临界值后，气化现象会突然出现，在壶底面上形成大量的蒸气泡，密度小的蒸气泡会上浮，带动并加强壶底部水的上升，通过凝结等作用，将热传递给周围的液态水，同时密度较大的液态水会下沉，源源不断地补充到壶底附近。当整壶水都达到饱和温度后，气泡将不再凝结，而是浮出水面，不断积聚，形成掀动壶盖的力，这时水就烧开了。由此可以看出，浮力是地面沸腾现象中最重要的控制因素。

在微重力环境中，浮力作用消失，没有充满容器的水面不是水平的，而是呈球面形状。此时，加热的水壶底面上生成的气泡能否脱离？水的沸腾传热能否稳定地维持下去？这些问题自然成为人们关注的焦点。

如果航天员想用普通的水壶在太空中烧开水，会看到水壶里的水被持续加热，但不会形成对流，直到发生气化为止。图10－19所示为微重力条件下的沸腾现象，在离壶底很小的距离处，会形成一个大气泡，这个气泡并不会很快上升到水面，而是如同一个磁铁球，不断吸收在水壶底面上形成的其他小气泡。如果大气泡顶部的凝结作用和底部聚集的新的小气泡互相平衡，这个大气泡会维持它的大小；否则，这个大气泡会不断长大。这就是与我们平时所见的迥然不同的沸腾现象。

航天员还能够进一步观察到，沿着水壶底面气泡的横向聚合，会带动液体水的运动。由于没有浮力对流带走受热面附近的热流体，沸腾会提前发生。相应地，开始烧水时，传热系数会比地面大；而在沸腾开始后，由于气泡脱落动力减弱，近壁气泡合并，甚至形成完全覆盖水壶底面的气膜，阻碍液体水的补充及热量向外部传递，传热系数会大大降低。因此，在太空中要把一整壶水烧开，就变得非常困难。

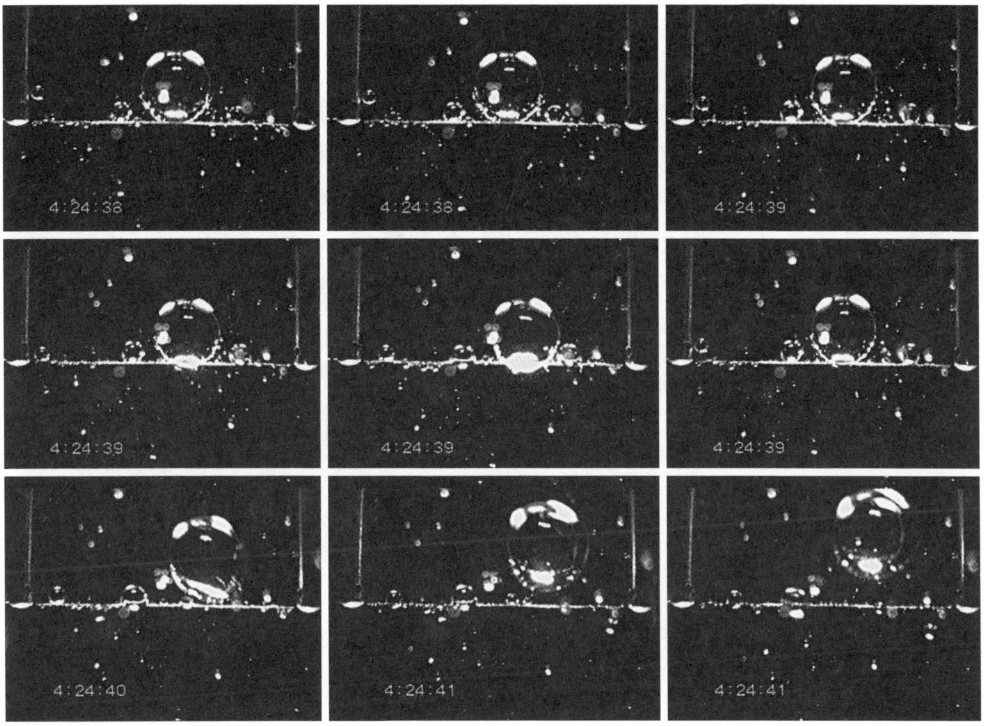

图10–19 微重力条件下池内沸腾现象

虽然在微重力环境下烧开一壶水很不容易，不过这却为科学家揭示在浮力引起的密度分层和相间滑移等效应消除后，其他因素如何影响沸腾过程，以及认识微重力下两相流现象创造了条件。

气液两相流现象，是指在流动空间同时存在气体和液体介质的一类复杂流动现象。它广泛存在于自然界和人类科技与工业实践中，具有重要的应用价值和理论意义。

随着人类航天活动越来越频繁，对各类航天器的需求急剧增加，对航天器系统的性能及能耗要求也更高。由于受到航天器空间体积和载荷质量的限制，如何最大限度地提高设备的换热效率、增强设备热负荷、减小设备的体积和质量，如何提高空间流体管理水平，实现生命保障系统运行等，都成为航天器制造的关键问题。这些问题涉及如何设计和制造具有更大热传输能力、更精细化的空间热量传输与控制系统等技术问题。因此，两相流系统研究成为解决这些技术问题的基础性探索。

地面重力环境中的两相流与传热现象，早在17世纪就已得到应用，系统研究两相流与传热现象，也已有数十年的历史。重力环境中，在远离临界状态条件下的气、液两相物质密度存在巨大的差异，浮力引起的密度分层和相间滑移等效应与其他因素相互耦合，使得两相流动与传热现象异常复杂，掩盖了两相流与传热现象中液、气、固界面的实际流动与传热机制，因此我们对相关现象内在机理的认识和研究还远远不够。现有地面应用的理论或模型严重依赖于地面实验数据，只能在一定条件下满足工程设计需要，其预测能力受到很大限制，在经验范围之外，甚至连定性的预测都难以做到。很显然，把这样的地面经验搬到航天工程设计和制造中，会给航天活动带来相当大的风险。

微重力环境中的两相流与传热现象，显然与地面不一样。现在已经认识到的是：

1）液相和气相间的浮力分层和／或浮力滑移现象消失，流动结构相对简化。

2）表面和界面作用对相关现象起主导和支配作用。

微重力环境浮力消失所提供的新的流动体系和相对简单化的流动与传热现象，凸显出地面正常重力环境中被掩盖了的因素和控制机制，为深入揭示相关流动与传热现象的内在控制机制提供了极大的便利条件。加强微重力条件下两相流和传热现象的研究，不仅可以为航天产品设计提供理论依据，也可以对地面相关设备的改进提供指导（图10－20）。目前，各航天大国都花费巨资来开展这一课题的研究，以期使新一代航天器装有更加高效、节能的气液系

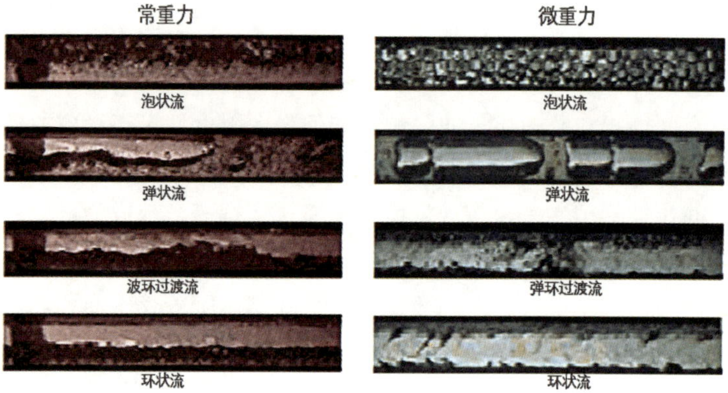

图10—20 不同重力条件下的气液两相流型

图10-21 和平号空间站上的气液两相流实验装置

统。图 10－21 所示为和平号空间站上的气液两相流实验装置。

气液两相流现象应用的实例是氢氧燃料电池。氢氧燃料电池因其环保、安全、比功率高、能量转换效率高等优点，近年来日益受到人们的重视。航天用燃料电池目前已历经了三代。第一代是在 20 世纪 60 年代初，美国通用电气公司为双子星座载人飞船开发的 1 千瓦质子交换膜燃料电池。第二代是 20 世纪 60 年代后期，普拉特－惠特尼公司开发的阿波罗载人飞船主电源，即培根型中温（200～250℃）碱性燃料电池系统，这种电池系统为阿波罗飞船的 17 次飞行提供了主电源。目前仍在使用的第三代航天用燃料电池，是石棉膜型碱性燃料电池，这种燃料电池单组输出功率达 12 千瓦，峰值功率为 16 千瓦，电池输出电压为 28 伏，能量转换效率达到 70%，单组质量为 117 千克。作为美国航天飞机的主电源，这种电池已经为航天飞机的上百次飞行提供了电能。

图10-22 组装后的微重力落塔实验用燃料电池

氢氧燃料电池既能为载人航天器提供主电源或辅助电源，其电化学反应的副产品——水又能供航天员使用。随着燃料电池技术的不断发展，未来的燃料电池具有其他供电系统无法比拟的优点，也是今后我国载人航天工程电源系统发展的方向。

燃料电池内有电化学反应，也存在传热、传质和两相流现象，这些现象与电化学反应伴随发生并相互影响，增加了问题的复杂性。近年来，美国曾多次发生燃料电池异常，导致航天飞机任务延迟的事故。为了深入了解不同重力条件下燃料电池内部复杂的传热、传质和两相流现象，以及这些现象与电池性能之间的关系，我国科学家利用微重力落塔等实验方式，在地面开展了一系列实验研究，目前已经取得一些初步研究成果（图10－22）。

11. 微重力环境中的复杂流体现象

复杂流体一般是指包含其他物质微粒的流体。从江河湖海的水、泥石流，到常见的液晶、聚合物、胶体、泡沫、颗粒物质，到身体中的血液、细胞液，以及日常生活中的牛奶、豆浆、油漆等，都属于复杂流体的范畴。复杂流体是一门跨越力学、物理学、化学、生物学等学科的交叉领域，也是常见的、影响广泛的物质形态。自然界中大部分物质是以复杂流体的形式存在的，只不过复杂的程度不同而已。

人们关心复杂流体的行为是与近年来国内外研究的热门课题“软物质”相联系的。其特别引人瞩目的特征是：小作用可以产生大影响。例如，水中加入微量高分子聚合物，可以显著增加消防救火时水枪的喷射高度；流动自如的豆浆中加入极少的电解质后，可以变成不能流动的豆腐。这些都是复杂流体中“以小搏大”的例子。另外，复杂流体中的微粒，在某些情况下可以自发形成有序结构，例如液晶、胶体晶体等。

在地面条件下研究复杂流体的行为，会受到重力的干扰，因为重力会引起对流和沉降，这会影响对复杂流体的各种性质和变化过程的深入认识。例如，水和油的混合体系，在地面条件下容易分层，在微重力条件下则可以长期保持均匀混合状态。对于多种粒子混合在液体中的情况，不同大小和质量的粒子，在重力条件下沉降速度不同，会影响粒子之间的碰撞和聚集，对流也会影响粒子团的结构和形成过程，对复杂流体的各种性质产生影响，甚至会掩盖复杂流体一些性质的物理本质。因此，复杂流体一直是

图10–23 胶体晶体及其局部放大图

微重力科学研究的一个重要方向。

近年来，在复杂流体领域的微重力研究中，胶体晶体是一个被广泛关注的方向。胶体是一类典型的复杂流体，而胶体晶体一般是指胶体中的粒子通过自组装，形成类似于普通晶体的三维有序结构（图10–23）。

组成晶体结构的粒子可以是分子、原子或者离子，它们规则地排列成一定的点阵结构，并且在三维空间呈周期性重复排列，组成一定形式的晶格。例如典型的食盐，也就是氯化钠（NaCl）晶体中，氯离子和钠离子就非常规则地排列着。

胶体晶体和通常所说的晶体有很多类似的地方，但它们之间又有很大的差别，主要的差别在于组成晶体结构的粒子上。

通常的晶体，其中的粒子是分子、原子或者离子，它们的尺寸量级都在10^{-10}米左右，也就是“埃”的量级。而对于胶体晶体来说，其组成粒子的尺寸可以大到10^{-7}～10^{-6}米量级。

由于胶体粒子比原子大得多，因此与通常的晶体相比，观

知识链接

软物质

“软物质”的概念是在1991年首先由诺贝尔奖获得者、法国物理学家P·G·德热纳（P.G. DeGennes）在诺贝尔奖授奖会上提出的，当时他以“软物质”为演讲题目，用“软物质”一词概括复杂液体等一类物质。软物质的重要特征是，小作用可以产生大影响，熵主导其运动和变化，表现出丰富的自组装行为。软物质由于其潜在的应用背景和理论价值，已经成为物理学的一个新的前沿学科。

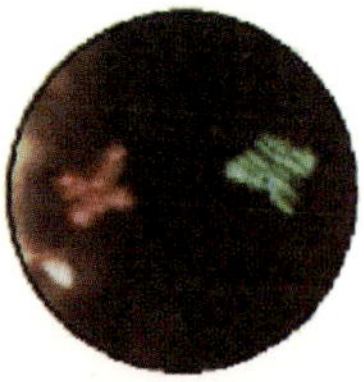

图10—24 微重力条件下形成的胶体晶体

知识链接

弹性模量

弹性模量是描述固体材料抵抗形变能力的物理量。其定义为固体材料在受到一定作用力，并产生小变形的情况下，应力与应变的比。其单位为牛／米²。

察的空间和时间分辨率可放大几个数量级，可以使用的测试手段也就丰富得多，从而可以对它们进行更方便、有效的研究。科学家还期望把胶体晶体的研究结果推广应用到一般的晶体生长过程中去。也就是说，科学家把胶体晶体体系作为在时间和空间上都高度放大了的原子体系模型，利用这种模型来研究许多原子晶体无法观察的现象。

此外，由于胶体晶体的晶格常数和晶面间距往往是可见光波长的量级，因此也就具有特殊的光学特性，对有应用价值的光子晶体的研究具有重要意义。

胶体晶体中的胶体粒子一般分散在其他液体介质中，胶体晶体的弹性模量非常低，比一般的金属要低很多，因此极微小的剪切力或静压力，都可能破坏已经形成的胶体晶体结构。例如，重力引起的沉降、对流、静压力，都会影响胶体晶体的成核和生长过程，特别是在粒子的密度与周围介质的密度差别较大时，这种影响更为显著。所以在地面实验中，硬球粒子由于对流和沉降的影响，难以形成胶体晶体的有序结构。但在微重力条件下，却可以形成结晶结构。另外，那些像雪花形状的胶体晶体结构，如果是在地面条件下形成的，它的瓣就很容易被重力折断，因此无法获得真正完整的胶体晶体结构。但在微重力条件下，就不必担心发生这种情况。因此，微重力环境为科学家提供了研究胶体晶体的良好条件。图10－24所示即为微重力条件下形成的胶体晶体。

12. 颗粒物质的运动规律

颗粒状物质在自然界中普遍存在，这些看似熟知的物体，对于它们的运动规律，我们却知之甚少。颗粒本身虽然是固体，但是颗粒物质却能像液体一样流动。图10－25所示的沙漠，就是由典型的颗粒物质组成的，从而也就形成了美丽而变幻的流沙山。例如，发生泥石流或山体滑坡时，砂石可以流动到几十千米以外。颗粒物质与人们的生活和工业技术密切相关，我们时时都会遇到矿石、混凝土、食品、工业原料等颗粒物质的生产、运输、加工及储存问题。

图10–25 沙漠中美丽的流沙山

大气中的气体分子虽然看不见，摸不着，但是我们只要知道气体的温度，基本上就能描述出它的状态。悬浮的颗粒状物质也能像气体分子一样运动，却不能用普通气体方程去描述它，因为颗粒运动的碰撞为非弹性碰撞，它们每碰撞一次，速度会减慢一些，这使得它们可能分布不均匀，会有团聚现象，产生丰富的分聚图样。

流动的颗粒不但发生碰撞和摩擦，还受重力影响，与通常液体的流动也有很大不同。由于颗粒物质体系的运动复杂，物理学家要探寻描述颗粒物质运动的方法，还需要作出很大的努力。这种努力的一个方向，就是在不同条件下（包括微重力条件）进行实验研究，探索颗粒状物质的运动规律。

科学家通过观察微重力环境中振动容器内颗粒的运动，发现即使在颗粒足够稀薄的情况下，颗粒物质也会出现分聚现象，这与气体分子完全不同。气体分子处于热平衡态，是一个能量守恒系统，分子的速度分布满足麦克斯韦分布率。颗粒物质由于彼此之间的碰撞为非弹性碰撞，是一个能量耗散体系，尽管体系是动量守恒的，但能量不守恒，速度分布受颗粒与容器的摩擦影响很大，因而发生分聚。这个现象在地面实验室里是很难得到的。

随着载人航天技术的发展，人类会越来越多地在低重力环境中生活和工作。在火星表面（引力为地球重力的40%）或者月球表面（引力为地球重力的1/6）建立基地，航天员在基地居留生活和开展科学实验，都会遇到需要处理的大量颗粒物质运动现象。对微重力及低重力环境中颗粒物质流动的特征进行研究，认识其传输规律，提出在微重力环境中如何操作颗粒态物质的方法，是一项前瞻性的重要研究课题。

图10–26 重力环境中的烛焰

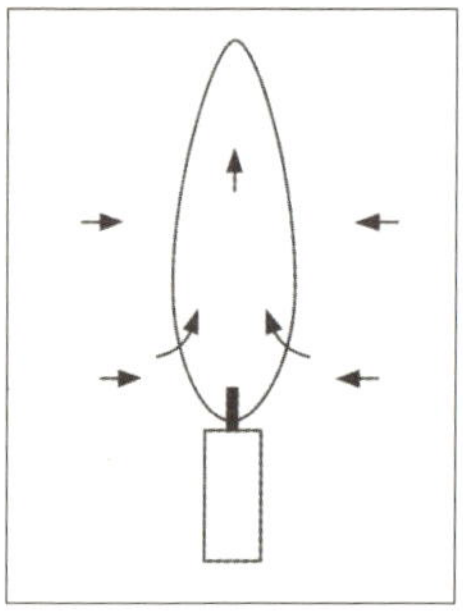
图10–27 重力环境中烛焰燃烧流场示意图

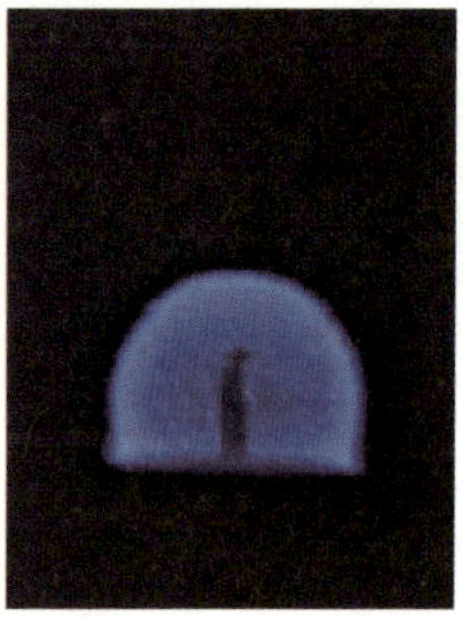
图10–28 微重力环境中的烛焰

13. 微重力环境中的燃烧和航天器火灾

古希腊神话中的天神普罗米修斯违背上帝的旨意，把天上的火种带到了人间，从此人类社会从茹毛饮血跨入用火的文明时代。因为有了火，人类才有了健康和卫生的熟食，一门讲究美味可口的烹饪艺术发展起来；因为有了火，人类懂得了烧制陶器，从石器时代跨进了陶器时代；因为有了火，人类又从青铜器时代进入铁器时代……于是人类才有了文明的递进，才会有今天高度发展的先进科学技术文化。

火，原本是自然界的一种现象。我们知道，一般动物是怕火的，当你在野外露营时，燃上一堆篝火，可以防止野兽的侵袭。从怕火到利用火，是人类进化过程中的一次跨跃，是人类文明进步的标志。今天，是不是就可以说我们对火的认识已经完善了呢？可以肯定地说，认知没有止境，人类对火的认识还远远不够。

到今天为止，我们仅仅认识到发生在地球引力（重力）环境中的一些燃烧现象。随着航天技术的发展，人能够摆脱地球引力束缚进入太空。火伴随人类进入太空后，燃烧会呈现什么样的景象，它有什么样的规律？这些还远未被我们深知。

物质燃烧过程是一个极为复杂的物理和化学过程，涉及若干流体物理现象。以一支蜡烛燃烧为例，在地面环境中，烛焰产生的高温气体的密度，比周围环境气体密度小得多。密度小的气体，就是较“轻”的气体，会受到向上的浮力作用，发生宏观的气体流动，从而形成泪滴状的蜡烛火焰，这就是我们常见的烛焰（图10－26，图10－27）。实验表明，在烛焰中心线上，气体流动的典型速度约为1 米／秒。从流体物理学观点来看，由于气体介质的连续性，浮力流动发生的同时，外部气体被抽吸，从四周向火焰区补充新的气体。

在微重力环境中，烛焰会呈现出让人感觉诡异的色彩和形态。这是由于浮力流动的产生机制几乎消失，蜡烛燃烧不引起宏观的气体流动，扩散成为热量和物质输运的主要途径。这种输运的速度很慢，估计大约为1 厘米／秒，所以烛焰呈现出半球形或者球形（图10－28）。

另外，地面上的蜡烛火焰会放出大量的烟黑，颜色为亮黄色。而微重力条件下，蜡烛火焰的温度比地面火焰低，产生的烟黑很少，因此呈现出让人感到诡异的暗蓝色。

如果进行更深层次的研究，还会发现在微重力条件下，液体燃料滴和固体燃料颗粒可以自由悬浮在气体中，不会发生沉降，它们在燃烧过程中保持着稳定状态。在燃烧过程中浮力流动消失，热辐射起着主要的热传递作用。而在地面重力场中，浮力流动常常是热量传递的主要方式，热辐射被其掩盖。微重力燃烧的独特性，为认识燃烧过程中的基本规律提供了新的机会，通过研究积累新的认知，可以提高地面燃烧技术，另外，也为航天器上的防火、灭火，以及未来太空生存环境中利用火

知识链接

载人航天史上的火灾事故

人类载人航天史上，已经多次发生过火灾事故。1970 年，美国阿波罗 13 号飞船执行登月任务时，电弧点燃了风扇电机电线的绝缘层，导致服务舱贮氧箱爆炸，舱内许多设备损坏，航天员不得不转移到登月舱。1997 年，俄罗斯和平号空间站内的氧气发生器破裂引起火灾，火焰长度达到 0.6～0.9 米，浓烟很快充满了整个空间站。航天员先后使用泡沫灭火器和水进行灭火，但效果均不明显。燃烧持续 15 分钟后，因氧气耗尽，火焰才自动熄灭，此时舱内温度升高到 38℃，烟雾导致舱内漆黑一团。据不完全统计，在俄罗斯的载人航天飞行中，曾经 6 次动用灭火器，在美国载人航天器 100 多次飞行任务中，也出现过至少 6 次火灾危险事件。

提供理论依据。因此，微重力条件下的燃烧过程，是当代微重力流体物理学研究的前沿课题之一。

燃烧的火焰可以带给人温暖，有时却又让人感到恐惧，特别是不期而然发生的火灾事故，会给人类带来伤害甚至是巨大的灾难，航天器内的火灾事故也是如此。在载人航天器内，那怕是一个小小的火花，都可能引发一场航天灾难，因为那里没有充足的用于灭火的水。即使航天器内有充足的水，也不能像地面灭火那样，将水喷到火焰上，因为喷出的水珠将完全漂浮在航天器内造成危害，航天器内一旦发生火灾，其结果不仅损坏仪器设备，使航天器不能正常运转，而且燃烧产生的有毒、有害烟气不能及时排出，会威胁航天员的生命和健康……

科学研究表明，燃烧需要同时具备三个要素，即氧气、可燃材料和点火源。

为了保障航天员的正常生活，载人航天器舱内的空气一般采用与地面相近的成分配比，即氧气含量约为21%。在某些特定的情况下，舱内氧气浓度可能达到30%～40%。由于载人航天器舱内有氧气，燃烧的第一个条件已经具备。制造载人航天器使用的非金属材料多达几百种，其中不乏可燃材料，因此发生燃烧的第二个条件也具备。如果载人航天器的电气设备发生故障，产生局部过热、短路和电火花等现象，都可能提供燃烧的第三个条件——点火源。因此，从理论上讲，无法杜绝载人航天器的火灾安全隐患，稍有不慎，载人航天器就有发生火灾事故的危险。

对于长时间的太空飞行来说，有人认为偶然发生火灾事故是无法避免的。既然如此，研究微重力环境中燃烧发生和发展的特性，研究预防、控制、消灭火灾的方法和技术，就成为航天工程中的一项重要工作。目前，这项工作已引起世界上各航天大国的高度重视，我国载人航天工程同样把它作为基础与应用相结合的重要研究任务，开展相应的研究。

第十一章

邃密浩瀚的宇宙

—— 空间天文观测研究

空间天文，顾名思义，就是把观测仪器放到空间飞行器上进行天文观测，进一步认识神秘的宇宙。测量来自太阳和宇宙空间的高能射线爆发，是当今天文学领域中的一个热点问题。神舟号飞船为我国科学家了解太阳爆发，探寻来自宇宙深处的神秘爆炸提供了机会。

1. 宇宙广阔无垠

研究天体上发生了什么，首先要知道它有多大，离我们有多远？要回答这个问题，应该先知道科学家量天的“尺子”。宇宙是广阔无垠的，天体的距离和宇宙的尺度是用光年来度量的。我们知道，光在真空中传播的速度是30万千米/秒，一年有365天，共31 536 000秒。光在一年时间中走过的距离为94 608亿千米，天文学家把它简称为一光年。古人云：上下四方谓之宇，古往今来谓之宙。在还没有先进科技的年代，我们的祖先就已经把空间和时间结合在一起，体现了中华文明的博大精深。

图11–1 银河系

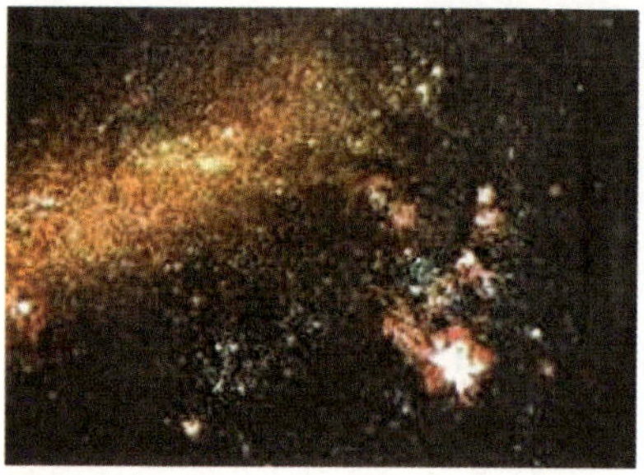
图11–2 大麦哲伦星云LMC

图11–3 旋涡星系M31

人类认知的宇宙究竟有多大，让我们由近及远地考察一下。

太阳是离我们最近的恒星，太阳光从太阳发出来到达地球，按照光速传播，需要8分多钟的时间。图11－1所示是太阳系所在的银河系，有相当于1000亿个太阳质量的总质量。银河系像一个漩涡状的扁盘，光从扁盘的中心到同样在扁盘上的太阳系，要走28 000年，银心距离我们就是28 000光年。银河系是一个星系，离我们最近的另一个星系叫大麦哲伦星云（图11－2），距离我们有16万光年，而最近的另一个像银河系的星系M31（图11－3），距我们有236万光年。

宇宙中物质的分布是不均匀的，有很多“空”的地方。一些星系距离较近，因为引力而聚合在一起，形成一个个“星系团”，或者叫“星系群”。离银河系所在的星系团最近的一个星系团，叫做室女座星系团，包含2 500个星系，距离我们5 000万光年。若干个星系团聚合在一起组成超星系团，超星系团包含的物质相当于几亿亿倍的太阳质量，即相当于太阳质量的10^{15}～10^{17}倍。我们经常讲宇宙是广阔无垠的，然而我们认知的宇宙（又可称为总星系）总是有限的，现在知道的宇宙，其大小约为120～150亿光年。换句话说，如果我们看到了来自宇宙最远处发出来的光，那就是120亿年前产生的。

距离代表着时间，而时间反映了天体演化的过程，这给我们认识宇宙、了解宇宙的演化过程提供了机会。所以，天文学研究的一个重要内容，是判断发生天体现象的距离。天文现象会不断重复出现，要研究同类天体，可以从近、中、远处研究整个演变过程。此外，距离与辐射的强度有关，在地球附近测到的光强（流量）F，与天体的辐射总流量 L 成正比，而与天体离我们的距离 D 的平方成反比，也就是 $F=L/(4\pi D^2)$。所以越远的天体，它的辐射总流量必须很大我们才能看到。天文观测就是要观测宇宙中各类天体辐射的规律，例如通过光谱红移测量判断恒星的远近，通过测量不同光谱（能量）上的强度（流量）和光强变化的规律，从而了解恒星演化的规律。

2. 来自宇宙空间的微小粒子

物质由分子、原子组成。原子又是由原子核、电子组成。天体是由原子、分子、离子、原子核、电子、光子、中微子等微观粒子形成的巨大的集合体。比如说，太阳不是固态的，看着它是个球，但它是气态的。太阳上发生着剧烈的热核反应，这是它发光的主要能源。

图11–4 1976年降落在吉林的陨石

研究宇宙中的天体现象，一定要联系到基本的粒子和等离子体。温度高时，原子的原子核和电子被分散开来，处在一个时分时合的状态中，这叫做物质的等离子体状态。天体当中的许多物质是以等离子体状态存在的。

我们现在能够得到的来自空间的物质样品有以下几种。

一种是陨石。陨石是落到地球上的

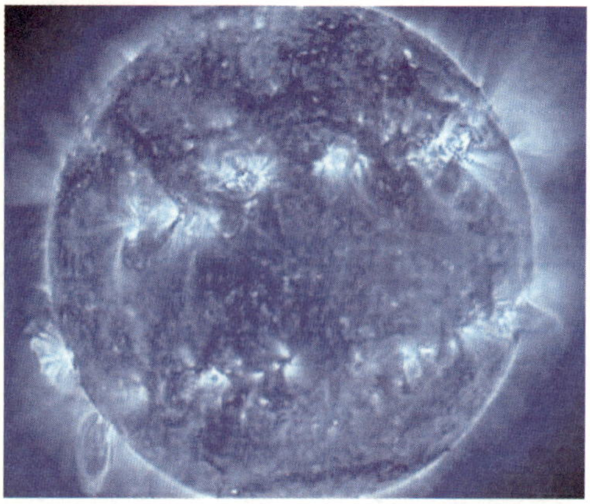

图11–5 1998年11月9日太阳风暴吹扫太阳表面

来自天体的石块，这是我们能得到的从天体上直接掉下来的块状物质。可以肯定这些天体离我们不会太远，就在太阳系内，不可能从更远处来。1976年3月8日下午，中国吉林市北郊降落了一次世界上罕见的陨石雨，一块陨落的巨石穿透冻土层，砸出一个深6.5米、直径2米多的坑。这块陨石质量为1 770千克，是至今世界上找到的最大的陨石。连同附近收集到的其他陨石，总质量达2吨以上（图11–4）。

第二种是人类从月球获取的土壤、岩石等直接样品。20世纪60年代，人类已经实现了从月球获取土壤、岩石样品。不过，获得这样的样品也仅限于太阳系内。

第三种是微小粒子或光子。人类只能从微小粒子或光子来观测和研究天体，其中一类是带电粒子，这对天文学研究很重要。它的来源一是太阳发出的高能粒子飞向地球，包括电子、质子和重离子，常称为太阳质子事件。太阳质子事件和从太阳上连续不断喷出的等离子体通称“太阳风”（图11–5），它可以把地球的磁偶极场吹向一个方向。另一类是来自太阳系外的微观粒子，叫宇宙线。宇宙线包含带电的高能粒子，是包括质子（氢原子核）在内的各种物质的原子核和电子。带电粒子在传播过程当中会改变方向，因为星系之间有星系际磁场，恒星之间有星际磁场，尽管这些磁场很弱，但是这些粒子飞行的路程非常长，经过几千万光年，在宇宙空间的传播过程中，粒子会拐很多弯，在到达地球时，失去了源头的信息，因此很难研究它们的起源。

能够告诉我们源头信息的唯一物质样品就是电磁辐射，包括可见光，红外、紫外、无线电和X射线、γ射线辐射。广义的电磁辐射也可统称为“光”、“光子”，它们不带电，以光速传播。不管发射它们的天体离我们有多远，都可以基本不拐弯地直接到达地球，所以成为天文观测最直接的研究对象。人类主要通过对不同电磁辐射的观测，来认识广阔无垠的宇宙。

天文距离上研究的光都是从遥远天体来的，都可看作是平行光，探测器作为一个接收面，辐射会均匀地落到接收面上。对可见光，人们可以用光学望远镜把方向不同的平行光，经过一个透镜聚焦到焦面上，形成一个小天区的像。但是对其他种类的辐射，光学望远镜就无能为力了。

3. 为什么电磁辐射统称“光子”

在电磁波的波谱中，可见光仅仅是非常窄的一段，由紫色到红色，光的波长在大约3 800 埃到7 600 埃（1 埃 $=10^{-10}$ 米）之间。比可见光波长长的，有红外波和无线电波，通常用波长来衡量。比可见光波长短的辐射有很宽的范围，从紫外一直到几百万分之一埃。量子物理学奠基人、德国著名科学家普朗克发现，电磁波在能量高的时候有粒子特性，物理学中叫做光的波粒二重性。当电磁辐射波长短得比原子还小，就表现为一个一个的粒子，我们称其为光子（图 11–6）。当其波长短到相当于一个原子核尺度（10^{-15} 米）的时候，辐射的穿透性变得非常强。医学上采用的 X 光透视机可以产生能透视人体部分区域的低能 X 射线，又叫伦琴射线。更高能量的 X 射线有更强的穿透性，这样的电磁辐射又称为高能光子，可用能量来表示其特性。普朗克建立了辐射能量与频率、波长的关系：$E=h\nu=hc/\lambda$，式中，h 是普朗克常数，ν 是频率，c 是光速，λ 是波长。这个公式的含义是：一个光子具有的能量 E，跟它的频率成正比，频率如果是间断的，光子的能量也是间断的，光子以光速传播，频率 ν 等于光速 c 除以波长 λ。普朗克把无线电波、光波和高能电磁辐射（高能光子）统一在了一起。1 个电子在 1 伏电压下运动所具有的动能，定义为 1 电子伏。波长 4 000 埃的紫色光，能量是 3.1 电子伏。对于波长 1 埃的 X 射线，其能量是 12.4 千电子伏，是紫色光能量的 4 000 倍，而一个高能 γ 射线光子的能量，可以从 100 千电子伏到 100 万亿

图 11–6 光子示意图

电子伏，高能光子因此而得名。

我们观测可见光时，因为可见光可以在物质表面反射或折射，于是可以用透镜或反射镜聚焦做成光学望远镜对它们进行观测。人类的眼睛就是一架微型的宽视场光学望远镜，可以看得见大千世界。然而对 X 射线、γ射线的探测，不能用望远镜聚焦成像，必须用相应的探测器，对进入探测器的光子一个一个地记录或测量，这样的天文观测称为高能天文观测。高能光子往往是极端天体条件下才可能产生的，比如在超强的磁场中，超强的引力场中，或者超高物质密度的地方。所以高能天文常常与类星体、活动星系核、黑洞、中子星、宇宙γ射线暴等这样一些人类最感神秘的高能天体的研究相关联，成为国际天文学家们研究的热点。这些神秘的天体现象，是人类在地面上用任何实验都不能实现的。

4. 在太空揭示宇宙的秘密
——空间天文学

既然高能天文学那么重要，为什么到了1962年才开始有实质性的发展呢？主要原因是地球大气层有屏障作用，研制探测器困难重重，而且缺乏航天运载工具。这些问题在人造卫星成功上天以后，才有机会逐步得到解决。

地球大气有10牛顿/厘米^{2}的垂直压力。1 000克物质，会吸收掉很多X射线和γ射线。整个电磁辐射波段上，只有射电、可见光和几个波长上的红外光能够在地球表面上测量到。其他的都要把探测器放在火箭、高空气球和飞船、卫星上才能进行。例如，1962年天蝎座x－1的发现，就是一个装在火箭上的探测设备实现的。在30～40千米高的空中，空气已经很稀薄，只相当于0.03～0.1牛顿/厘米^{2}的垂直压力。把高空气球送到这个高度，可以观测到能量大于100千电子伏的硬X射线。而在几百千米以上的航天器可到达的高度上，是最理想的高能天文观测场所。所以，高能天文的发展，受到空间科学与技术发展的推动和制约。空间天文就是把探测装置放在飞船、卫星、空间站上进行的天文观测，

图 11–7 运行中的哈勃太空望远镜

它避开了地球大气层的干扰，能够取得更为真实的观测数据。

空间天文的应用面非常广，除了地面无法观测的紫外天文、X 射线天文、γ 射线天文以外，还包括了地面上能够进行观测的光学天文、红外天文。把光学望远镜放到空间进行天文观测，可以避免地球大气扰动的影响，减少消光补正，拍出更清晰更高质量的照片。空间天文的技术要求非常高，相当一些观测要求有人在空中照料。哈勃太空望远镜就是由美国科学家放入太空的第一个大型空间光学望远镜（图 11－7），它是一个很复杂的系统，其维修和更换仪器设备，都要由航天员在空中实时操作完成。空间天文需要高科技，需要卫星和载人航天。在美国航天飞机、俄罗斯和平号空间站和正在建造中的国际空间站上，各国科学家都安排了大量的空间天文探测与研究任务。反过来，空间天文也极大地推动了空间技术和载人航天技术的发展，神舟号飞船就为我国首次开展的外太空高能天文研究提供了宝贵的机会。

5. 多种“眼睛”看宇宙

人类的双眼能够感知太阳光中由红、橙、黄、绿、青、蓝、紫七色组成的可见光。人类用肉眼观测天象已有数千年的历史，1054 年著名的蟹状星云超新星爆发，就是由中国人用肉眼首先观测到和记录的，这已被世界公认。17 世纪，伽利略用他自己制作的光学望远镜观察天体，观察到月球凹凸不平的表面，发现了环绕木星的 4 颗卫星和许多过去肉眼无法看到的天文现象。光学望远镜拓展了人类的视界，并揭示了许多新天象。先进的光学望远镜设计和光学检测元件及观测方法的进步，使人类对宇宙的探测几乎达到了它的边缘。现代的光学天文望远镜孔径越做越大，美国惠普尔天文台的大口径光学望远镜，其直径已达 10 米，这使人类能够看到越来越远的天体，越来越弱的光。

人类曾一度认为，光学望远镜所描述的宇宙，代表了天文学的全部。但是，随着物理学研究的深入以及粒子探测技术和空间科学技术的发展，人们发现来自天体的电磁辐射不仅是可见光，而且几乎是全波段的。地面天文观测到的，空间天文能观测到；地面天文观测不到的，空间天文也能观测到。1933 年 7 月 8 日，卡尔 · 詹斯基（Karl Jansky）发现了来自银河系的射电信号，这是比可见光波长更长的电磁辐射，波段从毫米波到米波，从此诞生了天文学的一个新的分支——射电天文学。后来，天文学家发现天体还有具有更高能量的电磁辐射。1962 年，人类第一次发现了来自太阳系外的宇宙 X 射线源，取名为天蝎座 x −1。天蝎座 x −1 很暗，也就是说发射的可见光很弱，而 X 射线的辐射却很强。这告诉我们，宇宙空间存在一类与太阳这样的恒星不同的新天体，以辐射不可见的“光”为主。后来人们发现了上百万个这样的 X 射线天体，并把这类研究叫做 X 射线天文学。1968 年，人们测到了来自蟹状星云的 γ 射线，于是开始有了 γ 射线天文学。1987 年，日本神冈中微子探测器测到了 11 个来自超新星 1987A 的中微子，宣告了中微子天文学的诞生。天文学家们又把 1962 年以后诞生的这些新的天文学分支，统称为高能天文学。如今，人们把天文学的这个新时代叫做全波段天文观测时代，因为它包括了比地球上现有波段更全的电磁辐射波段。至今，在不到 50 年的时间内，人类用各种波长上的“眼睛”观察宇宙，用五颜六色去描绘那些实际上看不见的“颜色”，发现宇宙空间的“色彩”是那么地丰富，于是，一个崭新的“看”不见的宇宙世界逐渐展示在人类面前。一个典型的例子是对蟹状星云的综合观测。

光学观测到的蟹状星云形状（图 11－8），和几年前美国钱德拉卫星观测到的蟹状星云 X 射线照片（图 11－9）完全不一样。后者的形状更像一个铃铛，最中心的那个实心亮点是一颗磁中子星。中子星带着磁场转动，使高能电子也跟着打转，并与星云物质发生相互作用产生 X 射线，我们看到的就是被 X 射线探测器拍摄下来的图像。按照 X 射线的强弱涂上颜色，就使我们“看见”了在中子星附近发生的那看不见的物理过程。因

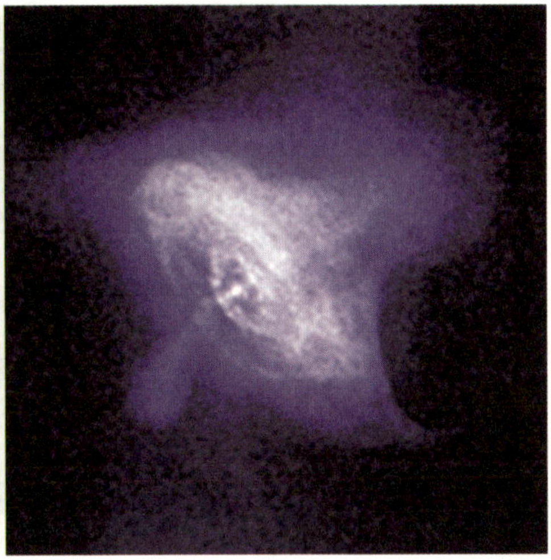

图11－8 光学观测的蟹状星云形状（左）

图11－9 钱德拉卫星观测到的蟹状星云X射线照片（右）

为X射线有穿透力，可以穿透蟹状星云的云层，一部分到达了地球，所以我们才"看到"了这个物理过程。也就是说，光学照片照的是星云的表面，而X射线照片照的是比星云尺度小得多的星云的内核。这张X射线照片，证实了科学家长期以来解释脉冲星辐射过程的理论，证实了蟹状星云的中心，是一个具有非常强磁场的中子星，它的磁场可以强到1 000亿高斯。

图11－10给出了科学家们用4种不同波段的探测器拍出的天球图。光学望远镜拍出的天球图上，白色的亮带是我们所在的银河系，1 000亿颗像太阳一样的恒星发光，布满整个银河系扁盘。假定我们站在侧面去看它，就可以看到这个亮带。高能γ射线天球图上，可以看到高能γ射线强度的分布，中间也有一个亮带，这是因为高能宇宙线和银河系中的气体发生了相互作用，产生了高能γ射线，但是这个亮带要宽得多。高频无线电天球图中虽然也有亮带，形态却很不相同，这是因为射电波的产生还与磁场的分布有关。0.75千电子伏软（低能）X射线显示的天球图就完全不同了，因为射线被物质吸收，看到的只是离地球比较近的辐射，看不到整个银河系。这是因为不管我们把探测器放多远，在太阳系尺度上看，我们的空间飞行器还只在地球附近。而在天球图中，太阳系只是银河系亮带上的一个点。所以画出的天图只能是我们在这个点上观测得到的，并

图 11-10 不同波段探测器拍摄出的天球图

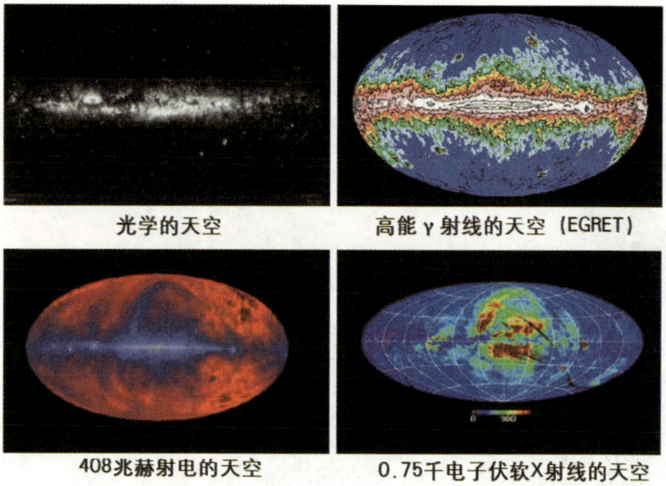

且假定我们站在银河系外的侧面去看整个天空的场景。

6. 太阳耀斑、超新星、宇宙 γ 暴

天体演化是一个长期缓慢变化的过程，在长达数十亿年的过程中，一颗恒星诞生了，变老了，死亡了。在这个过程中，天体有时会发生剧烈的活动，表现为一种爆炸现象。天文上把一次爆炸叫做一次“爆发”。探测器在一段时间内测到辐射突然增强，就表明测到了一次爆发现象，或者说测到了一个“暴”。探测发生在宇宙空间或活动天体上的爆发现象，是高能天文诸多研究课题中的一个热点问题。

为了认识天体上这种特殊的过程，我们不妨先从核爆炸说起。图 11-11 是核爆炸、太阳耀斑以及恒星大爆发的对比示意图。核爆炸是在地球上人为制造和控制的一种最激烈、最强大的爆炸现象，它表现为一瞬间的猛烈爆发，核材料在一瞬间快速裂变反应（原子弹）或聚变反应（氢弹）产生的巨大能量，形成强烈的冲击波、光和各种辐射。一次核爆炸的总能量，大约是 10^{13} 焦。核弹的体积不大，爆炸的瞬间只有百万分之一秒到亿万分之一秒之间，但破坏力却非常大。

太阳耀斑、超新星和宇宙 γ 暴是发生在天体上的高能爆发现

象，是反映不同天体诞生、成长与衰亡过程的最直接证据之一。

太阳离地球最近，发生在日面上某一个小区域的爆发称为太阳耀斑，耀斑爆发时会在几秒钟内使太阳光比平时强许多倍，大耀斑甚至会强上千倍、上万倍，持续一段时间后再慢慢平息。太阳有以11年为周期的活动规律，在太阳活动高峰期，几乎每天都会发生大大小小的耀斑，多数在光学和软X射线能区。有一些耀斑能辐射硬X射线和γ射线，并伴有高能带电粒子发射，称为太阳质子事件。能量更高的耀斑，可以在地面上测到高能粒子的效应，即在地面的中子探测器上能够测到粒子数增长，叫做GLE事件。太阳耀斑大小不同，科学家把太阳耀斑发射的软X射线总流量，分成A、B、C、M、X五级，每一级的强度都是它前一级的10倍，跨度有10万倍。太阳耀斑的X射线总能量，最大可以达到10^{23}焦以上，相当于地面上10亿到100亿个原子弹的总能量。但是，我们不必为此而紧张，因为太阳和我们的距离是地球半径的大约23 000倍，能够到达地球大气层外的流量就已经为原来的22亿分之一，而且这个总能量的释放，要在几分钟到几个小时的时间范围内完成，转换到地球附近，流量就小得多了。更为幸运的是，我们有地球大气层作为屏障。在地面上，除了可见光和射电波段可以观测到外，完全测不到太阳爆发的X射线流量。

超新星爆发是恒星演化到晚期死亡时的结果。银河系中，有无数像太阳一样的恒星，它们的年龄各不相同。恒星内部不断发生热核反应，产生的热量要向外释放，辐射会产生压力，使

图11–11 核爆炸、太阳耀斑与恒星大爆发

地面人工核爆炸辐射比起太阳耀斑的辐射微不足道

太阳耀斑

宇宙间的恒星大爆发相当于数千个太阳耀斑

物质往外膨胀，而恒星物质间的引力又要把物质往回拉。恒星演化到晚期，引力无法对抗向外的力，失去了平衡，就会发生爆炸，这就是超新星爆发。超新星爆发的总能量，可以达到10^{44}焦，这个总能量释放会经历比太阳耀斑长得多的时间。超新星爆发时，在地球附近可以观测到光强的变化，例如1054年，中国人用肉眼看到了其状如蟹的超新星爆发。但是多数情况下，这种变化不如太阳耀斑明显，因为它们距离我们都很遥远。

宇宙γ暴是一种来自宇宙空间的γ射线爆发，它随机出现，方向和时间都不可预测。辐射的光子的能量集中在核反应能区，持续时间非常短，在0.1秒到100秒左右，就在说话之间，可能一个爆炸产生了，随后又消失了。上升时间是0.01秒到秒的量级，用光速乘上升时间，可以估算出爆发的尺度大小，大约3 000～300 000千米。太阳耀斑都能有10 000千米大小，如果从太阳系外来的遥远星空发出的γ暴只有1 000千米那么大，相对而言尺度非常小。随机出现的γ暴，给观测带来了困难，使我们无法测准其方向，也无法判断其距离，于是引起了天文学家的强烈兴趣。什么样的物理过程可以在极短的时间内产生爆发呢？这个爆发的总能量又有多大呢？如果从远处来，那么强的能量产生和释放过程又是怎么样的呢？自1972年发现宇宙γ暴以来，这些问题就一直是天文和物理学家研究的重点。宇宙γ暴是来自遥远星系当中恒星量级的爆发，这个结论是经过几十年的研究和观测设备的不断改进，直到最近才作出的。

7. 神舟号飞船的γ暴探测器及其观测

我国的载人航天计划给我国科学家提供了机会，使我国科学家有可能在中国自己的空间飞行器上开展空间天文观测，研究天体演化，探索自然奥秘。中国科学家选择了对太阳耀斑和宇宙γ暴进行探测这样一个前沿性热点课题，自行设计和研制了X射线探测器、超软X射线探测器和γ射线探测器，组成了太阳和宇宙天体高能辐射监测系统（图11－12）。该系统在神舟号飞船上进行了将近6个月的飞行探测，取得了超出预想的结果。

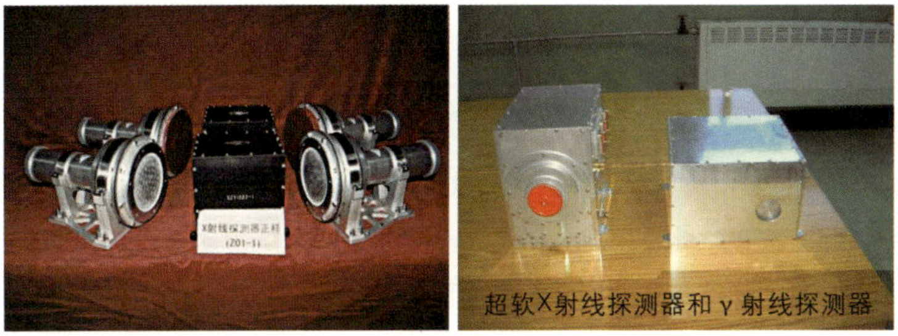

图11－12 神舟号飞船上的太阳和宇宙天体高能辐射监测系统

宇宙γ暴探测器的主要目标是捕捉宇宙γ射线暴，兼顾测量太阳的X射线和γ射线耀斑。探测器的设计充分考虑了宇宙γ暴的特点，能够自动判别暴的发生并记录下爆发时刻，以及每个光子的能量和每秒累计的光子数目，能够自动判断爆发的强弱，并记录下比较强的爆发。

2001年1月17日，神舟号飞船X射线探测器记录到第一个宇宙γ暴，实现了我国空间高能天文探测零的突破。探测器累计运行时间160天，有效运行时间145天，共记录了664组科学数据，包括281组爆发事例，以及在有效运行时间中每天最长达10个小时的全能段计数率和计数率随时间的变化。神舟号飞船的空间天文观测取得了圆满成功，这是我国空间天文学研究的一个重大跨越。

8. 太阳X射线耀斑和太阳风暴

太阳耀斑又称太阳黑子爆发。太阳活动期日面局部的剧烈活动，会出现比太阳表面更亮的光耀斑，或由于高能粒子抛射造成辐射，形成一种X射线耀斑。能量稍低一点的X射线耀斑，叫做软X射线耀斑，其波长在1～8埃。美国地球同步气象卫星GOES的空间天气预报探测器，就是用这一能量范围内的流量，把耀斑分成五级的。波长小于1埃的，特别是小于0.5埃的X射线耀斑，称为硬X射线耀斑，能量越高的耀斑出现次数越少。能量到了γ射线段的光子，要靠高能质子相互作用才会产生，这样的爆发是太阳高能质子（SEP）事件。一个M级的耀斑，会造成对无线电短波通信高频端的干扰；一个X级的耀斑，会使阳光照射到的地球表面无线电通信中断。

太阳上还有一种爆发现象，叫做日冕物质抛射(CME)事件。日冕物质抛射事件发生在太阳外层大气日冕区，在挡住了日面发出的强光以后，用光学和紫外望远镜可以拍出非常漂亮的日冕物质抛射事件的图像，就像电影一样拍下物质向外抛射的过程。物质向外抛射的速度达到350～450千米/秒，形成太阳风吹向地球。大的日冕物质抛射事件又称为太阳风暴，瞬间可以1 000千米/秒的速度从太阳流出，其中的等离子体磁云，可以延伸到5 000万千米以远的距离。在太阳活动期，太阳风暴会频繁出现。特大的太阳风暴会造成无线电通信中断，破坏导航设备，损伤卫星，甚至造成停电。日冕物质抛射事件与太阳耀斑并不都是同时发生的，但是太阳风暴与特大X 射线耀斑或者与太阳质子事件往往有着密切的关联。

图11－13是2000年7月14日发生在日面中央的特大日冕物质抛射事件过程中，由太阳观测卫星SOHO的两个探测器拍下的照片，从照片上可以清楚地看出这个耀斑的瞬间变化过程。一般来说，耀斑的紫外光总是先出来。10：36紫外光照片已反映出耀斑爆发，11：12耀斑光度已经下降。在后面3张大角度日冕光谱仪照片中，遮挡住太阳圆面，就可以看到向四周喷出的物质产生的光。在这次特大日冕物质抛射事件中，10:54大量的物质被抛射出来；11:30探测到大量太阳风暴高能粒子，在照片上形成了雾状的小白点；到13:10，拍下的白点密密麻麻，数目越来越多。测量表明，当时从太阳向地球方向发出的风暴粒子速度接近光速，数量有几亿吨。我国科学家曾参加的国际合作项目，在日内瓦的浅地下L3宇宙线装置，在10：24～10：42之间，测量到了可能与这次风暴关联的65个更高能量粒子，每个粒子的能量都达到几百亿电子伏。

神舟号飞船γ暴探测器，计划是以观测宇宙γ暴为主要目的的。幸运的是，2001年上半年正是太阳活动11年周期的高峰时期。经过与美国气象卫星GOES探测到的软X射线发生时间比对，神舟号飞船的X射线探测器在145天时间内，共观测到130多例太阳硬X射线耀斑。其中的3月、4月是太阳活动最剧烈的时段，3月测到了31例，大部分的光子能量在4万电子伏以下；4月测到了18例，辐射的能量全部都在4万电子伏以上，包括3个X级

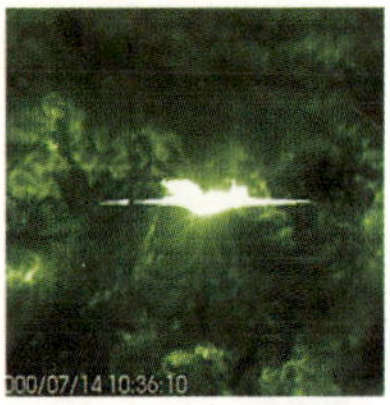

世界时 10:36 紫外光照片

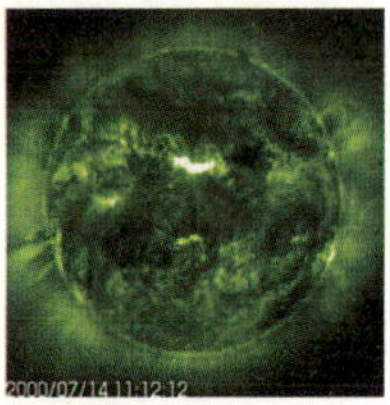

世界时 11:12 紫外光照片

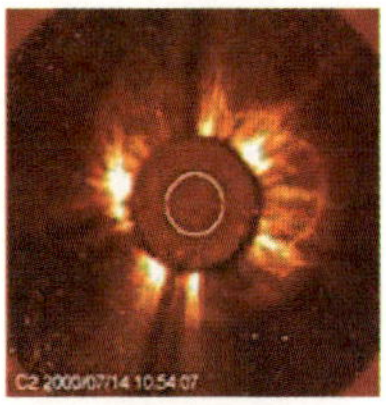

世界时 10:54

世界时 11:30

世界时 13:10

图 11－13 太阳观测卫星SOHO拍摄的2000年7月14日发生的特大日冕质量抛射事件

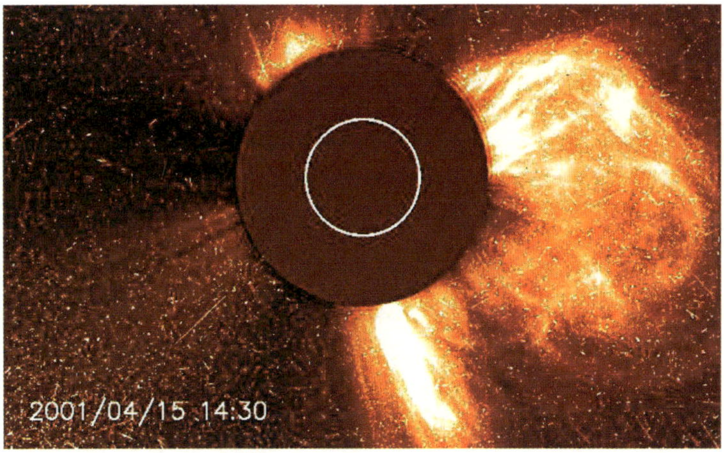

图 11–14 2001 年 4 月 15 日发生的特大太阳耀斑事件，图为太阳观测卫星 SOHO 拍摄的 14:30 太阳风暴

特大耀斑，5 个 M 级耀斑，所有事件都和太阳质子事件有关。

特别值得提到的是，2001 年 4 月 15 日的特大太阳耀斑事件有极强的太阳风暴（图 11－14），许多国家的科学家对它进行了研究。美国气象卫星 GOES－8 测到了它的低能 X 射线流量，神舟号飞船 X 射线探测器测到了它的高能 X 射线计数率的变化，在短短的 2 分钟内，测到的光子数从每秒 200 个光子上升到每秒 10 万个光子以上，流量增加了 500 倍以上（图 11－15）。测量曲线上，反映出 X 射线探测器能谱数据的时间范围（绿色）在 13:49～13:51。这次的日冕物质抛射事件发生在日面边缘，测量表明，由这次日冕物质抛射事件发出冲击波加速的高能粒子，16:00 在地球附近达到高峰。经过与更多的其他结果的时间比对，可以断定，神舟号飞船 X 射线探测器的观测结果，提供了对耀斑状态下粒子加速过程非常有价值的观测证据。

图 11–15 美国气象卫星 GOES–8（上）和神舟号飞船 X 射线探测器（下）探测数据比较

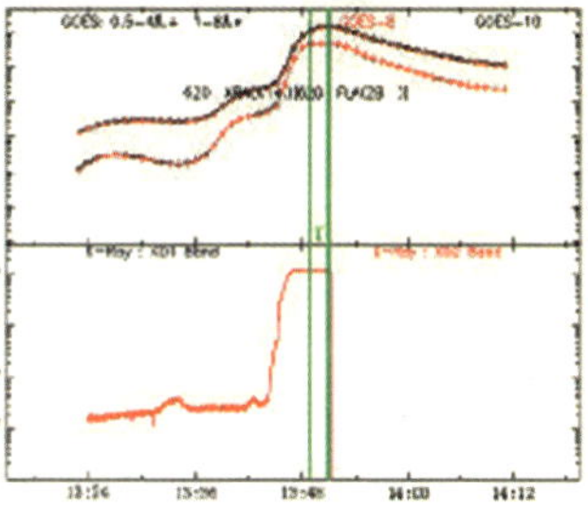

9. 来自宇宙深处的神秘爆炸
——宇宙 γ 暴

宇宙 γ 射线暴是发生在宇宙空间的最具有吸引力的一种高能爆发现象，从它们被发现至今，一直是天文学家和物理学家关注和重点研究的对象。40 年前，美国发射了威拉（Vela）系

列卫星，卫星上装有X／ γ射线探测器，目的是监测地球上的核爆炸试验。1972年，美国科学家从探测器记录的数据中，发现有类似核爆炸现象发生，但不像是核爆炸试验的结果，方向上也不像是从太阳系来的。后来，他们改进了探测器测定方向的能力，并且检查了过去的威拉卫星数据，发现这类暴来自太阳系外，而且从1967年开始，就已经有类似记录了。于是美国科学家宣布发现了宇宙γ暴。

γ暴的神秘之处，首先是因为它们在时间和方向上都是随机出现的，没有规律；其次是爆发很强，区域又很小，很难解释它们产生的原因；第三，爆发的总能量到底有多少，相当于多少颗原子弹，无法进行计算。我们只知道γ暴的能量可以比太阳耀斑高几千万倍，甚至几亿倍，但是因为无法测量距离，究竟有多强无法知道。γ暴的随机出现，使我们很难知道它们是从哪类天体发出来的，间接地判断距离也十分困难。科学家们将这些γ暴与已知的天体（如超新星）进行对比，与另外一些可能的高能天体对比，但都对不上，几乎跟所有的天体都对不上。为什么对不上？其中还有一个原因是探测技术的限制。不知道源头，不知道距离，不知道什么时候产生，又不知道在什么方向上，怎么研究它们？要回答这些问题，就需要视场大的探测器，而且还要能定方向，做到这一点非常困难！正是因为如此，所以它吸引了很多人的注意。最早的时候，人们建起了一个全球网，用长基线三角形法，只要有卫星就往上放探测器，用3个远距离卫星探测器测量γ暴到达的时间差，最早只研究了70多个事例。1991年美国的γ射线观察卫星CGRO上天，其中的贝斯（BATSE）探测器实现了在一颗卫星上粗略地定方向，并且测到了2 700多个暴。真正解开神秘爆发的秘密是在1996年，这一年，Bsax卫星发现了γ暴出现后的“余辉”，以后又测出了一些γ暴的光谱红移，了解到它们正处于遥远星系中。2006年γ射线暴快速反应探测器——SWIFT卫星上天，实现了对γ暴的精确定位，测到了一大批γ暴。经过科学家30多年的努力，逐渐揭开了γ暴的本质。

现在，关于γ暴的起源问题已经有了一些说法。类似于超新星爆发，它起源于一颗星的毁灭。但是不同于超新星爆发之处是，它们起源于一类特殊天体的灭亡。一颗星的爆炸，会形成一个巨

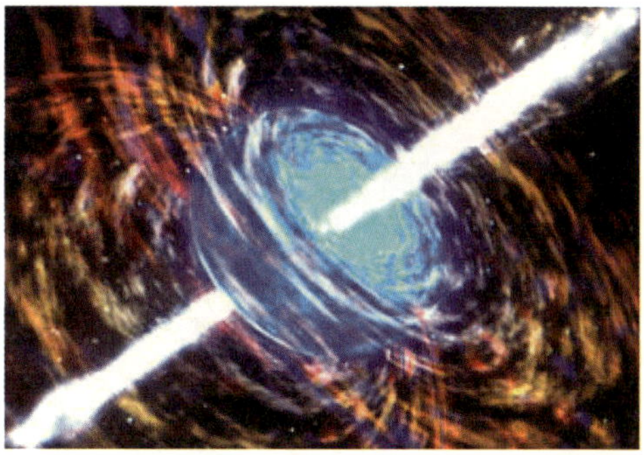

图 11－16　一种可能的γ暴起源解释模型示意图

大的火球，如果火球有向某一方向的喷射，且喷射方向正好处在探测器的视场范围内，探测器就可以看见并记录下这一爆发。

一种关于γ暴起源的可能解释是：超级的超新星爆炸产生了γ暴，理由是最近人们发现，有一个超新星和一个γ暴有可能是在同一个方向。还有一个可能的解释是，γ暴来自由两个中子星组成的星系，这两颗星如果最后并合到一起，就会产生γ射线爆发（图11－16）。两颗中子星并合到一起这种情况，在浩瀚的宇宙空间，可能一个星系一年都不会发生一次。但是，因为有非常多的星系，才会出现这样的情况。即使这样，按照这个模型，也不能完全解释为何可以产生现在观测到的这么多γ暴。

神舟号飞船轨道舱上的宇宙γ暴探测器，在2001年1月17日测到它的第一个γ暴。6月25日，飞船轨道舱停止工作前1小时，测到了最后一个γ暴。短短数月，神舟号飞船宇宙γ暴探测器共测到宇宙γ暴30多例。神舟号飞船X射探测器测到的γ暴，短时间的爆发比较多，这是与其他观测结果的不同之处。

10. 近地轨道上的电子“陷阱”

神舟号飞船在轨运行期间，通过X射线探测器还测到了地球400千米高度空间异常区电子沉降的分布，其流量随着地理位置变化。图11－17所示是把半年里凡是测到的空间异常区都放在一张图上，不按时间去分，从中可以看出，电子的分布基本上发生在±40°的高纬度区域。如果纬度更高，电子流就更强，特别是极区。为什么极区会有极光，就是电子和大气层相互作用产生的。这种异常空间区域，堪称是电子“陷阱”，它不属于辐射带，而是由太阳风暴造成的地磁场变化引起的。

图 11－17　神舟号飞船X射线探测器对近地空间异常区的电子沉积测量结果

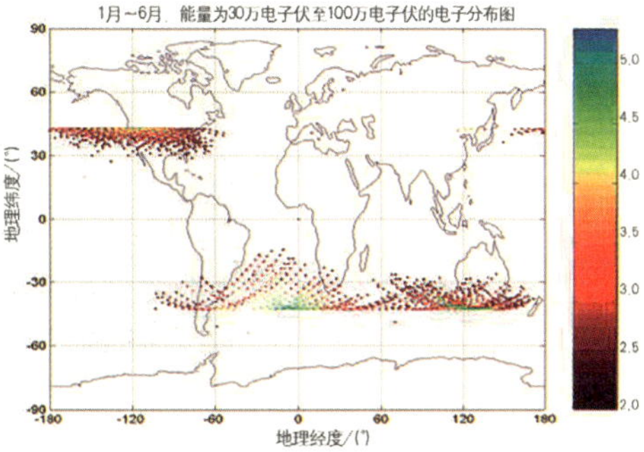

神舟号飞船X射线探测器是如何测到

这个区域的呢？我们知道，地球受到地磁场的保护，在400千米高空，地磁场仍然很强。地磁场如果因为某种原因出现了凹陷，电子就容易存积在那儿，所以有些区域，会有很强的电子存积。当有太阳耀斑时，这种存积电子的区域就会变大，没有太阳耀斑时就会变小。当神舟号飞船运行到这样的区域时，X射线探测器进入一种设定的测量方式，测量进入探测器的“本地”电子，从而准确地反映出了这个异常区。

11. 高空气球－神舟号飞船－嫦娥1号

神舟号飞船空间天文探测的成功，对我国空间天文的发展和带动作用是无法估量的。我国的空间天文观测，从1977年开始曾发展了平流层高空气球技术，气球体积达到10万米^3，载重800千克，上升高度40千米，实现过对蟹状星云脉冲星的搜寻和黑洞天体天鹅座X－1的观测。神舟号飞船的发射使我国空间天文首次实现了在卫星高度上的观测，为以后的专用卫星天文项目“硬X射线调制望远镜”打下了基础。研究人员把在神舟号飞船上探测的成功经验用于探月工程，研制成功了探月工程的X/γ射线探测器（图11－18）。探测器在2007年10月24日嫦娥1号绕月卫星发射后运行情况良好。

展望未来，对太阳耀斑和太阳风暴的观测研究以及预报方法，应该继续深化；要在空间站上实现对太阳的长期观测和研究；对γ暴的研究应着重在极化测量和短持续暴的研究。

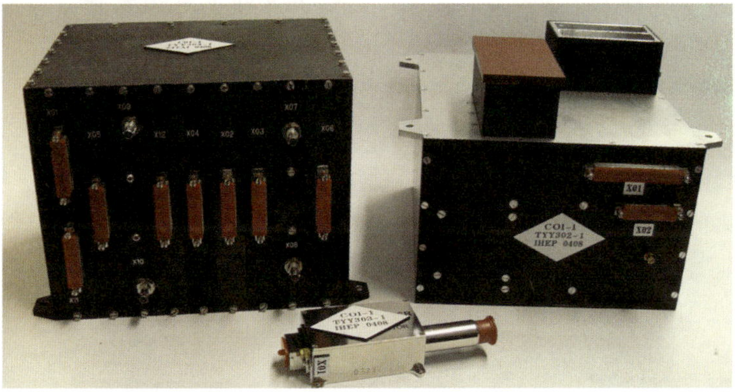

图11－18 嫦娥1号卫星装载的X/γ射线探测器

第十二章

发展、创新、求索
—— 空间应用未来展望

载人航天是引领人类科技发展的前沿技术。先进的航天技术为科学认知提供了求索、创新、实践的平台，新的认知与创新又促进了航天技术水平的提升，这是当代人类航天事业发展的基本模式。我国空间科学与应用技术研究，在支撑技术方面有哪些创新成就？未来的空间科学与应用研究又将向哪里发展？这些问题引人关注。

1. 载人航天应用的技术支持

从系统工程角度看，空间科学与应用技术研究应当包含两个方面，一是工程技术实践层面上的技术研究，二是求索认知层面上的基础性研究。在认识空间、利用空间的伟大征程中，先进的技术支撑与不断更新和深化的科学认知，二者相辅相成。

我国空间科学与应用技术研究，在支撑技术方面有哪些创新成就？未来的空间科学与应用研究又将向哪里发展？这些问题引人关注。

在飞船、空间实验室、空间站这样大型的航天器平台上，要开展较大规模或者大规模的综合性、多学科、多任务的空间科学与应用实验，在工程上如何实现呢？中国载人航天工程应用系统在实施其应用计划中，开发的天地技术支撑系统是一个典型，它代表了未来空间科学与应用技术发展的新趋势。

（1）应用有效载荷在轨管理系统

综合利用是展示载人航天器优势的重要标志。神舟1号～神舟5号飞船上安装的应用设备，多的有64件，最少的也有24件。有的设备是看地，看海，观云测风；有的设备是看天，看苍穹，捕捉那些看不见的粒子和射线；有的设备是上千摄氏度高温的材料加工厂；有的设备装载的是娇弱的生命活体；有的设备是沸腾翻滚的液池……众多设备要集中在一个空间平台上，而且要保障各类应用设备在彼此截然不同的环境下，顺利完成互不相干而又千差万别的任务，要实现这种和谐共处，关键是有一个先进的空间应用技术支持系统。

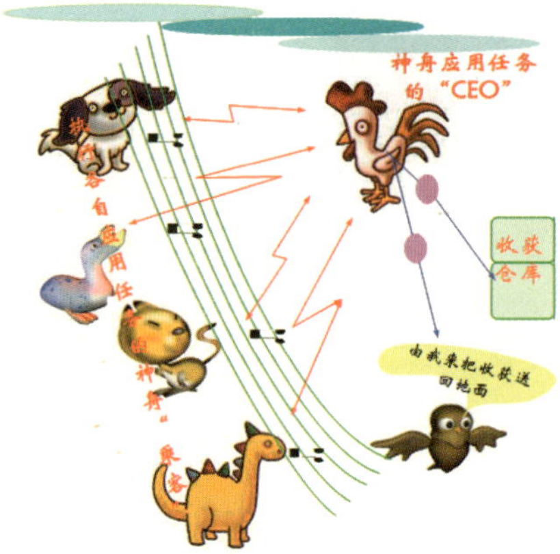

图12−1 神舟应用任务的"CEO"

"CEO"是现代社会最时髦的头衔，有效载荷在轨技术支持系统就是神舟应用任务的"CEO"（图12−1）。众多航天应用设备正是在它的管理下，有条不紊地开展工作。

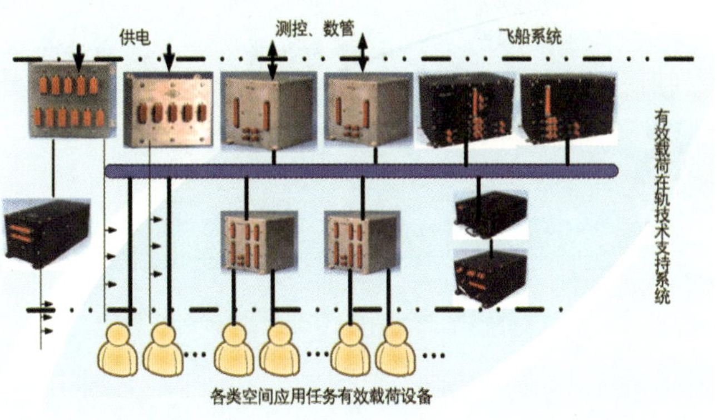

图12-2 载人航天工程第一步任务有效载荷在轨技术支持系统示意图

我国载人航天工程第一步任务有效载荷在轨技术支持系统如图12-2所示，它采用了1553B数据管理总线和CCSDS数据传输通信标准、高速多路复接器和大容量存储器等多项高技术，不仅借鉴了国外的先进经验，同时也体现了中国特色。这个系统把众多的有效载荷设备集成，简化了诸多应用设备与飞船之间的电连接。在系统内，它面对各种应用设备，充当了应用任务实施的协调管理者，给每一个设备分配能源供电，控制各个设备的开启或关闭，监视它们的工作状态，回收每个应用设备获取的科学数据或图像，并分门别类地加以保存，或者发送回地面。当发现某个设备工作不正常时，它还可以采取某些措施加以处理，保障整个飞船系统的安全。

为了增强我国载人航天的应用能力，特别是在载人航天工程第二步任务空间实验室和未来的空间站上，应用设备将执行更多的综合应用任务，有效载荷在轨技术支持系统将面临速度更高、数量更多、情况更复杂的数据管理能力的需求。载人航天工程第二步任务有效载荷在轨技术支持系统如图12-3所示，它采用更先进的网络管理理论和光纤传输通信、海量存储、数据压缩等先进技术，其数据存储能力可以达到10^{12}级，传输速率可以达到几百兆比特/秒，从而实现快速反应和在线实时控制。

图12-3 载人航天工程第二步任务有效载荷在轨技术支持系统

（2）空间实验方法及遥科学实验技术的现实与未来

空间科学与应用的实验技术伴随人类航天事业的发展走过了三个阶段。

第一个阶段，早期都是固定实验方式，按科学家的预期目标来设计有效载荷工作参数和状态。到太空后，无需操作和控制，自动完成实验，科学家通过简单的实验数据采集或者是样品回收，判断设备的工作状态和实验结果。

第二个阶段，随着遥控、遥测技术的发展，一些实验开始采用预先设定的程序，并通过上行通信信道注入数据或程序，改变实验进程的方式，去完成更多的实验任务，地面也可以更准确地掌握设备的工作状态。

第三个阶段，科学家和工程师们引进先进的在线监测设备，以及先进的在线实时处理技术等，通过下行图像、数据等，判断实验进程和设备工作状态，扩大上下行的通信能力，以获取更多的成果。这是目前大部分空间科学与应用技术实验的做法。

以上这些实验模式都存在一个问题，如果与预先的设计参数和条件有了差异，超出了预先设想的范围，科学家无法实时调整实验进程，设备出现意料之外的故障也无法修复。当实现载人航天后，一个有人参与的先进空间实验模式迅速发展起来。有人参与可以完成设备的维护、更新以及实验的人工操作和调整，这使得空间科学与应用技术实验发生了质的飞跃。

但是，载人飞行高昂的成本，以及空间特殊环境下人的能力发挥受到限制等众多因素，完全有人参与的空间科学与应用技术实验还远远无法满足应用需求。有些实验技术，特别是科学实验技术，是需要科学家的智慧来干预的，具有丰富经验的科学家要成为合格的航天员，也不是容易做到的。因此，一个新的科学实验方法提出来了，那就是遥科学实验技术。

遥科学至今还没有一个公认的确切定义。一般人都能够理解的是，科学家在地面通过先进的天地通信技术，实现对空间实验对象的监视（遥视），让科学家坐在自己的实验室里，就能身临其境（遥现场）地对实验方法、过程和实验设备进行检查和分析（遥诊断），在此基础上对实验进行主动操作，提取实验样品和结果等（遥操作）。显然，这样的实验模式是很理想的，然而根据人类现有的技术水平，要完全做到这一点还有一定的距离，这其中最主要的矛盾就是天地往返信息沟通的实时性。科学家在实验室里作实验时，眼睛看的同时，大脑也在思索下一步该做什么，手就会及时操作。对于一些精细的实验，在看（眼）和做（手）二者之间，几乎可以做到没有时间延迟。但在遥操作中，遥远的信息传输距离加上人工决策过程，还做不到零时延反应。另外，空间实验设备的响应时间以及精细控制与操作能力等一系列问题，也是困扰遥科学实验的重要因素之一。但是遥科学实验技术是当代航天人努力追求的目标。

上面介绍过的有效载荷在轨技术支持系统，为发展遥科学实验奠下了第一块基石。与此同时发展起来的有效载荷应用中心，可以算是发展未来遥科学实验技术的初级平台。现在的遥操作，已经能够做到在地面指挥每个有效载荷什么时间开机，什么时间关机，什么时间干什么工作，以什么样的方式工作等。它的基本过程是在地面作出决定，由有效载荷应用中心传给航天测控系统，通过地面测控网站传输给飞船系统，飞船系统再把这些信息转送给有效载荷在轨技术支持系统，让在轨技术支持系统这一“CEO”去指挥各个设备工作。同时“CEO”收集各个设备的工作状态，组成一个个“邮件包”交给飞船系统传回地面，航天测控系统在地面接收后，捡出属于应用任务的“邮件包”，再送给有效载荷应用中心。

另外，大量的对地观测、空间探测和科学实验的科学数据和图像信息，则可以走一条捷径，由“CEO”收集后进行预处理，然后直接通过高速数据下行通道传回地面，由有效载荷应用中心的专门接收站接收（图12-4）。任何一个地面接收站都存在接收范围的限制，因此，当航天器不在接收站可视范围内时，大量的科学数据和图像数据，还必须由在轨技术

图12—4 空间应用系统地面高速数据接收站

支持系统采用大容量存储器缓存，当航天器进入接收站可接收范围后，再发回地面。这个烦琐的天地回路目前还无法满足遥科学实验要求，但它已经构成了未来遥科学实验的基本链路模式。

中国载人航天工程第二步任务及后续空间站的应用任务规模，将远比第一步任务大得多，需要的天地通信容量也会更大。为了适应新任务的需求，提高应用效率，我国将采用卫星中继技术，实现全球大覆盖范围的实时通信，这将极大地提高信息传递的实时性。未来如果能够建成遥科学实验站，将天地链路信息交换的时间延迟缩短到可以接受的程度，与之匹配的在轨监测、显示、控制、操作设备技术发展也能跟进，那么实现真正的遥科学实验并非幻想。

(3) 载人航天应用的地面中枢

中国载人航天工程始建的有效载荷应用中心，在短短十几年时间内，已经成为世界上为数不多的专用航天应用技术支撑机构。

有效载荷应用中心的任务，可以比喻为航天应用的天地中枢。载人航天器在轨运行阶段，它负责所有空间应用设备的操作、控制与状态监测。空间应用设备如何工作，空间发生的每一个事件如何应对，都由这里作出决策，再通过航天测控系统发到太空。所有空间应用设备的运行状态，最终也反馈到这里。获取的空间应用信息在这里经过分析处理，分门别类地分发到研究机构、企事业单位等用户手中。

有效载荷应用中心主要由有效载荷运行监控管理，有效载荷数据接收、数据处理，有效载荷应用数据库和用户服务等部分组成。每当神舟号飞船执行飞行任务时，这里就成了应用专家的大本营和神舟号飞船应用任务的地面指挥部。应用用户在这里提出对实验进程的实时规划，确认空间运行状态是否满足应用要求，有效载荷工程师在这里判读在轨运行的设备工作是否正常……

当空间实验获取的信息传回地面后，应用成果的诞生也从这里开始。对地观测用户专家们对这里提供的原始资料进行加工，绘出一幅幅精美的应用图像；科学家们分析从这里获取的科学数据和工程参数，取得丰硕的研究成果。

每一项空间应用实验，通过监控系统可以获取在轨运行的详细情况，包括实验进程、实验装置的技术状态。从监控大厅（图12－5）的屏幕上，还能够了解当前航天器的轨道位置，正在开展什么样的实验，对地观测获取的图像是地球上的什么地方、什么时间、什么事件等。

图12—5 有效载荷应用中心监控室（上）及监控大厅（下）

随着载人航天技术逐步走向成熟，无论是国民经济建设，还是人民生活水平，都对载人航天提出了日益旺盛的需求。在不久的将来，会有更复杂的载人航天器同时在空间运行，多项空间应用任务会同时并行开展。因此，有效载荷应用中心在运行控制管理方面，将向多任务、多目标方向发展，实现实时、在线、高智能的监控管理和遥现场、遥视、遥诊断、遥操作的遥科学实验。

在数据处理方面，将实现科学数据与工程参数高速、实时、海量的快速反应，能够在最短的时间内，向用户提供初级产品，构成天—地—用户的闭环流程。

在用户服务方面，将建立完善的应用数据库，向更广泛的用户提供多方位的服务。其目标是三个面向：一是面向对地观测、空间科学实验、空间探测等应用用户实时提供信息；二是面向空间应用设备研制开发部门提供相关的运行信息支持；三是面向普通民众和广大青少年，为全民科学普及服务提供平台。

2. 空间科学与应用研究对载人航天发展的推进作用

先进的航天器是一个国家综合实力的体现，是国家高技术水平的体现。除了巨大的财力支持之外，还需要以雄厚的空间科学基础和高水平的技术手段加以支持。例如，在空间建造一个庞大的可以供人长期生活、工作的空间站，除了需要解决重大工程技术问题之外，还有许多问题有赖于空间科学研究的基础。

首先，需要对空间站建成后的运行环境有充分的认识。太空的温度、磁场、大气密度、辐射背景、宇宙尘埃、空间碎片……这些是空间环境科学研究需要提供的认知；航天器设计师选择什么样的材料作为空间站的结构材料，需要设计多厚的舱壁，什么样的涂层才能抗御高温、深冷、强辐射的威胁……这又与空间材料科学密切相关。

其次，人要长期在空间站生活和工作，如何克服微重力环境带来的障碍，如何保障航天员在长期空间辐射环境下的身体健康，如何应对突发的辐射事件（如太阳质子事件）对航天器和航天员的伤害，如何维持人的基本生存条件，包括食品、饮水、废物处理、健康保障，以及舱内环境控制策略与技术等，这些需要空间生物学、流体力学、航天医学以及基础物理、化学乃至心理学等广泛基础科学研究的理论指导和技术支持。现在，世界各国科学家都极为关注的密闭受控生态生保系统，就是在这一背景下提出来的。

第三，要在空间建造一个巨大的飞行体，从工程角度上讲不是一件容易的事，它不像在地面建造一座楼房，或者建造一艘航行于大海中的巨轮。巨型航天器不可能先在地面建造好后，像发射卫星那样送入太空。因为无论是理论还是实践上，还都无法制造出那样的巨型运载火箭。举例说，神舟号飞船只有8吨，发射它的长征2号F火箭是479.8吨，所用推进剂是447吨；国际空间站完全建成后总质量将达453吨，桁架长度108米，什么样的火箭能把它发射升空呢？建造空间站那样的巨型航天器，采用空间组装方式是唯一可行的办法，因此，一个崭新的工程技术——太空建造将应运而生。

太空建造就目前而言，主要有两方面的技术。

一是航天器建造技术。就像国际空间站的建造过程那样，分期、分批把各部件、各舱段送入太空，逐步完成组装。2000年10月，美籍华裔航天员焦立中在他的第三次太空之旅中，就是执行国际空间站太阳电池板支架和舱门接合器的装配（图12-6）。他在太空工作了13小时16分。

二是空间应用任务的太空作业技术。例如，在美国航天飞机上，装载过一套雷达系统，该系统能对全球进行三维地形测绘。这种系统需要建立60～100米的干涉基线，质量超过1吨。如果将这种设备安装在中国未来的空间站上，其建造也只能采用分

图12-6 美籍华裔航天员焦立中执行舱外组装任务(左)；焦立中完成任务后返回地面(右)

批运送和在太空组装的方式。

太空中的组装建造任务，不像在地面上那么容易。因为空间的失重、高真空、深冷、强辐射，时刻威胁着建造者的生命安全，而每一项施工又与地面截然不同。例如，在空间，要把两个结构件焊接起来，是一项理论和实践都需要探索的新技术、新工艺，因为没有了空气对流，散热条件发生变化，焊点不易形成；没有重力，焊液流动与地面不同，需要解决形成合格焊缝的问题。解决这些问题，需要空间应用相关的材料科学家、基础物理学家以及微重力流体物理学家提供基础理论依据和工艺技术研究成果的支持。

3．空间科学与应用研究诱发的太空产业梦想

空间科学与应用技术研究提升了人类的认知，新的认知孵化出新的工艺技术，同时引发了空间产业化的梦想。曾经火热一时的“太空制药”，就是美国科学家在20世纪80年代末提出的第一个太空产业概念。根据当时的认识，在微重力环境中，由于没有重力对流和升降效应，提取、制备和生产预防、治疗人类某些疑难病症的生物药剂有绝对优势，获得的产品其功效是地面制品无法替代的。因此，在20世纪90年代初，美国研制了重达2吨的商用空间制药分离提纯电泳仪（图12-7）。和平号空间站上有一个专门的大型离心机，该设备也是为太空产业作准备的，这些都

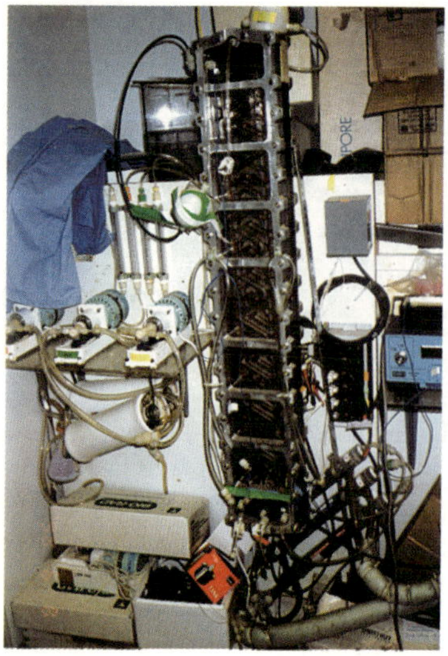
图12-7 美国商用空间制药分离提纯电泳仪

表明了各航天大国实施空间产业化的追求。但是，航天技术水平的发展跟不上科学家活跃的思维，空间科学与应用技术研究的新知识积累和技术能力，还不具备实现那个美好愿望的条件。如今和平号空间站上那台巨型离心机，已经随和平号空间站坠毁，2 吨的电泳仪也被存进了仓库。就以生物制药来说，在空间，由于没有重力对流，可以实现细胞三维培养，取得某些具有奇异功效的代谢产物。但是，微重力条件下流体物理学的一些次级效应，使得大规模的分离、纯化工艺面临新的问题，科学家们不得不去研究新的适用的分离技术。此外，产业化生产过程中的原材料运输、产品回收、中间产物利用、废污处理等各类问题，也都需要找到经济和可行的办法。

其实，除了空间制药，利用太空高温、深冷、微重力、强辐射、高真空、超洁净等特殊条件，能够做的事很多。例如，利用太空微重力进行金属冶炼，可以不需要容器，在没有容器壁干扰和重力沉降效应的前提下，炼制出纯度高、性能卓绝的特殊功能材料；利用太阳的光能可以在太空建电站，而且这样的太空能源环保、廉价而且资源丰富，然而人类现在还无法在太空建电站，这同样是因为我们的认知水平、技术能力还没有达到相应要求。总之，太空条件下的基础科学研究还任重道远，解决太空产业面临的问题，还需要更多的空间实验去研究，去弥补认知上的缺陷，去创新发展实用技术的能力。

人类有了载人航天技术带来的先进实验平台，科学家本人可以直接到空间去进行研究分析，以获得更加精确的认知。1985 年，美籍华裔科学家王赣骏实现了他的太空之旅，以有效载荷专家身份在空间进行了一项零重力液体状态实验。这项研究对于在太空制取地球上无法获得的高纯度精密合金和非金属材料，深化液体动力学的研究，开发无容器冶炼技术和空间制药技术等，都具有重要的价值。王赣骏随身带了一面中国国旗上天，回来后赠送给了我国国家领导人，并对中国载人航天的发展提出了许多积极建议（图12-8）。

图12-8 王赣骏和他带上天的第一面中国国旗

我国科学家在神舟 4 号飞船上，以程序控制方式进行了类似的零重力液体状态实验。这不是重复美国的实验，而是采取不同方法进行研究，是人类为了科学认知的共同目标迈出的一步。

遥科学实验、载荷专家直接操作实验和无人的程序控制实验，是开展各类空间科学与应用技术实验的三大模式，为科学家开展更深、更细的实验研究提供了更加丰富的技术手段。未来，利用太空资源优势开发新型物质材料，发展太空产业等美好设想最终是会实现的。

4. 空间应用推动高新技术发展

我们有时会听到这样的疑问：空间应用是不是离普通人的现实生活太远了？其实这是一个不知其然的误解，今天，我们的生活时刻都在享受空间应用技术带来的好处。在众多应用成果中，最典型的例子就是卫星通信。卫星通信是现代社会进步的标志，可是现在的通信技术水平是不是很完美，无可挑剔了呢？不！人类的追求没有止境，科学的发展也没有止境。新的通信技术正在孕育之中。

利用电磁波作为通信信息载体，迄今为止还仅仅是在亚毫米波长以上的频段，频率为0.1～10 太赫、波长为30～3 000 微米范围内的太赫兹（THz）波段，还没有被利用，因此，太赫兹的应用就成为研究的热门课题。太赫兹的频率很高（图12−9），所以其空间分辨率很高，通信容量很大。无论是太赫兹通信，还是太赫兹遥感，都被科学家们公认为是一种新的有很多独特优势的领域。太赫兹技术是一个非常重要的交叉前沿领域，给技术创新和国民经济发展提供了一个非常诱人的机遇。但是，实现太赫兹波通信的主要障碍是缺少太赫兹波关键器件，缺少室温下连续波工作的高效太赫兹波源，缺少室温下工作的太赫兹波探测器；其他调控太

图12−9　太赫兹波段

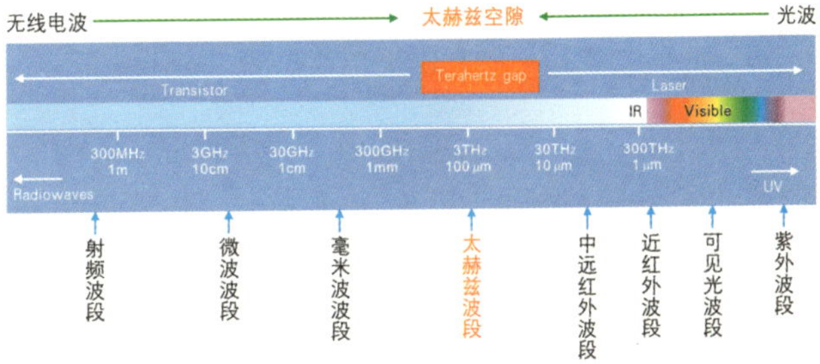

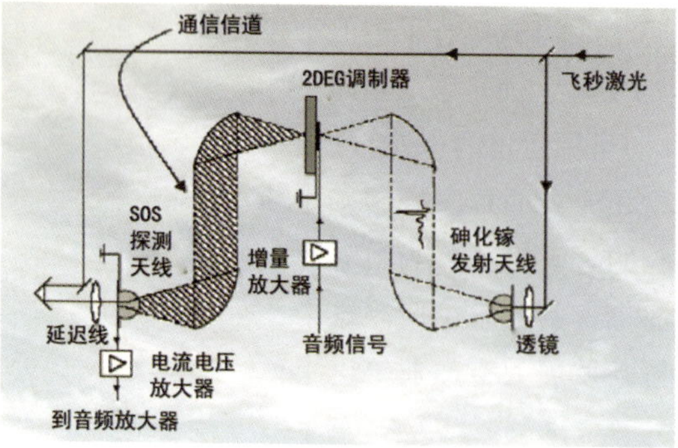

图12–10 德国科学家的太赫兹通信实验模型图

赫兹波的器件如调制器、滤波器、波导、交叉开关等还没有开发出来。另外，传统的微波理论不能推广到太赫兹波段。因此，世界各国科学家都在对这些问题进行研究。2004 年，德国科学家首次成功进行了用太赫兹辐射传输音碟数据信号的实验（图12–10）。我国科学家目前对太赫兹信源器件和检测技术以及若干应用基础理论问题都开展了研究、开发，并取得了一些重大突破。

量子通信是另一个最新的通信技术设想。理论证明，以单光子或纠缠量子对为基础的量子密钥分配，是无法破译的，所以这项技术成为未来保密通信的重要技术。中国在国际上首次解决了量子密钥分配过程的稳定性问题，在实际通信光路上，实现了125 千米单向量子密钥分配。这也是迄今为止，国际公开报道的最长距离的实用光纤量子密码系统，这就意味着量子保密通信已走出了书本和实验室。如何进一步提高这项技术，如何实现组网，建立量子通信保密网等若干问题，是科学家们进一步奋斗的目标。有人提出采用航天器平台优势来建设未来的全球量子密钥保密通信网，这是否可行，还需要实践来验证，中国载人航天工程空间应用系统已经把它列入后续研究项目（图12–11）。

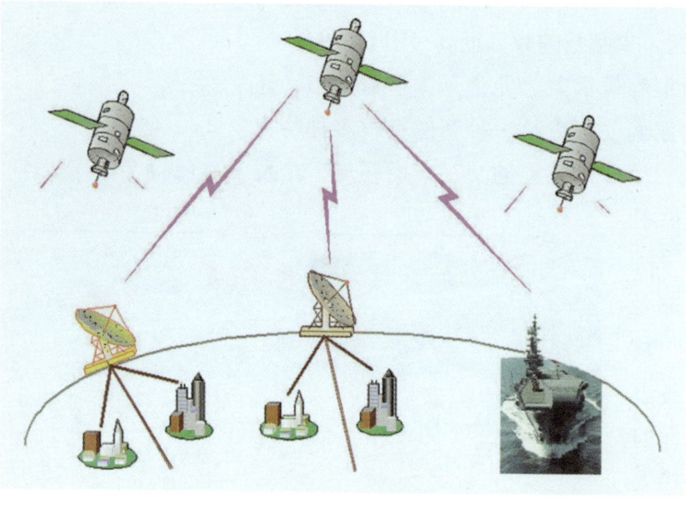

图12–11 未来借助航天器平台组建的量子密钥保密通信网示意图

另外，自由空间的激光通信也在迅速发展。自由空间的激光通信具有信息容量大、保密性强、保真度高、不易受干扰、费用低廉等优点，在空间—空间、空间—地面通信中日益显现出其生命力。激光在空间定位、导航、医疗等领域的应用也受到广泛重视。目前在空间激光应用中，若干关键技术正在获得突破，特别是小型、轻便的大功率固态激光器，显现出快速发展的势头。

太赫兹通信、量子通信、激光通信……这样一些具有独特优势的新一代通信技术，存在着广阔的应用前景，在航天技术领域也是位列前茅的研究课题。它们不仅能够提供超大容量的通信能力，解决天地信息交换的瓶颈，也能够解决通信安全保密的问题。这些技术将为更多的空间科学与应用技术实验、更庞大的航天器平台提供更先进的支持能力。

5. 认知求索，做开发宇宙的先锋

认知求索是人类的天性。现在，人类可以认为自己是地球上优于一切物种的大智慧生物。但是，有一位科学家却幽默地说："人类距离全部掌握上帝的秘密还很遥远。"这句话告诉我们一个真理：自然界是无限的，认知没有止境。

探索是认知的开路先锋，掌握"上帝"的全部秘密，就成为一个至高无上的追求目标。那么，我们做过的，被我们利用的认知有多少？自然界、宇宙间到底还有多少是我们未知的谜团？我们距离认知宇宙还有多远？恐怕没有人能够统计出来。因为"上帝"秘密的"全部"，无从定义，也无须深究，地球人类具有不断更新自己知识体系的本能。

比如说，关于生命的起源，早期的上帝造人和亚当夏娃之说，大概现在已经没有人相信了。达尔文的进化论经过一个半世纪，也开始遇到了挑战，那么生命到底如何起源，地球之外有没有生命，有没有高级生命，成为航天时代新的争论，也成为人类开拓航天时代的理由之一。

当人们在宇宙飞船上感受到微重力的奇妙作用时，又开始反思地球重力在生物进化过程中的作用。近几十年，利用航天器的微重力科学实验条件，科学家从分子生物学角度，对这一问题在细胞中的信号传导研究中有了初步认识，但是，这还不

图12-12 理想自由太空的幻想模型

能说已经揭开了事物的本质。

在人类航天发展过程中，一个最直接也是最迫切的问题就是，如何获得人在太空自由生存的条件？我们总不能变成永远呆在保护壳里的弱者，要成为在太空的自由人。实现这一目标，也许还有漫长的历程，但我们不能等待，对于这一问题，需要有人去勇于探索，寻找解决问题的方法。方法源于认知，这又回到了老话题：摆脱地球约束，去重新认识太空特殊环境，发现与建立那个环境中生存与发展的规律和定律。

有人提出，在空间构建一个模拟重力环境（图12-12），以便于人能够像在地面一样行动自如。可是如何去应对空间的强辐射，保护自身生命及生命的延续呢？如何去开拓一个能够自给自足、长期居留太空的生态环境呢？我们距离科学家设想的太空密闭受控生态系统还有多远？即使解决了太空密闭受控生态系统问题，人们岂不是仍然还在人造的保护壳里吗？人类能不能把火星那样的行星改造成第二个地球呢？再进一步设想，人类能不能从自身机能上进行改造，去适应太空环境呢？如果能够实现的话，那么人又将是什么样子呢？地球文明会在宇宙间延续吗？

更具有前瞻性的课题是人类航天是否可持续发展的基础理论研究，以及深化对物质世界基本规律的认识。谈到这个论题时，人们感觉这近乎于科学幻想，但是往往一个发明、一项创造的灵感，正是来源于原始的幻想。美国航空航天局有一个机构，专门收集世人的奇思妙想，并给予幻想者奖励。他们把长期积累的各种奇思妙想建成数据库，以期在未来的航天发展中得到启发，孵化出新的科学建议和技术发明。

“额外维”一度是物理学界的一个研究热点。这一概念的提出，源于爱因斯坦的相对论和牛顿的万有引力定律。我们已经知道自然界存在引力、电磁相互作用力、强相互作用力和弱相互作用力四种基本力。强相互作用力和弱相互作用力存在于原子核内部，是短程力，而引力和电磁相互作用力则是长程力。人们发现所有短程力都比长程力强得多！但是长程力为什么会比短程力弱得多？科学家的研究提出，在长程力和短程力之间可能存在一个近程力！引力向额外维散发，可能导致对牛顿反平方规律的偏离，从而可以解释引力为什么会那么弱。这就是理论物理学中所谓的“额外维”模型。科学家们企图在统一场论中，把四种力统一起来，并开展了大量的验证实验研究。航天器的微重力环境，有望为科学家的研究提供更好的实验条件，甚至可以推动相关的超引力、超弦等理论的发展。这些问题在中国载人航天工程的后续任务中已经被列入研究课题。

图12–13 任何航天器都不能超过光速

提到相对论，一些与航天有关的更具幻想的命题就出来了。例如，爱因斯坦狭义相对论的质量与能量关系和时间速度效应问题，引发了能不能实现超光速宇宙航行的持久争论。它的答案到底是什么？这关系到未来能不能实现宇宙远航。这个基本问题如果得不到答案，那么人类航天的前景是否就会变得暗淡？因为我们的航行速度无法超越某种极限。现在，绝大部分物理学家依据狭义相对论的观点，仍然坚信我们的航行速度不可能超越光速（图12–13）。

现代人类航天器已经实现了16.7千米/秒的第三宇宙速度。但是，如果以这样的速度去进行星际航行，要飞出银河系，那简直是“天方夜谭”。宇宙中星际间的距离是用光年来度量的，于是，人们必然会想到光速飞行！可是能不能实现光速飞行呢？爱因斯坦狭义相对论的质量与能量等价学说，推论一切物质的质量（m）乘以光速（c）的平方等于能量（E），即著名方程 $E=mc^2$。一个静止的物体，它的所有能量都包含在它的静止质量中；物体一旦运动，就会产生动能，这个动能也会叠加到质量上去，运动速度越高，动能越大，物体质量就越大。这个推论被一些科学实验所验证。按照这个理论，当航天器加速到光速的99.999 999 996%时，质量会增加10万倍，显然航天器要实现光速航行几乎是不可能的。但是，同样是爱因斯坦狭义相对论，又提出了“尺缩和钟慢”的时间速度效应理论预言，即：当一个物体高速运动时，路程的长度会变短，时钟会变慢。当航天器接近光速时，运动路程的长度会变得无限短，运动的时钟几乎停摆。相对静止的物体则长度收缩为零，时间膨胀为无限大。换言之，航行的距离会相对变“短”，需要的时间也会缩“短”。这个预言同样被众多科学实验所验证。如此说来，以接近光速进行星际航行又成为可能的了！有人计算过，如果航天器按1*g*加速度不断加速航行，那么加速到0.999 934倍光速时，航天器上的航天员经过5年时间，可以飞出距离地球83.54光年之外的地方。同一理论的两个推论，如果都对，如何统一？这成了当代物理学家需要探讨和实验验证的问题。

美国科学家在20世纪60年代就提出了一种采用小型氢弹爆炸产生核聚变脉冲来加速的飞船，并为其取了一个响亮的名字——奥利安；日本人也在80年代提出过1*g*加速冲压喷气飞船的模型（图12-14）。此外，还有美国微波帆星束号飞船等各种方案，企图最大限度地提高航天器的飞行速度，从理论和技术上来验证宇宙远航是否可行。这些都说明，幻想与求索只是一步之遥，只有敢于幻想，才会产生求索的动力。

还有一个普通人无法理解的问题，那就是宇宙学——宇宙形成与演化学说中提出来的宇宙成分分配。科学家说，在整个宇宙中，暗能量占73%，暗物质占23%；发光物质恒星和发光气体等只占0.4%；不可见的普通物质如星系际气体、中微子、超重黑洞等占3.6%。至今还没有人真正探测到暗物质，甚至连探测的方法也还是一个正在研究的问题。但是对星系的大量观测事实和基于引力理论的分析，支持了这一观点。如果这一理论得到直接

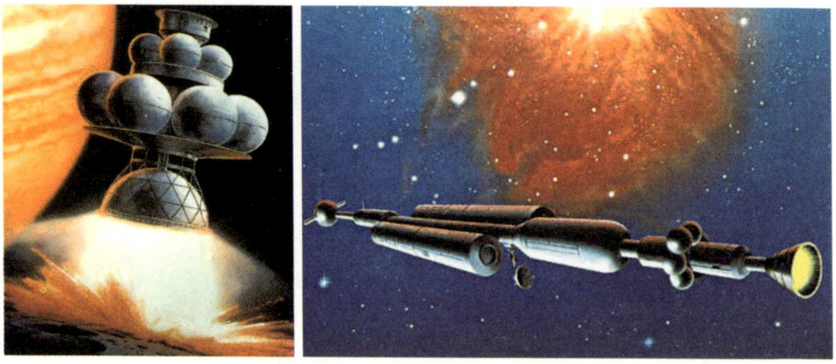

图12-14 幻想中的准光速宇宙飞船（左：美国奥利安飞船模型；右：日本1*g*加速宇宙飞船模型）

观测验证，如果暗能量、暗物质能够提取出来为人类利用（现在还没有任何理论支持这一设想），那么世界还存在能源危机之说吗？这近乎于幻想，但对于这类问题的研究，无异于揭开上帝秘密宝盒的盖子。这一问题如果得到解答，将揭示出宇宙的形成与演化、生命的起源与进化，乃至宇宙未来的变迁等众多科学之谜。诺贝尔物理学奖获得者、美籍华裔科学家丁肇中在空间站上进行的反物质探测研究（AMS），被称为当代物理学研究的前沿，中国科学家也参与了其中的工作。中国科学家正在酝酿在我国今后的空间站上开展暗物质、暗能量研究。如果有一天中国科学家能够探测到暗物质，将大大改变人类对世界、对浩瀚宇宙的认识。

6. 神舟7号开拓了空间应用新思路

神舟7号飞船完成了中国航天员舱外行走的任务，这是中国载人航天工程技术上又一个新的突破和跨越。那么神舟7号飞船上的空间应用成果又是什么呢？

神舟7号只安排了伴随卫星释放与绕飞试验、固体润滑材料和太阳电池基底薄膜材料外太空暴露实验两项任务。4件有效载荷产品，总量上看比此前任何一次都要少，但是，就其目标和意义来讲，却标志着它突破了载人航天工程第一步任务的应用任务范围，是我国载人航天工程首次执行有人操作的应用试验；首次开展空间外暴露实验；首次空间多目标协同飞行进行接近、绕飞的技术演示验证试验，既为下一步空间实验室交会对接奠定了技术基础，也开拓了空间应用的新思路。

图12–15 神舟7号飞船发射的小卫星

图12–15是神舟7号飞船搭载的伴飞小卫星，伴星绕飞试验获得圆满成功。伴星释放后，获取了飞船不同角度清晰的图像和视频（图12–16）；伴星在470千米高度经过6次轨道调整，准确地实现了对轨道舱的绕飞，绕飞相对轨道为3.8千米×7.6千米。航天员翟志刚在出舱活动时顺利回收了放置在舱外的固体润滑材料试验样品，实现了我国首次舱外暴露的科学

图12-16 神舟7号伴飞卫星拍摄的神舟7号飞船飞行全景照片

实验。

航天器在轨回收并二次释放小卫星，以及实现对航天器的绕飞，是各航天大国一直在开发研究的一项前沿技术。美国航天飞机多次执行卫星释放、回收、在轨维修等任务。著名的哈勃太空望远镜，就曾经被航天飞机抓回，经修理后再次释放出去。俄罗斯与德国曾经合作研制伴随和平号飞行的小卫星INSPECT，执行对空间站的观察、测量等任务。利用载人飞船、航天飞机、空间实验室、空间站等航天器释放小卫星，具有重大的科技意义。

小卫星机动、灵活，能够方便地进行功能配置。各种不同功能的小卫星可以执行各种使命，使用效率高，应用前景广。

1）在一个主航天器轨道上配置一个或多个小卫星，利用伴星相对近距离绕飞能力，对主航天器进行全方位、多角度的可重复、高清晰的观测，获取主航天器较完整、多角度图像资料信息，对主航天器长期空间运行可能造成的外部结构老化、损伤、舱外机构和应用设备的工作情况和技术状态进行监测，诊断主航天器可能出现的任何外部故障，并准确定位，指导航天员和地面运行控制专家对主航天器进行在轨维护。

2）装载有环境监测设备的小卫星，可以对空间碎片、流星体以及那些对主航天器可能构成威胁的人工或自然飞行体进行观测、跟踪、预报，还可以对主航天器高速运行中产生的等离子体、鞘层、尾流进行观测，以保障主航天器的安全。

3）用小卫星和主航天器来协同完成某项应用任务，小卫星等于是主航天器能力的延伸。对宇宙空间和地球进行长基线合成孔径观测，开展一定距离的合作性或非合作性科学实验，可以大大提高主航天器的应用能力。

4）如果把多颗小卫星在空间进行编队来执行对地观测或空间探测，要比一颗应用卫星更好。一颗卫星的观测只有一个观测点，组网卫星群的观测是一个多方位、多角度的立体面阵观测，观测效果会更好。

由于小卫星有诸多优势，目前已经成为世界各国竞相发展的航天应用技术。

目前，对小卫星尚无严格的定义，公认的分类方法是按卫星质量来区分，但划分区间有些不同，有一种分类是：1～20 千克称为纳卫星，20～100 千克称为微型卫星，100～250 千克称为小卫星，250～1 000 千克称为小型卫星。神舟 7 号释放的小卫星，质量只有 40 千克，应当属于微型卫星。微型卫星虽小，但卫星所具备的所有功能，如结构、热控、姿态控制、轨道控制、星务管理、测控通信、导航定位、有效载荷一样都不可少。

神舟 7 号伴飞小卫星预先安装在释放机构上，释放机构安装在神舟号飞船轨道舱前端的框上。在轨释放可以由航天员操作，也可以采用指令控制释放。

小卫星制造技术发展很快，各种新的设计思想和微型化技术不断出现，采用微机电技术（MEMS）和融合结构、热控、电信号于一体传输的多功能结构技术的微小卫星已经出现。未来微小卫星将在陆地、海洋、大气以及通信、导航、定位、防务、警戒等各领域大显身手。研究人员设想，在不久的将来，将发射用于不同星体之间相互联系的微型卫星星座和纳卫星星座。如美国航空航天局戈达德航天飞行中心正研制由多颗 10 千克的卫星组成的星座，以便在同一时间从不同位置对太阳和地球之间的相互作用进行研究。

神舟 7 号飞船另一项研究任务是固体润滑材料和太阳电池基底薄膜材料太空暴露实验（图 12–17）。这项实验是为了研究低地球轨道环境下原子氧和紫外辐射对固体润滑材料表面结构、性能的影响和失效损伤的机理，是具有明确应用背景的基础性研究。该实验装置放置在飞船轨道舱外，暴露在真实的太空环境之中，由航天员出舱活动时把它回收，然后随航天员返回地面，在地面进行实验室分析研究。

航天器上的服务系统设备和应用任务

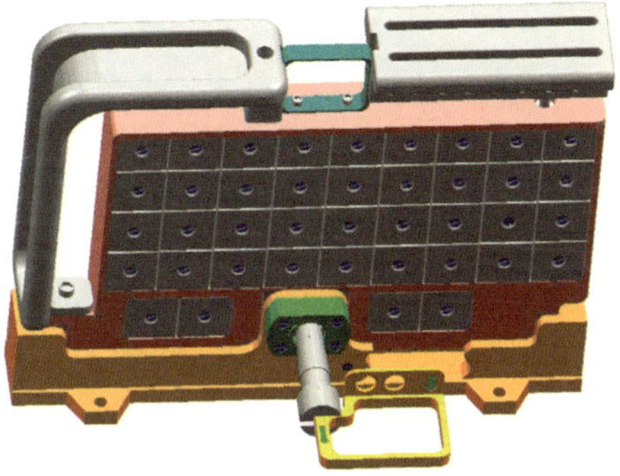

图 12–17 神舟 7 号飞船上的固体润滑材料和太阳电池基底薄膜材料太空暴露实验系统

有效载荷设备中，出现故障最多的是活动机构和电源系统的太阳电池阵，导致这类故障的一个主要因素，就是润滑材料和太阳电池阵基底材料的失效，这也是一直困扰工程师们的难题。把这些常用的润滑材料和太阳电池阵基底材料送到太空进行暴露实验，再回收样品进行分析评估，找出失效机理，对建立可靠的地基模拟考核实验方法和技术，建立相关的理论模型将起到重要作用，为解决航天设备中活动机构和太阳电池阵的可靠性问题以及使用寿命问题提供坚实的理论基础。

神舟 7 号飞船圆满完成预定试验任务，取得了重要的科学认知和技术积累，这对后续阶段空间应用任务是一个良好的开端，预示着中国载人航天工程将会带来我国空间科学与应用研究新的重大跨越。

7. 中国后续航天应用任务初窥

继神舟7 号飞船之后，中国载人航天工程后续阶段还将开展哪些应用实验呢？中国载人航天工程在立项之初，就明确提出了三步走的战略决策，并把发展空间科学与应用技术作为基本任务之一。第一步任务中，中国科学家以实事求是的科学态度，根据当时国家科技发展的整体水平，本着开拓创新、奠定发展基础的原则，开展了有限目标的空间科学与应用技术研究。第一步任务空间应用取得圆满成功，实验技术能力和科学研究水平得到了提升，为在第二步任务和长远的载人航天事业中开展空间应用奠定了基础。

在今后10～15 年间，中国载人航天工程空间应用任务，仍将定位于开拓、创新、引领前沿科学和高新技术的发展，以服务于国家经济建设和创新型国家建设、提高人民的生活质量为目标。中国科学家们正在为实现中国不仅仅是世界航天大国，也是世界先进科技大国的目标而努力着，一批全新的先进航天应用设备已经开始崭露初貌，图 12－18 为空间应用系统为载人航天工程后续阶段研发的部分有效载荷设备。

目前，初步规划的后续载人航天应用任务战略部署的总体

图12-18 空间应用系统为载人航天工程后续阶段研发的部分有效载荷设备初貌

构想是：

1）继续发展空间对地观测技术和应用研究。重点发展综合对地观测，提高应用效率，研制一批新型航天遥感器，开展试验性应用，实现全波段、全天候的大气、海洋、陆地环境监测、资源考察、灾害监测等，并开展地球系统科学研究，为国家经济发展战略规划提供科学依据。

2）充分利用载人航天器载荷能力大、有航天员值守的优势，进行较大规模的基础科学实验研究，发展遥科学实验的关键技术，提升科学实验技术和研究水平，为深化人类的科学认知、开发新资源、保障人类健康、提高人类生活质量，以及开拓人类第四生存环境提供科学依据。以空间生命科学及生物技术、空间材料、流体物理学等为重点，开展更深入、更广泛的研究。中国也将建造自己的空间站，为科学家提供符合各种实验条件的实验系统，由中国的载荷专家到太空去求索、实践。

3）有了空间实验室、空间站等大型航天器平台，有望为若干前沿性基础科学研究提供更好的条件和更多的实验机会。一些前沿性基础物理学问题，将列入研究计划，如非牛顿引力实验验证、空间激光冷却的冷原子钟实验、量子密钥分配实验、太赫兹通信实验等，都有可能得到空间实验研究的机会；将进一步加强空间物理、空间天文等空间科学研究，力争在日－地空间物理学、中高层大气物理、磁层物理、太阳物理以及空间天文学、高能天体物理学（如宇宙模型、宇宙暗物质、暗能量）等若干重大研究课题上取得重大突破。

4）结合载人航天空间环境保障支持的需求，将加强空间环境的探测与预报研究。空间环境预报中心面向支持载人航天以及探月等国家重大航天计划，加强国际合作，丰富资源数据库，提高预报水平。在未来10～15年间，把空间环境预报中心建设成为世界一流的航天支持保障系统。

5）为了支持更大规模的空间科学与应用技术研究，从设备更新和提高技术水平入手，全面提升有效载荷应用中心的功能和职能。具备开展遥科学实验能力，完善适应多目标、多任务、全天时的运行控制管理中心；配备多源数据和海量数据处理能力的数据中心和用户服务中心，使之成为综合性空间科学与应用技术实验支持中心。

中国载人航天工程的后续研究计划，给我们展示了一个璀璨的未来。人类的认知求索是没有止境的，理智的人类文明，就在于从貌似迷茫的大漠中辨明科学认知的方向，一步一个脚印地向前求索。几千年的人类文明发展史是如此，近代科学发展史是如此，未来的人类发展也将是如此。我们深信，只要我们执着地追求，锲而不舍地攀登，中国必将迎来一个更加伟大的人类开发利用太空的时代。这个时代的到来，有中国科学家的奉献，有全国人民的奉献，有全世界华人的奉献。在未来的载人航天事业中，中国科学家将谱写更加精彩的新篇章。